无处不在的心理学

袁丽萍◎编著

吉林出版集团股份有限公司

图书在版编目（CIP）数据

无处不在的心理学 / 袁丽萍编著. — 长春 : 吉林出版集团股份有限公司, 2018.3
ISBN 978-7-5581-4101-0

Ⅰ. ①无… Ⅱ. ①袁… Ⅲ. ①心理学—通俗读物
Ⅳ. ①B84-49

中国版本图书馆CIP数据核字(2018)第037986号

无处不在的心理学

编　　著　袁丽萍
总 策 划　马泳水
责任编辑　王　平　史俊南
装帧设计　中北传媒
开　　本　880mm × 1230mm　1/32
印　　张　12.5
版　　次　2018年7月第1版
印　　次　2018年7月第1次印刷

出　　版　吉林出版集团股份有限公司
电　　话　（总编办）010-63109269
　　　　　（发行部）010-67482953
印　　刷　三河市元兴印务有限公司

ISBN 978-7-5581-4101-0　　定　价：45.80元

前　言

什么是能够使人生活得幸福的学问？

经济学？经济学家不一定是富翁，何况有钱人不一定幸福。

那么是医学？当然。但身体健壮的人也不一定就感到幸福。

法律呢？它涉及公平、正义、权利等等与社会发展相关的问题，当然与幸福有关，但对个人而言，影响还是间接而不确定的。

数学、物理学、化学、生物学、天文学、地质学……那就更遥远了。

也许，和个人幸福关系最密切的学问就是心理学了。心理学到底是做什么的呢？心理家们说，他们的任务就是描述、解释、预测和控制人类的行为，提高人类生活的质量。

心理学在现代人的生活中是涉及很广的一个主题，因为不管我们要做出一个怎样的决定，或有一些怎样的习惯，都是受我们的心理支配的。小到生活中的衣食住行，大到工作中的为人处世以及国家政策方针的下达，都是单个人或多个人心理作用的结果。

进入21世纪，人们从过去贫乏的物质年代进入了一个物质经济空前繁荣，科技文明飞速发展的时代，从过去只求温饱，无暇更多关注生活质量的窘境中走了出来。生活在我们的手中焕发出五彩的光芒。我们开始越来越重视我们的生活质量，越来越开始关注我们的内心世界。

在现代社会，由于生活节奏的加快，竞争意识的提高以及噪音、拥挤等环境问题的加剧，使人们的心理负担加重。物质生活与精神生活的反差，使人们在获得成功的同时往往亦感到若有所失。人际关系的改变、利益关系的改变，常常使人们近在咫尺却犹如远在天涯。理想与现实、个人与社会、要求与能力、欲望与道德的种种矛盾频频袭来。

生活中有很多可能，也有很多预想不到的事情，但是生活中的心理学却是一个永恒的话题。不同的人有不同的心理，于是，相同的事情才有了不同的状态。美国哈佛大学的瓦伦特博士指出："你可以承认乌云的存在，但别忘了乌云边缘的光明。"这句话告诉我们，认识到心理学在生活中的重要作用，控制自己的冲动，处理好自己的心理危机，就是一种对自我心理的自控能力。只要具备这种能力，就会拨开乌云见光明。

本书力图不拘泥于心理学的理论体系，不是从纯理论的角度探究人类心理活动的奥秘，而是从人们的日常生活和工作实际出发，选择了一些重要而有意味的问题，作了一些介绍和说明，使读者对关系人一生的爱情、婚姻、家庭、事业、人际关系能够有一个比较粗略的了解，并细致入理的阐述了如何解除种种心理困惑和生活困扰。

剖析人生心态，解读生命密语，剪除心灵杂芜，正是本书的宗旨。那么，请在本书的带领下，走进心理学的殿堂，去收获属于您自己的幸福和成功吧！你或看到，在我们的生活中，心理学无处不在。

编　者

目　录

目 录

无处不在的心理学

第一章
成功人生的心理学

“成功”是每个人的渴望。一直以来，人们从心理学的视角，用心理学的方法，研究那些被公认为成功的人存在什么样的心理品质，发现健全的人格、稳定积极的情绪心态、良好的人际关系和发挥潜能的能力对成功有着深刻的影响。健全的心理状态是成功的保障，再加上强健的体魄、丰富的学识和脚踏实地的行动，就能将成功的桂冠收入囊中。

成功的人生可以规划

生涯规划已变成现代人必修的人生课题。《孙子兵法》云：庙算多者多胜，庙算少者少胜。成功很多时候就是策划出来的——

1969年，匈牙利教育家拉斯洛·波尔加的大女儿苏珊出生了，5年后二女儿索菲亚来到了人世，过了一年又生下了三女儿朱迪。波尔加和妻子放弃对女儿们进行传统的学校教育，而把全部教育转到家庭中，从一开始就把她们带到冲击国际象棋这个领域。于是，他们营造训练气氛，聘请专职教练严格训练，使她们的棋艺进步神速，专业素养比起众多一流棋手毫不逊色。苏珊4岁就获得布达佩斯11岁以下儿童冠军，7岁成为女子象棋大师。此后，波尔加三姐妹如耀眼的星星一样，相继闪烁在国际象棋界。

生涯规划包罗万象，亦即对一个人生涯规划所考虑的点、线、面极为广泛，几乎无所不包。生涯概括了一个人一生中所拥有的各种职位、角色，因此，生涯不是个人在某一阶段所特有的，而是终身发展的过程。

每个人的生涯发展是独一无二的。生涯是个人依据他的人生理想，为了自我实现而逐渐展开的一种独特的生命历程，不同的个体有不同的生涯，也许某些人在生涯的形态上有相似的地方，但其实质却可能是完全不同的。人是生涯的主动塑造者。生涯是个动态发展历程，每个人在不同的生命阶段中会有不同的企求，这些企求会不断地变化与发展，个体也就不断地成长。生涯是以个人事业角色的发展为主，也包括了其他与工作有关的角色。生涯并不是个人在某一阶段所拥有的职位、角色，而是个人在他一生中所拥有的所有职位、角色的总和，这个总和不只局限个人的职业角色，也包括学生、子女、父母、公民等涵盖人生整体发展的各个层面的各种角色。

人的一生从婴儿到老年是一个完整的心理周期，不同阶段会有不同的人生任务和心理特点。生涯规划，是为个人制定生涯目标，找出达到目标的方法手段，其重点在于找出个人目标内的机会，达成更好的组合，强调提供心理上的成功。在整个生涯历程中，因为年龄及成长阶段、环境等的不同，所扮演的角色及所担负的任务也会有所改变。因此，在拟定生涯规划时，必须审慎而周到地考虑到每个阶段的需要。

发展心理学家认为，生涯规划依年龄划分为以下四个阶段：在30岁以下为自我发现期，30～40岁之间为自我培养期，40～50岁之间为自我实践期，50岁以上为自我完成期。这与孔子所说的“十五志于学，三十而立，四十而不惑，五十知天命，六十而耳顺，七十而从心所欲，不逾距”不谋而合。随着现代人心理早熟的倾向、信息发达等因素，这种年龄层的划分可能还会降低。

【心理学在这里】

生涯规划不仅是对事业、职业的追求，更重要的是对生活形态的选择。

生活需要一个目标

目标给了人们生活的目的和意义，要取得成功，我们就必须有明确的成功目标。有了目标，我们才知道要往哪里去，去追求些什么。没有目标，我们的努力就会失去方向，而成了没头苍蝇。人生如果没有目标，就不可能做出任何有意义的事情，也不可能采取任何有效的步骤。如果没有目标，没有任何人能成功。

许多失败都与目标的不具体有关，只有制定明确的目标，人们的努力才会有方向，目标明确具体，人们的行动才会有较高的效果。就像打篮球，要想投篮必须要知道篮筐的方向。因此，每一个愿望都应该转化成为明确而具体的目标。

1952年7月4日，美国妇女弗罗伦斯·查德威克成为第一个挑战卡塔丽娜海峡的妇女。当天海面上的雾气非常浓，她连护送自己的船都看不到，所以就一个人在海中游。15小时55分钟之后她放弃了尝试，这时她离终点只有不到800米。

后来弗罗伦斯总结说，她放弃的原因主要是浓雾，让她看不到海岸。两个月后，她终于成功地游过了这个海峡，而且比男子记录快了大约两个小时。

一项针对日本东京大学毕业生的调查表明，只有3%的毕业生有明确的目标，并予以书面化。12年后，针对统一人群的跟踪调查发现，当初那3%有目标的人，他们的收入状态明显优于其他的人，并且对生活的满足程度也高出许多。可见，明确的目标对成功多么重要。一个人的潜能是无限的，但又是不具体的，它深藏于心灵深处，而心灵深处真正的欲求和明确的意图是开启这扇门的金钥匙，并使潜能发挥出最大的功能。只有明确且经宣告的目标才能激发所向披靡的潜在力量。

制定目标可帮助我们获得成功，并且，由于成功是通过我们的努力获得的，它便具有真正的价值和意义。我们会极力保护自己的劳动成果并使其增长，把它建立在更加坚实的基础上。有人可能没有经过制定目标这一程序而取得了某种程度上的成功，但是不制定目标，就不能充分发挥其自身潜能。

怎样找准目标呢？如果你希望你的愿望能够实现，那么就将你的愿望拆分成一个个具体的、可行的、可以测量或评估的目标。

摆脱所有干扰，找一个安静的地方，认真思考你的目标。拿出纸和笔，不要害怕写出很多乱糟糟的东西，不要把它撕成碎片扔掉。

目标可行并不意味着可以降低自己的目标，目标必须超越自己最大的能力，但必须是可信的。如果不可信，我们就不会有完成任务的信心，也就不可能达到我们想达到的境界。超越原先的目标，这样就更能激发出内在的动力。

【心理学在这里】

中等强度的目标最有利于任务的完成，一旦目标过高，对行为反而会产生一定的阻碍作用。

让目标变得更现实

有不少人认为“好高骛远”是一种不切之际的心态。但是实践证明，有许多突破和成就正是在人们树立的“好高骛远”的目标的那一刻起，才逐渐变为现实的。只不过太高的目标往往需要很长时间才能达到，而这种时间上的拖延往往会消磨人们的自信心，让不少努力功亏一篑——

有个猎人在森林里打猎，他很想成为一个捕猎高手。一天，他发现了一只小野兔，野兔好像受了伤，猎人轻而易举地捕获了这只野兔，野兔可怜兮兮地对猎人说：“我只是一只很小的野兔，我并不能实现你的捕猎梦想，你还是放了我吧。你应该捕获一些大的猎物。”

猎人觉得野兔说得很有道理，他最后放了野兔，并且牢牢记住了野兔的话。几天里，有很多松鼠、野猪从他身边经过，他看都不看一眼，就这样，一个月过去了，猎人没有等到大猎物，也错过了很多小猎物，他的食物也吃完了，由于饥饿而病倒在床，成为捕猎高手的梦想也终成了泡影。

心理学家认为，一个有效的目标，必须符合“SMART”原则即目标的有效性与否，必须符合以下五个条件：具体的（Specific）、可以量化的（Measurable）、能够实现的（Achievable）、注重结果的（Result-oriented）和有时间期限的（Time-limited）。如果再简化一些，可以将有效目标的核心条件概括为两个：一个是量化，一个是时间限制。

所谓量化，首先是指数字具体化，即如果某一个目标能用数字来描述，则一定要写出精确的数字。比如，你在三个月内要实现的收入状况，就可以量化为150万元、100万元等具体的数字。二是指形态指标化，即如果所确定的目标不能直接用某一个数字来描述，则必须进一步分解，将其表现形态全部用数字化指标来补充描述。

时间限制是指你所确定的目标，必须有一个明确的期限，可以具体到某年某月。没有时限的目标，不是一个有效的目标。

要使目标能够实现，就必须将目标分解量化为具体的行动计划，使自己知道现在应该为日标做什么，使目标有了现实的行动基础。把目标量化分解为具体的行动计划，一般采用“逆推法”，即确定大目标的条件，将大目标分解成为一个个小目标，由高级到低级层层分解，再根据时限，由将来逆推至现在，明确自己现在应该做什么。

用逆推法分解量化目标为具体行动计划的过程，与实现目标的过程正好相反。分解量化大目标的过程是逆时针，由将来倒推至现在。实现目标的过程是顺时推进，由现在到将来。

不管什么目标，也不管多大，每一个目标都要分解到你现在应该做什么，使你现在的行动与你的梦想联系起来，使目标有了现实的行动基础。否则，你的愿望现在就可以断定不太可能实现。

【心理学在这里】

缺乏期限的计划使人可以轻而易举地为自己找到拖延的借口，使目标的实现变得遥遥无期。

全局考虑最高效

所有人都想功成名就，所有人都想轰轰烈烈干一番惊天动地的大事业。可是这世界上能干事的人不少，成大业的却不多，究其原因是方方面面，主客观因素都有。比如要有良好的社会背景，有千载难逢的机遇，也要有智商、有文化、有修养等等。很多人对待事业总是抱着急功近利的心态，最后导致了失败——

曾经有个驯兽师，他听说从未有人看见大象倒退走，大家都认为大象只会往前走，不可能倒退。于是这只驯兽师就决定要向这个“不可能”挑战，他要训练一只会倒退的大象。他不断辛勤地训练，经过多年的努力，终于成功了。

观众从四面八方涌来，因为宣传和广告都保证将令观众大开眼界。场子正中央站着那位驯兽师，正在口沫横飞地说明大象倒退走的奇观。成千的观众则面面相觑，一脸的迷惑，每个人的表情都仿佛在说：“那又怎么样？”

驯兽师完成了一件壮举，却忽略了这件壮举其实没有什么用处。

只考虑局部不考虑整体，只考虑眼前而不考虑未来，这是许多人在做出一项决定时很容易犯的一种短视性的错误。结果必定是没得到快乐却得到痛苦。任何一个人若想成功，那就必须忍受一时的痛苦，必须熬过眼前的恐怖和引诱，按照自己的价值观或标准把目光放在未来。

具体到关于个体思维方式上的全局性和局部性，很多时候是一个人的风格或者习惯问题。一些人不是很喜欢太细致地观察事物，觉得这样做缺乏意义。但是那些拥有全局性特点的人，能看到生活中的可能和机会。尤其是面对困境所作的决定或所采取的行动，有时候只能应付眼前的状况，然而要想成功，就必须把眼光放远。

成功和失败都是一步一步积累由量变到质变的结果。决定给自己制定更高的追求目标、决定掌握自我而不受控于环境、决定把眼光放远、决定采取何种行动、决定继续坚持下去，把这每一项决定都做好你便能成功，做得不好你便会失败。所以，要成就大业，就得分清轻重缓急，大小远近，该舍就得忍痛割爱，该忍就得从长计议，从而实现理想宏愿，成就大事，创建大业。

所谓“忍小谋大”就是要站得高，看得远，不为眼前的小是小非缠住手脚，排除各种干扰，创造条件奔向大目标、大事业。“忍小谋大”就是不计一时一事的得失，忍住急功近利的念头，一切都为实现大目标、成就大事业铺平道路。“忍小谋大”，还要从思想上摆正大与小的辩证关系，不因小失大，不因大而丧失信心，放弃眼前的努力。长远目标与短期行为，大事业与小功利等关系都要处理得当，这样才不至于“小不忍则乱大谋”了。

【心理学在这里】

成功者具有宏观视野，这种视野赋予他们广阔的感知，使他们能绕过沿途的许多羁绊而达到伟大的成就。

浮躁让人迷失方向

好高骛远者往往总盯着很多很远的目标，大事做不来，小事又不做，最终空怀奇想，落空而归。一个人能力有大小，要根据能力大小去做事，去确定目标，去确立志向。如果客观条件上不允许，那么，自己就该实事求是，确定出合适的发展目标。否则一味追求高远，不考虑可行性，就永远也不可能成功。

欲望和人生命运息息相关。因为欲望对人生命运的影响有正负两面，从而决定了人生命运的不同走向。恰当的积极向上的欲望可以催人奋进，而通过非法的、不正当的手段所实现的享乐的欲望，则推动人生走向堕落、邪恶，甚至成为罪犯。

避免浮躁，就要习惯于拒绝日常生活中的种种诱惑，尤其是市侩的诱惑。在任何时代里，总会有一些人破坏规则却暂时得势，希望你不要羡慕他们。因为规则的失去总是暂时的，规则总是要回到人群之中的。那些我们世代相传的价值观念，诸如勤奋、诚实、敬业、靠本事吃饭等等，是我们永远的立身法则。

1950年，22岁的李嘉诚创立了长江塑料厂。他通过分析，预计全世界将会掀起一场塑料革命，而当时的香港，塑料业是一片空白。然而工厂的生意一直是不温不火，李嘉诚并没有着急。直到工厂经营到第7个年头的时候，他翻阅英文版《塑料杂志》，发现一家意大利公司开发出塑料花，并即将投入生产。

李嘉诚迅速做出反应，他的塑料花很快占领欧美市场。当年，长江公司的营业额就达1000多万港元，李嘉诚也成为世界“塑料花大王”。

散文家秦牧在《画蛋·练功》中讲道：“必须打好基础，才能建造房子，这道理很浅显。但好高骛远，贪抄捷径的心理，却常常妨碍人们去认识这最普通的道理。”好高骛远者并非一定是庸才，他们中有许多人自身有着不错的条件，若能结合自身的实际，制定切实可行的行为方针，是会有光明的前途的。如果一味追求过高过远的目标，丧失了眼前可以成功的机会，就会成为高远目标的牺牲品。许多年轻人不满意现实的工作，羡慕那些“大款”，不安心本职工作，总是想跳槽。其实下海经商看似风光，但其中的艰苦非一般人可以承受。没有十分的本领，就不应做此妄想。

事情往往就是这样，你越着急，你就越不会成功。因为着急会使你失去清醒的头脑，结果在你奋斗的过程中，浮躁占据着你的思维，使你不能正确地制定方针、策略以稳步前进。只有正确地认识自己，才不会盲目地让自己奔向一个超出自己能力范围的目标，而是踏踏实实地去做自己能够做的事情。

【心理学在这里】

浮躁情绪是焦虑和烦躁的综合体，它会让人的头脑变得昏乱，迷失正确的方向。忽视或无法控制这种不良情绪的人是无法达到自己的目标的。

强烈欲望促进潜力爆发

任何成功者都不是天生的，成功的根本原因是开发了人的无穷无尽的潜能。每个人都具有很大的潜能，然而我们很难意识到它的存在。那么，如何才能将潜能释放出来呢？心理学家认为，能够发挥潜能的人都有强烈的欲望。

欲望，心理学称为“需要”，它是人脑对生理需求和社会需求的反映，是个体心理活动和行为的基本动力。需要和人的活动紧密联系，是行为积极性的源泉，正是这样或那样的需要推动着人积极地活动。

退伍军人史蒂文在战争中脊柱受伤，失去了行走的能力，靠轮椅代步20年。他整天坐在轮椅上，觉得此生已经完结。有一天，他不幸碰上三个劫匪抢他的钱包。他拼命呐喊反抗，激怒了劫匪，他们就放火烧他的轮椅。看到轮椅着火，史蒂文好像忘记了自己的双腿不能行走，立刻站起来逃走。求生的欲望竟然使他一口气跑了一条街。

事后，史蒂文说："如果当时我不逃走，就必然被烧伤，甚至被烧死。我忘了一切，一跃而起，拼命逃走，以致停下脚步，才发现自己会走。"

需要永远带有动力性，它并不会因暂时的满足而终止。有些需要带有明显的周期性，如对饮食和睡眠的需要；有一些需要满足后，会产生新的需要，新的需要又推动人们去从事新的活动，在活动中不断满足已有的需要，又不断产生新的需要，从而使活动不断向前发展。所以爱因斯坦说：想象力比知识更重要，因为知识是有限的，而想象力概括着世界的一切，推动着进步。

在人类各种基本需要中，生理需要是最基本的，是其他一切需要产生的基础。对大多数人来说，生理需要是容易满足的。但是，当生理需要无法满足时，往往更能引起强烈的欲望。这就是为什么很多成功者都是自幼家境贫寒的缘故。因为他们经常衣食不周，有着强烈的生存欲望，从而激发了自己的潜力。相反，很多家境富裕的孩子客观上不能产生强烈的生存欲望。他们的需要层次在一开始就比较高，但是随着需要层次的上升，需要的力量相应减弱，产生欲望的强烈程度就会随之降低，不利于潜力的爆发。

所以说，成功就需要人在不同的需要等级上都保持强烈的欲望。如何才能永远保持一个进取的心呢？你要能够不断地在尝试中找到乐趣，甚至要学会冒险。任何一个可以衡量人的价值的指标都是没有上限的。就像100米跑的世界纪录，虽然每次纪录被打破的时候人们总是以为这个纪录是难以超越的了，但是仍无法阻止它一次次的被打破。所以，要是自己的进取心不被消磨，就要抛弃名利的衡量，而学会欣赏超越本身的乐趣。

【心理学在这里】

人类的基本需要是相互联系、相互依赖和彼此重叠的，他们排列成一个由低到高逐级上升的层次。

缺陷不是成功的障碍

每个人都不是完美无瑕的，都存在或大或小的缺陷。自身的缺陷往往是你无法改变的事实，任何企图掩盖或回避缺陷的做法都可能导致消极的结果。由于先天或后天的原因，有些人常因个子矮、过胖、五官不正、身体有残疾、缺陷等抑制了自己天性的发挥，于是感到精神压力重重，常担心自己的缺陷被人耻笑，因此而离群索居，不敢主动交往或接受友谊。

成功者敢于直视缺陷，并把它当作是奋斗的动力。即使你自身有天大的缺陷，也无法阻挡你获得成功。

美国总统罗斯福8岁时，身体虚弱到了极点。在课堂上回答老师的提问时，他嘴唇微张，吐音含糊而不连贯，生气全无，简直就是低能儿童的典型。他虽有在别人看来很严重的缺陷，同时也有奋斗的精神。他始终拥有人定胜天的信心，成功地克服了自己存在的缺陷。

但是他从不怨恨先天的缺陷，更不姑息他身体的虚弱，也不是消极地仅仅是依靠喝药水恢复他的健康，而是采取积极的锻炼。他和健康的孩子一样，活泼自由地去骑马、划船和做剧烈的运动。罗斯福用坚毅的态度，对付他畏怯的天性，用忍耐的精神，克服他先天的缺陷。

美国一位外科医生在解剖一个肾病患者的遗体时，发现死者患病的肾脏要比正常的大，另外一只肾脏也大得超乎寻常。在多年的医学解剖过程中，他不断地发现包括心脏、肺等几乎所有人体器官都存在着类似的情况。他认为患病器官因为和病毒作斗争而使器官的功能不断增强。如果有两只相同的器官，当其中一只器官坏死后，另一只就会努力承担起全部的责任，从而使健全的器官变得强壮起来。

他在给美术院校的学生治病时又发现了一个奇怪现象，这些学生的视力远不如平常人，有的学生甚至还是色盲。他觉得这就是病理现象在现实生活中的重复，他将自己的思维触觉扩展到更为广泛的层面。在对艺术院校教授的调研中，结果与他的预测完全相同。一些颇有成就的教授之所以走上艺术之路，原来大都是受了生理缺陷的影响，缺陷不是阻止了他们，反而促进了他们的艺术道路。

你可以把缺陷作为懒惰的护身符，以求别人的同情原谅，但也可以借此激励自己努力奋斗，克服困难。成功人士不仅仅有刚毅的精神，不为天赋的缺陷所屈服，更会有自知之明，深知自己的缺陷，并不自以为聪明、勇敢、强健而稍事放任。他们能正确认识自己的缺陷，何者可以克服，何者应予利用。他们的经历告诉我们应充分认识自己的缺陷，建立自信。

【心理学在这里】

自身不能免除的缺陷，大可用为个性的标志。对缺陷持一种什么样的态度完全要靠你的意志来做决定。

学会自我激励

激励的字面含义就是激发、鼓励。激发是通过某些刺激使人发奋起来，主要是指激发人的动机，使人有一股内在的动力，朝着所希望的目标前进。人的积极性和创造性的发挥与其所受到的激励程度有密切联系。美国著名心理学家 W·詹姆斯发现，一个人的能力在平时的表现和经过激励后的表现几乎相差一倍。

从心理学的角度看，积极性是指人的行动的心理动力因素。

人的积极性的发挥，一般认为取决于两个因素：一是能力，二是动力。而且能力的发挥在很大程度上取决于动力。激发人的动机，使人有一股内在动力，就能达到推动并引导行为使之朝向预定目标的作用，即能调动人的积极性以实现目标。

发明大王爱迪生小时候只上了三个月的学就被开除了，老师说他太笨了。但爱迪生的母亲坚信自己的孩子绝对不笨，她经常对爱迪生说："你肯定要比别人聪明，这一点我是坚信不疑的，所以你要坚持自己读书。"并且亲自辅导爱迪生的学习。在母亲的鼓励和教导下，爱迪生经过不懈努力，成为伟大的发明家。

激励有两种形式：物质激励与心理激励。对于成功而言，心理激励是更为重要的。因为物质激励容易被视为行为的结果，从而使人产生"完成任务"的心理，而有倦怠的感觉。而心理激励是先行的，不会因为任务的进程而产生影响。激励也有外在激励与自我激励之分。爱迪生的母亲对儿子所实行的就是外在激励，而自我激励因为其信任度更高，所以效果就更强。一般而言，恰当的外在激励能够引发自我激励。

著名心理学家班杜拉提出了"自我效能"理论。他认为适当的外部强化，因为外部强化能促进任务的完成，激励个体不断奋斗。外部强化可以使个体看到自己的进步，提高对自我能力的判断。及时的自我强化以自我奖励的方式激励或维持一个人达到某一目标，目标的实现可以提高自我效能感。

人类的本性中有一种强烈的倾向，就是希望能彻底变成自己想象中的样子。思想具有决定命运和结局的力量，这是一个普遍的真理。许多成功的人物之所以能够实现他们的梦想，主要是因为他们将渴望和思想具体化、形象化，他们具有按照成功来思考问题的习惯。他们心里所想、行为所做的都是朝向成功，因而最后都成为事实。

我们生活在世界上，每天接受大量信息，有正面也有负面。因为经常接受负面暗示的人容易灰心沮丧，一生无所作为，而接受正面暗示的人则倾向于表现出积极心态，百折不挠。所以我们要主动接受正面暗示，排除负面暗示，用正面暗示武装自己，天天练习，并使自己充满自信。

【心理学在这里】

人可能会“条件反射”地受到某种定性的思维、行动以及结果的禁锢，使得我们放弃了努力，殊不知机会已经悄然临近。

求人不如求己

成大事者的身上具有许多种优良品质——勇敢、忠诚、创新、进取，独立也是这些品格中不可或缺的成员之一。没有独立做前提，成功也许只是个假设。独立性格是成功者的必备条件。历史如此证明，现实生活也是这样。独立习惯的养成，对一个人的事业、未来、人生都有莫大的好处，所以一个人若想成就事业，这是不可缺少的一个条件。

从不同的角度来看，过于依赖别人，或轻易接受别人表面的话，是很危险的。依靠别人来解决你的问题当然容易多了，无论发生何事，有个人可以商量总觉得内心安定些。如果再进一步，别人愿意负完全的责任，自己更是完全松懈下来，于是这种人便容易成为一个无法独立的弱者。

话说有个人遇到了难题，无法解决，就到庙里去拜观音，希望救苦救难的观世音菩萨能够帮助他渡过难关。他到庙里一看，还有另外一个人也在拜观音，他越看越觉得那个人的面目好像莲花宝座上的观世音菩萨，就问那个人：你是谁？

那人说：我是观音菩萨。

他又问：你来这里干什么？

观音菩萨说：我遇到了难题，化解不开。

他不解地问：那你拜自己有什么用呢？

观音菩萨说：求人不如求己啊！

那人恍然大悟，掉头而去。

依赖者会形成一些特有的症状，他们缺乏社会安全感，跟别人保持距离。他们需要别人提供意见，或依赖媒体的报道，经常受外界指使，自己好像没有判断能力。他们潜藏着脆弱，没有发展出机智应变的能力。依赖使一个人失去精神生活的独立自主性。依赖性强的人不能独立思考，缺乏创业的勇气，其肯定性较差，会陷入犹豫不决的困境，他一直需要别人的鼓励和支持，借助别人的扶助和判断。依赖者还会表现出剥削的性格倾向——好吃懒做，坐享其成。

有谚语说：“通往失败的路上，处处是错失了的机会。坐待幸运从前门进来的人，往往忽略了幸运也会从后窗进来。”成功不会落在守株待兔者的头上，只有敢于冲锋，主动进攻的人，才能抓住胜利的时机。

你不妨扪心自问，自己在儿童时是不是完全依赖你的父母？在学校时功课是不是总是老师或同学帮忙？在办公时是否总是找别人来做？是否平时总没有机会使自己独立行动？如果是这样，那你一定就是太依赖别人了，应当趁早摆脱这种依赖性，发展独立的能力。

依赖是摧毁自信的最直接的心理误区。自信心强的人遇到问题都是先求己，不求人。同样，若是遇到问题不忙于求人，自己先设法解决问题，久而久之，不就可以增强自信吗？所以，最重要的是，每个人都要明白“求人不如求己”这个道理。

【心理学在这里】

“依赖需要”是一种儿童期的心理需求。如果“依赖需要”在成年期仍表现得非常明显，就是一种心理幼稚或者退行的表现。

不要让心态随他人摇摆

使自己成功的条件，不仅是头脑聪明而已，还必须具有不在乎别人看法的那种定力，但这种定力并非人人都能做到。现实生活中，很多人过分在乎别人的看法，总是希望自己的行为能得到所有人的赞同。所以别人说什么，他就听什么，结果适得其反，不仅没有做到最好，反而把事情弄得一团糟——

有父子俩赶着一头毛驴进城，儿子在前，父亲在后，半路上有人笑他们：“真笨，有驴子竟然不骑！”

父亲听了觉得有理，便叫儿子骑上驴，自己跟着走。走了不久，又有年老的人议论：“真是不孝的儿子，自己骑着驴让父亲走路！”

儿子于是下来走路，让父亲骑上驴。走了一会儿，又有年轻的母亲说：“这个人真是狠心，自己骑驴，让孩子走路，不怕累着孩子？”父亲连忙叫儿子也骑上驴，心想这下总该没人议论了吧。谁知又有位骑士说：“驴那么瘦，俩人骑在驴背上，不怕把它压死？”

最后父子俩把毛驴四只脚绑起来用棍子扛着。在经过一座桥时，这头毛驴因为不舒服，挣扎了一下，不小心掉到河里淹死了。

有人以为坚持独立自主，似乎很难得到别人的赞许。这是一种错觉和误解。事实恰好相反，一个真正能够主宰自己的人总是不去为了迎合他人的观点与喜好而放弃自我价值、自我追求；只是在与人交往中不会为了博得他人的赞许而跟随他人的指挥棒转。如果一个人别人希望他怎么样，他就会怎么样，这是多么可怜、毫无价值的形象。如果一个人不能明确地阐明自己在生活中的思想和感觉，那就没什么人会与你坦诚相见，没什么人会真正地尊重你。因为失去了自我，也就失去了平等自由的人际关系和生活方式。

心理学家奥尔波特发现，人们在从事比较复杂和困难的工作时，他人在场和参与会降低作业效率。其原因是他人的存在和参与往往会对参加者形成一种无形的压力，使他们的技能无法得到正常发挥。这种由于他人在场，对个人完成作业起抑制作用的现象，社会心理学家称其为“干扰”。干扰的大小与个体的个性特征有关，性格外向、善于交往的人不容易受群体成员的干扰，而性格内向、处事拘谨的人容易受群体成员的干扰。

实际上，最受赞许，最受欢迎的人恰恰是那些希望赞许而不是祈求赞许的人，是那些能以积极的心理态度表现美好的自我形象的人，是那些从不放弃独立自主权利的人。如果一个人习惯于接受别人的摆布，就会经常被迫去说话，去做事。这样的生活当然很累，也很乏味。

【心理学在这里】

他人在场和参与能增强人的内驱力，有利于促进简单操作的效率，而对推理、记忆、问题解决之类的复杂的思维操作则会构成严重干扰。

成功来自于果断行动

每一个人都可以有很多思想，而且每时每刻都可能有很多思想。但是，在人的一生中，能变成现实、转变为行动的思想却是微乎其微。一天之中，在我们想过的100件事中，有三四件能最终转变为客观现实就已经难能可贵了。主动地尝试是从思想走向成功的重要的一步。如果没有尝试，我们就不知道自己的思想是否正确，也不知道自己的观念是否能为自己、他人或社会带来收益，但只要经过尝试，成果就可能呈现。

亚历山大大帝在进军亚细亚之前，决定破解一个著名的预言。这个预言说的是谁能够将神庙里的一串复杂的绳结打开，谁就能够成为亚细亚的帝王。在亚历山大大帝到来之前，这个绳结已经难倒了各个国家的智者和国王。

亚历山大大帝仔细观察着这个绳结，果然是天衣无缝，找不着任何绳头。这时，他灵光一闪："为什么不用自己的行动来打开这个绳结呢！"于是他拔剑一劈，绳结一分为二，这个保留了百年的难题就这样被轻易地解决了。

观念的力量体现在动力之源上，而行动的力量则主要体现在动力的成效方面。海明威说：没有行动，我有时感觉十分痛苦，简直痛不欲生。当然，在尝试的过程中也可能暴露出问题，这时就要对行动的目标和方式做出校正，从而达到成功。这种"尝试—发现错误—校正错误再尝试—再发现错误……"的过程在心理学中称为"试误"，是心理学的基础理论之一。

有些决策是本能的反应，是迅速而直接的。但是更多的决策是复杂的心理过程，就会被犹豫心理所干扰，不能果断地做出决策，结果坐失良机，反而造成失败或挫折。所以，果断、坚决、勇往直前、敢于决断才是成功者应有的良好品格。

果断性是一个人善于在深思熟虑的基础上，适时而坚决地做出决定和采取决策的意志品质。果断性在日常生活中有重要意义。具有果断性的人善于进行周密思考，对问题情境能做出准确的分析与判断，然后当机立断，毫不迟疑地做出决定。

耽搁会阻碍一个人成功的进度，所以必须持续采取行动，只有这样才能掌控自己的人生并得到期待已久的事物。有太多人为进度迟滞编造借口，但生活的赢家并没有时间苦思沮丧，因为他们总是忙于采取行动以及完成任务。

对于成功而言，一个人所能遭遇到的最大障碍就是拖延。一旦跨越了这个障碍，便可以持续行动，每天完成一些事项。了解自己的动向只不过是个开端，为了能达到目标并过着梦想的生活，就必须马上行动！只要行动，就可能达到最终目标。如果你只是在一旁观望，你将终生也无法成就大事。

【心理学在这里】

大多数决策事件多少会带有一些不确定因素。由于这种决策存在风险，往往使人犹豫不决，踌躇不前。

该出手时就出手

每个人都会有各种各样的憧憬、理想和计划，如果我们能够将一切的憧憬、理想与计划迅速地付诸执行，那么我们定会是个事业有成、生活美满的人。然而，人们往往在有了高尚的理想、良好的计划后，不去迅速地执行，而是一味地拖延，以致让一开始充满热情的事情冷淡下去，使幻想逐渐消失，使计划最后破灭。

从前有个书生，整天好吃懒做，过着得过且过的日子。一天他看到有个奇怪的人，腿上有两个翅膀，额上有一条辫子，后面完全光秃。书生追上去问："先生，你尊姓大名？"

那人回答说："我名叫光阴。"

书生追问道："光阴先生，你腿上的翅膀和额上的辫子有什么用处？后面为何完全光秃呢？"

那人回答说："腿上的翅膀是帮我行走飞快的。我平时都走得很快，当我在路上走的时候，如果有人愿意抓我，那么可以抓住我额上的辫子。如果我走过了，对方再来抓我，就抓不住了，因为我头的后面没有辫子可抓，完全是光秃的。"

书生开始觉得可笑，但当他听完后，再也笑不出来了，因为他感到自己就是那个抓不住光阴的人。

经常听人说："我知道今天该做这件事，但是今天我情绪不好、状态不好、条件不好、这样那样不好，这件事肯定做不好，还是以后再说吧。"于是他开始拖延。他把该做的事放在一边，去做那些比较容易、比较有趣的事。

其实他只需要强迫自己做一次，就能找到行动的感觉了。一件看起来很难的事情，有时候只需要几分钟就可以开个头，就能让他进入行动的状态、踏上成功之路的第一步，但是他拖延了一辈子也没付出这几分钟。

拖延不但误事，而且也会给人带来巨大的心理负担。因此，我们要力戒拖延，立即行动。疲劳是放弃和拖延的好借口，但是没有什么比无休止地拖延一件事更令人感到疲劳的了。疲劳是可以控制的，早些完成可以安心休息。坚持做完每一件事，都会增强我们的信心。

拖延并不能使问题消失或变得容易，只会带来更严重的危害。良好的条件是等不来的，唯有依靠行动才能创造有利因素。可以建立一个行动计划，列出需要进行的每一小步。开始做有关的事情，哪怕很小的事，哪怕只做 5 分钟，只要做出来，就是一个好的开端，会带动你更容易地做更多的事情。

要善于利用每天的不同时间段。一般来说，清晨头脑清醒，特别是开始工作的第一个小时是效率最高的时候，可以将一些难度大而重要的工作放在此时进行。下午大脑一般比较迟钝，可以做一些活动量大又不需太动脑筋的工作。这将有助你提高工作效率，使得工作早日完成。

【心理学在这里】

很多人喜欢在周密、工整的计划中获得部分满足，但是却下意识地惧怕承担行动所带来的一系列责任。

改变犹豫不决的心态

犹豫不决的消极心态的有力支持者，是普通人害怕犯错的心理。但是这种心理有一个荒谬的前提：不做决定就不会犯错误。成功心理学家认为："一个人最易犯的错误，就是害怕犯错误。"

从前有个哲学家，身上透着浓浓的文人气质，人也长得很俊俏，在他身边有许多爱慕者。一天，有一个漂亮的女孩敲开了他的门，对他说："让我做你的妻子吧，我是天下最爱你的女人，错过了我，你将再也找不到第二个。"哲学家也很喜欢她，但是出于谨慎的考虑，他还是说："让我考虑一下。"

女孩走后，哲学家开始用他一贯研究学问的精神，将娶妻的好处和坏处一一列举出来，结果是好处与坏处各占一半。他陷入了矛盾，迟迟做不出决定。后来，他终于下定决心去找那个女子，迎接他的是女孩的父亲，哲学家说道："你的女儿呢？我已考虑清楚，决定娶她为妻。"

父亲对哲学家冷冷地说："你已经没有权利娶我女儿了。时间已经过去三年，她现在已经为人妻，为人母了。"哲学家非常懊悔，他的犹豫不决使他错过了一段美好的姻缘。

犹豫不决的人通常有两个特点：尽量不要做太多的决定，而且尽量拖延做决定的时间；找一个现成的东西来代替所要做的决定。显而易见，拥有这两种态度的人都错了。前者时常会在冲动与考虑欠周的行动之中自寻麻烦，而后者会仓促地做决定。但他所做的决定大都不成熟，而且一定会半途而废。要是他的决定出了错误，他只要让自己继续相信那是别人的错，问题并不出在自己身上就足够了。

心理学的研究解释，无论是人的认知还是客观世界的进展过程，其本质就是一连串的行动、犯错误与修正错误的过程。如果你总是站着不动，你就无法修正你的方向，不做事情，你也无法改变和修正。比如在棒球比赛中，只有对方投手投出高速的球，击打手才有可能击出直接得分的本垒打，但是击打高速球的失误率也是最高的。所以美国职业棒球大联盟的“本垒打王”鲍伯·詹姆斯同时也是因为三次击球失误而被罚出局的次数最多的球员。因此，你必须考虑事情的趋势和事实，预想各种行动方针可能的结果，选择你认为最好的解决办法，并且大胆地去做。

一个人不经过无数的大小错误，是无法伟大起来的。那些从不犯错误的人都不可能有任何创新的发现。托马斯·爱迪生的夫人曾经说过：“如果有人问爱迪生，是否因为有太多的途径是行不通的而感到泄气，他一定回答说：不，我才不会泄气！每抛弃一种错误的路线，我也就向前跨进了一步。”

【心理学在这里】

一个克服犹豫不决的方法是正确地认识“自尊心”，了解自尊在犹豫不决中的实际保护作用。

成就险中求

许多人认为，生活中应当避免冒大风险。比如创业就太冒险了，如果失败了将如何面对负债累累的困境。他们总是从这个方面去想，似乎创业就意味着失败似的。于是，接受大公司的职位成为许多人的上上之选，似乎其中不存在某天被解雇的风险。

普通人把创业这种行为看作有危险而产生出相当大的恐惧感。所以，他们宁愿给别人打工，也不愿意冒风险。这种心理状态是比较普遍的，即使是作为自由创业经济中心的美国也只有8%的家庭是为自己打工的业主或自由职业者。但是人们不知道，只有把自己抛入危险之中，才能发挥出最大的潜能。这与一种称为“应激”的情绪状态有关。

人在面对危险状况或出乎意料的紧张情景时，就会进入应激状态。这时，人的生理状态会发生显著变化。肾上腺会分泌大量肾上腺素，使血压升高、心率加快、血液循环加速，同时肝脏释放的大量肝糖原随着血液循环不断提供给大脑与肌肉，而消化系统暂停工作，又使人体的血液相对集中。于是，在血液量充沛的情况下，肌肉获得了远远超出通常水平的巨大能量，使人瞬间变得更为强壮有力，而大脑在养料与能量的补给中，使思维变得更为灵敏、警觉。这种生理上的突发性剧变，有助于人适应突如其来的偶发事件，动用自己的全部力量，集中自己的智慧和经验，发挥出全部潜力。

据说，法国皇帝拿破仑在巡视军营的时候，听到一个落水士兵的求救声。拿破仑问随从的军官说："他会游泳吗？"军官回答说："会一点儿，但是水性不好。"

拿破仑命人取来一支长枪，对着落水士兵的身旁射击，并且喊道："马上给我游上岸来，不然我就枪毙你！"子弹打得士兵周围水花四溅。落水的士兵于是挣扎着游回岸边。他对拿破仑说："皇帝陛下，您差点儿打死我"。拿破仑说："如果我不开枪，你才死定了。"

冒险者懂得如何"权衡利弊"。他们把冒险行动的所有不利因素列在一边，把有利因素列在另一边。首先，他们考察不利因素，然后利用有利因素克服恐惧，克服这些不利因素。冒风险者只是冒那种有利因素大大超过不利因素的风险。在权衡利弊的过程中，冒险者还必须能够想象冒险行动可能带来的全部好处。

但是应激也有两重性，它既能增强人的活动能力，使思维变得清醒、灵敏，也可能减弱人的活动能力，使人行为呆板、思维紊乱。所以，勇于冒险不同于赌博，不等于碰运气，它是积极主动的进取，而并非不管结果如何，先这么做起来再说。怕树叶掉下来砸破脑袋的人做不成事，而下着冰雹到露天溜达的人也会被砸得鼻青脸肿。

【心理学在这里】

对于大多数人来说，长时间地面对巨大的风险，也有可能降低自信心和耐挫力。

成功孕育在坚持中

毅力是一种“心理忍耐力”，是一个人完成学习、工作、事业的“持久力”。坚强的毅力不是天生的，而是培养出来的，我们要在完成艰巨任务的过程中培养毅力。越是面临困难，越要敢于迎难而上，任务完成了，毅力也培养了。如果等有了毅力才去完成任务，就永远不会有毅力，永远完成不了艰巨的任务。

还有很多人，有美好的理想和为之奋斗的热忱，但他们缺乏毅力。开始是天天撒网捕鱼。不久便是三天打鱼两天晒网。最后索性将网抛进垃圾箱里，而海底的珍奇是只可梦想而不可得了。

斯坦福大学心理学教授迈克·米歇尔将一群四岁左右的孩子单独留在一个房间里，先是给每个孩子发了一块软糖，然后告诉他们：“我有事出去一会儿，你们可以马上吃掉软糖，但谁能坚持到我回来再吃，那么他就可以得到两块软糖。”结果有的孩子迫不及待地把糖吃了；有的孩子虽然犹豫了一会儿，但还是忍不住吃了；还有的孩子通过唱歌、做游戏甚至假装睡觉坚持到最后。20分钟后米歇尔回来了，坚持到最后的孩子又得到了一块软糖。

这次实验过后，米歇尔进行了长达14年的追踪。到中学时，这些孩子表现出了明显的差异：那些坚持到最后的孩子具有较强的适应能力和进取精神，他们自信、合群、勇敢、独立；没有坚持到最后的孩子则比较固执、孤僻，往往会屈从于压力而逃避挑战。

“果汁软糖实验”证明，坚持的能力对一个人的成功起到了何等重要的作用。这项研究表明，一个人成功可能与情绪调控能力有密切的关系。坚定性既顽强性，是一种为实现既定目的而持续努力拼搏的意志品质。具有坚定性的人能长时期坚信自己决定的合理性，坚持自己的行为方向，并能锲而不舍、百折不挠地克服种种困难，直至实现自己预定的目标。

一个人由于知识经验有限、思想方法的缺陷及其条件、环境的限制，经常会碰到种种困难与干扰。困难与干扰容易使人丧失兴趣，滋生畏难情绪，使行为方向失去控制。因此，为了驾驭自己的行为方向，就要有顽强的毅力，制止与预期目标相矛盾的行为，并克服种种困难与干扰，才能实现预定目标。

毅力不等于蛮干，不等于执拗，也不等于顽固。顽固是消极的意志品质，它不实事求是，不考虑客观情况，不考虑完成任务的可能性，一意孤行，不听劝告。而毅力则是积极的意志品质，它是人们理智的选择，能及时地总结经验和教训，从错误和失败中去寻找到理性的行动，因而能将失败变为胜利，能使小胜利变为大成功。

【心理学在这里】

坚定与自信相联系，一个具有自信的人才能对自己的工作目标或事业抱有必胜的信念，从而激发起顽强的斗志，在实践中才能表现得不屈不挠。

将压力转化为动力

现实生活中的每一个人，都会感受到压力的存在，并不是真的有千钧重担压在你的肩上，而是一种无形的、能使你的精神和心理感受到的压力。无法承受这一压力的人，严重的会精神崩溃，普通的也会意志消沉。

在现实生活中，压力并非完全是一件完全坏事，以至于如果缺了它，人类自己还要创造出压力。最简单的例子莫过于我们宁愿承担心理压力也要把事情拖到最后一分钟去做。不只是对那些令人不快的、不想去做的事情是如此，即使对那些我们愿意去做，有必要去做，做完后感到充实、感到有价值的事也同样如此。我们之中许多人似乎只有在经历这种压力时工作才能完成得更出色，就像伟大的法国文学家巴尔扎克只有在债台高筑之时才写作一样。

压力是生活的一部分，是自然的、不可避免的。在不发达的社会中，压力首先是与寻找食物、寻求安全以及寻找配偶、繁衍后代等生存需要联系在一起的。在发达的文化社会里，压力与基本的生存手段关系甚微，而与社会的成功、与对极大提高的生活水平的评判、与满足自己或他人的愿望紧密相关。压力是对精神和肉体承受力的一种要求。如果承受力能满足这种要求并欣赏其中的刺激，那么压力就是受人欢迎、有益无害的。

有两名船长要指挥着各自的帆船横渡海峡。但是此时海峡上空乌云密布，眼看暴风雨就要来了。船长A考虑了一会儿，命令水手往船上装石头。船长 B 从望远镜里看见 A 的举动，不免嘲笑对方的愚蠢。B 认为让船减轻重量才能快速通过暴风雨，所以他命令把船上一切没用的物品都扔掉。没想到，B 的帆船在海峡中间被狂风吹翻了，而 A 的帆船因为载重很大，所以稳稳当当地渡过了海峡。

心理学家认为，人的心理是有弹性的。就像弹簧一样，你越是挤压它，它的弹力就越大。同样，在心理压力下，生存需求和社会动机会将人的潜力激发出来。在一定程度范围内，压力越大，激发潜力的可能性就越大。

有压力的人生，才会是成功的人生。不过，多大的压力才算是正常的却不好界定，因为每一个人所能承受的压力并不相同。假如压力低于承受力，我们会觉得索然无味，缺乏刺激。这同样会产生心理和生理问题，正如压力能带来的损害一样。假如压力超出承受力，我们就会感到紧张过度，最终被压垮。一旦出现过度紧张状况，我们可以想方设法降低要求，直到把它限制在力所能及的范围内，或者还可以想办法增强承受力，直到它能满足要求为止。也可以同时既降低要求，又增强承受力，直到二者达到一个和谐的可以接受的程度。

【心理学在这里】

人们所期望的并不是毫无紧张的状态，降低紧张的过程才是令人满足的。战胜压力能够让人生在有挑战的过程中逐渐完美。

做人需要“内方外圆”

一个人立身处世，如果斤斤计较、处处与人摩擦，那么即使他本领再高强，也往往会使自己壮志难酬，事业无成。但是一个人如果八面玲珑，圆滑透顶，总是想让别人吃亏，自己占便宜，则必将众叛亲离。因此，做人处世，必须能屈能伸，可方可圆，外表大度圆融，内心见棱见角，二者相辅相成，缺一不可。

年轻人未经社会的打磨，总会呈现出棱角，容易碰壁，为了减少前进中的阻力，为了集中精力去实现自己的理想和愿望，必要时，我们应该做出某种让步或妥协，即用“圆”的方法去取代“方”的精神，像舟行于江河，处处有风浪，有阻力，而一个人如果以“方”处之，竭尽全力与阻力相较量、相抵抗，甚至拼个你死我活，这样做的结果，一来精力难以承受，二来树敌太多，更不好过。

美国名将巴顿将军毫无城府，不但使上司颇为难堪，自己也失去了不少人缘，被同事们称为“和平时期的战争贩子”。他在担任师部少校参谋时经常越权行事，绕过师长直接向22旅旅长递交了一份措辞激烈的意见书，招致了上司的非议和怨恨。后来在观看了一场营级战术演习后，他又一次指责营指挥官。虽然这次他很明智地请示司令部副官代替师长签了名，但其他军官心里很清楚，这又是巴顿搞的鬼，所以联合起来一致声讨巴顿。众怒难犯，师长只好把这位爱“放大炮”的参谋撤换下来。

对于人才来说，露锋芒是正常的，但心无城府有时往往把自己陷入不利之地。真正聪明的人从来不轻易让别人看出他有多大的智慧和勇气，因为他们知道，只有这样才能更好地获得别人的尊重。所以，让别人知道你，但不要让他们了解你的底细，没有人看得出你才能的极限，也就没有人对你感到失望。让别人猜测你甚至怀疑你的才能，要比完全显示自己的才能更能获得尊重。要不断地培养他人对你的期望，不要一开始就展示，甚至都不要展示你的全部所有。隐瞒你的力量和知识的诀窍是要胸有城府。

可以说，关注自我的形象，进行恰当的印象管理，是人类文明的标志、是个人修养的象征。其目的在于通过使交往对象产生良好的情绪体验，以达到建立协调的人际关系，使交往顺利进行下去的目的。但必须注意的是，印象管理只是人际交往的辅助手段，日常交往中不能仅仅追求个人形象的设计而忽略自身素质的提高和发展，更不能通过印象整饰来欺骗他人，那样只会在交往中蒙蔽一时，最终还是不能取得真正的交往成功。

【心理学在这里】

所谓印象管理，就是在交往中通过某种方式来试图控制他人对自己形成某种印象的过程，通过各种方式对自己进行整饰，使他人产生自己所预期的印象和情感。

理解适者生存的原则

伟大的生物学家达尔文总结出了物竞天择，适者生存的生态原则。而在充满内外部竞争的企业中，这个原则同样起着关键性的作用。

正如自然界中的情况一样，“企业人”也有能力的强弱。为了巧妙地获得生存的机会，进而为自己争取应得的利益，一定要牢记“遇弱则示强，遇强则示弱”的法则。人不太容易去改变自己条件的强或弱，但却可以以示强或示弱的方式，为自己争取有利的位置，就像自然界中许多生物那样——

古代有种名为泥鱼的动物。每当天旱，池塘中的水逐渐干涸时，其他鱼类都因失去水而丧失了生命。但是，泥鱼却依然悠闲自得，它找到一处足以容身的泥地，把整个身体钻进泥中不动。由于它躲藏在泥中动也不动，处于类似休眠的状态。所以，可以待在泥中一年之久而不死。

等到天下了雨，池塘中又积满了水，泥鱼便慢慢从泥中钻出来，重新活跃于池塘中。其他死去的鱼类尸体成了它最好的食物。它便能很快地繁殖，成为池塘的占有者和统治者。

“遇弱则示强”，是说如果你碰到的是实力比你弱的对手，那么就要显露你比他“强”的一面。这并不是为了让他来顺从你，或满足自己的虚荣心或优越感，而是因为弱者普遍有一种心态，不甘愿一直做弱者，因此他会在周围寻找对手，证明自己也是一个“强者”，你若在弱者面前也示弱，弱者就会把你当作对手，而且可给自己增添不必要的麻烦。“示强”则可使弱者望而生畏、知难而退，所以，这里的“示强”是防卫性的，而不是侵略性的。

“遇强则示弱”，是说如果你碰到的是个有实力的强者，而且他的实力明显高过你，那么你不必为了面子或意气而与他争强，因为一旦硬碰硬，固然有可能摧折对方，但是损害自己的可能性也很高，因此不妨把自己的形象弱化，好化解对方的戒心。恃强凌弱者，即使得到胜利也不会光彩，所以真正的强者是不屑于这样做的。但也有一些富侵略性格的“强者”有欺负“弱者”的习惯，因此示弱也有让对方摸不清你虚实，降低对方攻击有效性的作用。一旦他攻击失效，他便有可能收手，而你便获得了时间以反转态势，他再也不敢随便动你。至于要不要反击，你要慎重考虑，因为反击时你也会有损伤，这个利害是要加以评估的，何况还不一定可击败对方，生存才是主要目的。

要知道，办公室里没有绝对的强与弱，只有相对的强与弱，也没有永远的强与弱，只有一时的强与弱。因此强者与弱者，最好维持一种平衡均势。只要你愿意，也不论你是弱者或强者，“遇强示弱，遇弱示强”只是其中一个权宜之计。

【心理学在这里】

超越直觉、积累经验，灵活地运用“遇弱则示强，遇强则示弱”的原则，才能在激烈竞争的局面中找准自己不可撼动的位置。

身后有余要缩手

韩非子说过：“刻削之道，鼻莫如大，目莫如小。鼻大可小，小不可大也；目小可大，大不可小也。举事亦然，为其不可复也，则事寡败也。”这段话的大意是说，工艺木雕的要领，首先在于鼻子要大，眼睛要小，鼻子雕刻大了，还可以改小，如果一开始便把鼻子给刻小了，就没办法补救了。同样的道理，初刻时眼睛要小，小了还可以加大。如果刚开始雕刻时，就把眼睛弄得很大，后面就无法缩小了。下过厨房的人都懂得，做菜时先要少放盐，因为味淡还有补救，味咸却难以“妙手回春”。这就教会了我们做人不要太绝对，要给自己和他人留有余地。

速哥是元太宗的大将，外表看起来一副木讷的老实样，实际上却是诚恳沉勇、深得太宗的信任。有一天早朝，他接过派令刚出朝廷，看到六个人，因为犯小罪将受到极刑。速哥急忙跑回去向太宗求情：“这六个人在西域颇有名气，如果以小罪就杀他们，恐怕不是怀柔之计。请将他们赐给我，让我慢慢地开导他们，日后可以为我所用。”太宗听后，便将这六人赐给速哥。速哥带着他们一起赴任，到了半路，就把他们全部释放了。速哥死后，被元朝追封为宣宁王。人们认为速哥之所以能够取得这样的成就，都是因为他“宽大爱人”所致。

在日常交往中，话也不能说得太绝。当然，也有人话说得很绝，而且也做得到。不过凡事总有意外，使得事情产生变化，而这些意外并不是人能预料的，话不要说得太绝，就是为了容纳这个“意外”。杯子留有空间就不会因加进其他液体而溢出来，气球留有空间便不会因再灌一些空气而爆炸，人说话留有空间，便不会因为“意外”的出现而下不了台。对别人的请托可以答应接受，但不要“保证”，应代以“我尽量，我试试看”的字眼。上级交办的事当然接受，但不要说“保证没问题”，应代以“应该没问题，我全力以赴”之类的字眼。这是为了万一自己做不到所留的后路，而这样子说事实上也无损你的诚意，反而更显出你的审慎，别人会因此更信赖你，事没做好，也不会责怪你。

固然把话说绝有时也有实际上的需要，但除非必要，还是保留一点空间的好，既不得罪人，也不会把自己陷入困境。总之，多用中性的、不确定的词句就对了。

留有余地是一种心态。一个心地善良的人往往能替别人考虑许多，因此也时常为他人留有余地，也许他会因为这样而失去些名利或财物，但与此同时，他却获得了比金钱更为重要的东西，那就是对方的感激。

【心理学在这里】

心理学家发现，在对别人进行肯定或奖励时，并不能一味地施行肯定和奖励。事实是，先否定后肯定，能给人最大的好感。

创业容易守业难

有位企业家曾说过：“当你经过千辛万苦使你的产品打开市场的时候，你最多只能高兴五分钟，因为你若不努力，第六分钟就会有人赶上你，甚至超过你。”

一个人的伟大与否，是可以从他对于自己的成就所持的态度上看出来的。美国汽车大王福特曾说：“一个人如果自以为已经有了许多成就而止步不前，那么他的失败就在眼前了。许多人一开始奋斗得十分起劲，但前途稍露光明后，便自鸣得意起来，于是失败立刻接踵而来。”

古时候，特洛伊人与入侵的希腊联军作战，双方互有胜负，后来联军中有人献策，假装全部撤退，留下一匹大木马，并将勇士藏在马腹内，其他的主力部队则躲在附近。特洛伊人望见远去的队伍，以为敌人真的撤退了，于是在毫无防备下，将木马拖入城内，歌舞狂欢，饮酒作乐。就在他们的睡梦中，木马中的希腊战士纷纷跳出，打开城门，里应外合，于是特洛伊灭亡了。

当你被上司提升或嘉奖的时候，常常会自鸣得意吗？如果是，那你就要好好学一番涵养的功夫，把你那因升迁而引起的过度兴奋压下去才好。你所拟的一生计划，当然是非常伟大的，但在你没有达到这个伟大目标之前，中途的一些升迁，真可说是微乎其微的小事。也许在你实行一个计划时，一着手就大受他人夸奖，但你必须对他们的夸奖一笑置之，仍旧埋头去干，直到隐藏在心中的大目标完成为止。那时人家对你的惊叹，将远非起初的夸奖所能及。

有些人因为顺境连连而甚感欣慰，愉悦之情不时流露于脸上。然而，不能光只是高兴。应该想想怎么才能维持好运，永葆成功。同样的道理，好业绩得来不易，但更难的是在于如何持续保持好业绩。所以，在运气好时，切莫得意忘形，而致乐极生悲，必须更加积极奋发，以使成绩永久不坠。

还有的人曾经成功，却在后来走上“过气”的路。他不是没有机会，问题就在于他已满足于现状。而自满正是无形的蛀虫，它让人停顿，无法超越过去，更无法拥有未来的辉煌。满足于眼前成就的人会停滞不前，而进步者却总是感到不满足。因为追求进步，他做任何事情就好像永无尽头。一个不断追求完善的人总是无法满足于已有的成就，不断去追寻更伟大、更完善、更充实的东西。

最初所取得的成功，尤其是早期的成功，对许多人来说就像麻药，会麻痹他们的心灵，而只有不满足和恒久的进取心才会消除这种不良情绪。只要你具有很强的进步欲望，再加上积极的努力，你就可以把眼前你已经满意的事情做得更好。

【心理学在这里】

人在努力奋斗的时候，脑细胞长时间处于兴奋状态，一旦松懈下来，就会迅速转入长时间的抑制状态，为失败埋下祸根。

时间资源无尽却有限

哲学家伏尔泰曾经问：世界上哪样东西是最长的又是最短的，是最快的又是最慢的，是最能分割的又是最广大的，是最不受重视的又是最令人惋惜的；没有它，什么事情都做不成；它使一切渺小的东西归于消失，使一切伟大的东西生命不绝？答案就是“时间”。

人们大多都只担心财物的损失，却不担心岁月一去不复返的损失。失去时间就如同失去生命。每天都是很重要的一天。不管打算怎么过，自己的生命又少了一天。

时间比任何商品都昂贵，因为它是“有限的”，你无法创造，也无法花钱买到，只有不断减少和失去。因此，如何利用有限的时间，就决定了自己的生命是否丰富和有价值。所以，人们应该学会把时间投资在真正重要的事情上。

如果人的一生以80岁来计算，那么大约有29000多天，合70多万小时。可这只是“账面时间”，而不是能用的“实际时间”，可供实际使用的时间远没有这么多。比方说一个人22岁大学毕业参加工作，60岁退休，那么他用于工作的时间将至多不超过38年。虽说退休后也可以继续工作，但毕竟人的生理条件有限，此时精力已大不如前了，想要出大成果是难上加难。在38年中，若每天8小时用于睡眠，8小时用于吃喝拉撒等事情，那么，剩下的工作时间仅8小时。这样一来，一生中工作的时间只有不到13年。除去周末和节假日实际工作时间不过11年而已。如果再除去浪费于吹牛、聊天等一些无聊的事情中的时间，那么所剩下的时间就少得可怜了。

对时间的不同运用，往往会使人生变得富有或者不富有。更有人通过合理的方法，同时做两三件事情，等于凭空多出了一两倍的时间。许多成功的企业家习惯在吃饭时打开电视、摊开报纸，这样可以同时使用听电视的耳朵、看报纸的眼睛和吃饭的手。当然，一开始试着这样做时，可能会有些力不从心。而把三件事同时做好的秘诀，是做瞬时性的意识变化，也就是 3 ~ 5 秒的精神集中于吃饭，再分别用 5 秒钟集中于看报和看电视，如此则有可能使三种行为同时协调地进行。一旦养成了习惯，这些就会在不知不觉中进行。

无论是专心于一件事还是同时作几件事，合理的安排都是必要的。正如大文豪歌德所说：假如我们能用对时间，我们有的是时间。紧急的事不一定重要，重要的不一定紧急。不幸的是，我们许多人把我们的一生花费在较紧急的事上，而忽视了不那么紧急但比较重要的事情。当你面前摆着一堆问题时，应问问自己，哪一些真正重要，把它们作为最优先处理的问题。如果你听任自己让紧急的事情左右，你的生活中就会充满危机。

【心理学在这里】

把最重要的任务安排在一天里你干事最有效率的时间去做，你就能花较少的力气，做完较多的工作。

无须为错误强辩

智者千虑，必有一失。一个人再聪明，再能干，也总有失败犯错误的时候。人犯了错误往往有两种态度：一种是拒不认错，找借口辩解推脱；另一种是坦诚承认错误，勇于改正，并找到解决的途径。

斯密斯是一家商贸公司的市场部经理。在他任职期间曾犯了一个错误，没经过仔细调查研究，就批复了一个职员为纽约某公司生产5万部高档相机的报告。等产品生产出来准备报关时，公司才知道那个职员早已被其他公司挖走了，那批货如果一到纽约就会无影无踪，货款自然也会打水漂。

斯密斯一时想不出补救对策，一个人在办公室里焦虑不安。这时老板走了进来问斯密斯怎么回事。斯密斯立刻坦诚地向他讲述了一切，并主动认错："这是我的失误，我一定会尽最大努力挽回损失。"

老板被斯密斯的坦诚和敢于承担责任的勇气打动了，答应了他的请求，并拨款让他到纽约去考察一番。经过努力，斯密斯联系好了另一家客户。一个月后，这批照相机以比那个职员在报告上写的还高的价格转让了出去。

一个人做错了一件事，最好的办法就是认真认错，而不是去为自己辩护和开脱。只要你坦率诚挚承担责任，并尽力去设法补救，你仍然可以立于不败之地。相反，有些人在工作中出现错误时，就会找出一大堆借口来为自己辩解，并且说起来振振有词，头头是道。犯了错误，不肯承认自己的错误，反而找借口为自己开脱、辩解，归根结底是人性的弱点在作怪。

假如你认为找借口为自己辩护，就能把自己的错误掩盖，把责任推个一干二净，其实事实并非如此。也可能别人会原谅你一次，但他心中一定会感到不快，对你产生"怕负责任"的印象。

你为自己辩护、开脱，既不能改善现状，又会产生的负面影响还会让情况更糟。

能坦诚地面对自己的弱点，再拿出足够的勇气去承认它，面对它，不仅能弥补错误所带来的不良后果，在今后的工作中更加谨慎行事，而且别人也会很痛快地原谅你的错误。有些人认为错误有失自尊，面子上过不去，害怕承担责任，害怕惩罚。与此恰恰相反，勇于承认错误，你给人的印象不但不会受到损失，反而会使人尊敬你、信任你，你在别人心目中的形象反而会高大起来。

松下幸之助说："偶尔犯了错误无可厚非，但从处理错误的态度上，我们可以看清楚一个人。"成功来自于在错误中不断学习，因为只要你从错误中学得经验吸取教训，就不会再重蹈覆辙。只要你坚持并且有耐心，认识错误，改正错误，弥补错误，就能吸取经验，取得成功。

【心理学在这里】

一个人犯了错并不可怕，可怕的是没有勇气去面对和承担。错误本身就是进步的阶梯，明理的处理错误，其实是对自己进步的一种鞭策。

不要沉溺于损失之中

假如一只鳄鱼咬住你的脚，你该怎么办呢？如果你用手去试图挣脱你的脚，鳄鱼便会同时咬住你的脚与手。你越挣扎，就被咬得越紧。实际上，明智的做法应该是：一旦鳄鱼咬住了你的脚，你唯一的办法就是牺牲这只脚。当你发现自己的行动背离了既定的方向，必须立即停止，不要延误，也不要心存侥幸。

唐代李肇的《国史补》中有一则故事：

通往渑池的路很窄，有一辆载满瓦瓮的车由于陷进了泥坑，堵塞了交通。正值天寒，冰封路滑，进退不得，拖延到黄昏。后面积聚数千车辆人众，但是都无可奈何。

这时，一位叫刘颇的商人从队伍的后面扬鞭而至，看到瓦瓮的主人仍然在做着近乎无谓的努力，企图拉出在泥坑里越陷越深的车。刘颇上前询问车的主人："你车上载的瓦瓮一共值多少钱？"

主人回答说："七八千钱。"

刘颇马上吩咐从人取来银两，付给瓦瓮的主人，然后命人把瓦瓮全部推到山崖下面。车辆空载以后马上可以前进，道路也就立刻畅通。

可是很多人在生活中会下意识地"把手伸进鳄鱼嘴里"，他们无法放弃已经失去价值的事物。他们大多不了解经济学中"沉没成本"的概念。沉没成本是指因为交易不成而无法得到收益的成本，如果对沉没成本过分眷恋，就会继续原来的错误，造成更大的亏损。

有很多时候，我们开始做一件事，做到一半的时候发现并不值得，或者会付出比预想多得多的代价，或者有更好的选择，但此时沉没成本已经很大。思前想后，只能将错就错地走下去，从而带来更大的损失。

举个生活中的例子来说，你花了 10 块钱买了一张今晚的电影票，准备晚上去电影院看电影，不想临出门时突然下起了大雨。这时你该怎么办？如果你执意要去看这场电影，你不仅要来回打车，增加额外的支出，而且还可能面临着被大雨淋透、发烧感冒的风险，这样还要发生吃药打针的成本费用。在这时，明智的选择是将买电影票的钱列入沉没成本，放弃去看这场电影。也许，在一张电影票的问题上很多人可以清醒地进行选择，但在其他更加复杂的事情上，却容易在沉没成本的误区里泥足深陷。

事情从一开始就错了却听任损失继续，如果是因为缺乏经济学的知识，也还说得过去。如果了解了沉没成本的概念，却因为不愿面对损失而饮鸩止渴，多半是心态不成熟的表现。

人与其他生物最大的不同在于：我们能够真正地有勇气来改变可以改变的事情，有度量接受不可改变的事情，有智慧来分辨两者的不同。我们不一定知道正确的道路是什么，但不要在错误的道路上走得太远。

【心理学在这里】

美国著名心理学家威廉·詹姆斯说：承认既定事实，接受已经发生的事实，这是应对任何不幸后果的先决条件。

不要被成功欲绑架

你一天平均工作几个小时？8个小时、10个小时，还是夜以继日、无休无止地工作？对大多数人来说，现在拼命工作，是为了将来可以“少工作”或“不必工作”，希望有朝一日能游山玩水，过着享乐的日子，所以现在才努力工作。但对某些人来说，他们之所以工作，因为他们无法从工作中自拔，离不开工作，他们就像一台高速运转的机器一样，完全无法让自己停下来。

有个富翁得到了一盏古老的油灯。他试探着擦了擦油灯，没想到真的从里面跑出一个神怪。神怪答应富翁可以满足他一个愿望。

富翁说：我要更多的土地！

神怪说：好吧，你现在到田地上去，在太阳下山以前，凡是你的脚印围起来的地方都是你的。

富翁想得到尽可能多的地，就越跑越远，不吃也不喝。可是到太阳下山的时候，他的脚印并没有围起来，最后一寸土地也没得到。

根据心理学的解释，如果一个人不论吃饭、睡觉、读书、聊天、玩乐的时候，心里都每时每刻地想着工作，就可以肯定，这个人是100%的工作狂了。心理学家还提出许多工作狂难以理解的观点：一个热爱工作的人，不见得就会工作上瘾；相反，一个工作上瘾的人，未必就是热爱工作。每一个工作狂都有不同的工作动机。有些人嗜好工作中的侵略性，有人依赖井然有序的工作来满足被动心态，也有人是想借工作来麻痹自己，还有的人则是因为激烈的竞争需求，用工作代表胜利，觉得自己高人一等……

你是不是工作狂，只有你自己最清楚。你要不要变成工作狂，也完全由你自己决定。但是你必须相信一件事，虽然热爱工作、努力奋斗、渴望成功都没有错，但你不要错误领会，那绝对不是要我们变成成功欲望的奴隶，完全被工作操控，而是要我们去做工作的主人。

心理专家检验“工作狂”的标准不是看他“做了什么”，而是看他“不能不做什么”。效率是工作狂的信仰之一，而且近乎吹毛求疵，任何浪费、损失都令他们勃然大怒。工作狂偏好技能，并且尽量避免无需用到技能的场合。像表达感情、想象力这一类的事，通常他们比较畏怯。工作狂的心中充满定义、原则、目标、方法、步骤、策略等等，遇到难以理解的事，他们绝对无法接受“笔墨难以形容”这类的说法。工作狂无法享受“现在”的感觉，完全受制于工作的目标、成果和终点。

心理专家指出，工作狂的生活几乎完全受工作支配，一旦他们停下来，就会觉得生活立刻失去重心，无所适从。工作狂常常不自觉地会给周围的人带来压力，对别人的“感觉”也往往视而不见。不要太在乎别人对你的评价，否则，那反而会变成你的包袱。

【心理学在这里】

有些工作狂其实是缺乏信心，期望从加倍工作中得到别人的掌声。

小心被名利遮住双眼

有的人或许会问：成功不就是谋求名利吗？为什么还要淡泊名利呢？

名和利是一对孪生兄弟，相互追随，谁也离不开谁。但是现实中有的人重名不重利，有的人重利不重名，有的人则追名逐利，什么也舍不得放下。

钱财对于人来说固然重要，但人不能钻到钱眼儿里去，因为世界上还有比钱更重要的东西，那就是人的品格德行。从古到今，有钱的富翁有多少，人们无法知晓，而谈起那些古今德高望重的圣贤，人们却如数家珍。正如诗中写的那样："有的人死了，他还活着；有的人活着，他已经死了。"虽死犹生的人，不是他富有金钱，而是他富有高尚的道德品质。所以在利与义之间，君子的做法是舍利取义。

求名并非坏事。一个人有名誉感就有了进取的动力。有名誉感的人同时也有羞耻感，不想玷污自己的名声。但是，古今中外，为求虚名不择手段，最终身败名裂的例子也很多。要知道，名和利只是为成功所付出的辛劳的副产品。名利心太重是自我意识不完善的表现。如果一心只图名利，又不能立即获取，功利心太切，就容易产生心理障碍，生出邪念，走入歧途——

在中世纪的意大利，有一位叫塔尔达利亚的数学家，他经过自己的苦心钻研，找到了三次方程式的新解法。这时，有个叫卡尔丹诺的人找到了他，声称自己有千万项发明，只有三次方程式对他是不解之谜，并为此而痛苦不堪。善良的塔尔达利亚被哄骗了，把自己的新发现毫无保留地告诉了他。谁知几天后，卡尔丹诺以自己的名义发表了一篇论文，阐述了三次方程的新解法，将塔尔达利亚的成果据为己有，他的做法虽然在相当长一个时期里欺骗了人们，但真相终究还是大白于天下了。现在，卡尔丹诺的名字在数学史上已经成了科学骗子的代名词。

自我意识是意识的一个方面、一种形式，是人自己认识自己，认识自己与周围环境的关系。儿童在1周岁左右便有了自我意识的萌芽，即把自己和自身以外的客体区分开来，使自己成为活动的主体。但是儿童的自我意识还不完善，尤其是不能分清自己与社会的区别，不能克制自己的欲望。所以小孩子想要一件东西，无论如何也会要到手。

实事求是地说，人生无利则无以生存，无以养身，不能养身则无法立业。所以不能简单地把求利之人都视为小人，这要看为谁谋利和以怎样的手段谋利，获利后又怎样对待和利用所获取的利。求名也无过错，关键是不要死死盯住不放，盯花了眼。那样，必然要走到沽名钓誉，欺世盗名之路。

【心理学在这里】

“本我”这个心理学概念包含了人的一切原始冲动和本能欲望，是一切心理能量之源。眼中只有“名利”二字的人就是本我过于发达，而缺乏调节能力。

第二章
学习中的心理学

人类之所以成为“万物之灵”，是因为我们拥有知识和智慧。而知识和智慧必须依靠学习和锻炼才能获得。只有学习，才能促进人的心理成熟。1972 年，联合国教科文组织发表的研究报告，更把学习同生存直接联系在一起。另一方面，要取得良好的学习效果，也必须尊重心理发展的规律，需要教育者和受教育者的相互配合。

靠学习保持竞争优势

美国《财富》杂志每年都会评出世界五百强的企业。有人做过一个统计，1970 年名列世界五百强的企业中，大约 60% 到 2000 年的时候都已经销声匿迹了，大型企业的平均寿命不到 40 年。这些公司失败的原因大多在于，组织学习能力上的障碍妨碍了组织的学习及成长，使组织被一种看不见的巨大力量所侵蚀，乃至最终被吞没了。个体同样如此，如果你不能够不断地学习新的知识，不断发展自己的学习能力，你也终将被你看不见的浪潮所吞没。

即使是作为世界上名声最显赫的高科技企业微软公司，即使是被誉为最具有商业头脑的世界首富比尔·盖茨，如果不能顺应时代潮流，学习新事物，接受新观念，也会面临失败。

1994 年，比尔·盖茨就曾在各种公开场合说："互联网是免费的，在上面赚不到钱。"可是互联网时代已经来临，盖茨不得不接受新观念，调整自己的战略目标。微软公司放弃了对耗资 1 亿多美元，用了 7 年多时间才开发成功的 ActiveX 文件连接技术标准的控制。1995 年，盖茨召开微软最高级别工作会议，要求主管经理必须上交一份互联网战略报告。从此微软所有工作都是以互联网为核心展开。

盖茨公开宣称："微软距离破产永远只有 18 个月。"这个时间与预测计算机技术发展的著名的"摩尔定律"相同。只有学习才更好地生存，不学习就意味着死亡。这是生存的原则。

劳动心理学家调查发现，现在，半数以上的工作技能在短短的 3 ~ 5 年内就会因为跟不上技术的发展而变得无用，而以前这种"技能折旧期"是 7 ~ 14 年。我们处在一个高度信息化的社会，又处于一个全球化的市场中，也许每过几秒钟便会有一种新的事物产生。每一个新事物的产生便连带着一种新的经验和运作方式。面对这些新的事物和新的经验，如果一个员工和企业拒绝学习，那么他便不可能适应崭新的社会与工作，面对这个员工和企业的就将是失败。所以，不能把坚持学习作为一种习惯的话，那么你就是在走向失败。

我们所说的学习不仅仅是指一种对新知识的学习，而且包括了对各种新经验、新观念的接受。对这些新事物的接受是避免失败的前提。没有新的经验，面对新的工作项目，你便没有直觉的感受，你会绕很大的圈子才能获得微小的成功。而更大的可能是，在你获得这些小小的成功之前，你便已经因为缺少经验又不愿学习而在工作中招致了失败。

成功者不一定有很高的学历，但一定是善于学习的人。如果你认为自己学会了一切，可以放松了，那么你放松的那一刻也就是你的竞争对手开始超越你的时刻。

【心理学在这里】

持续学习的能力是成功人士的特质，只有保持不断学习的习惯才能保持你的竞争优势。

勤学者必然好问

人们经常将“学”与“问”并称，也就是“学问”。“问”是由思考得来的，凡是有学问的人，必定是勤于思考，善于发现问题、提出问题，而且总爱“打破砂锅问到底”的人。

好问是得到知识的真正方法。“问”就是向书本发问，向自己发问，向别人发问，向一切可问的发问。这既是很重要的学习方法，同时又是很有效的学习方式。只有通过思考才能产生疑问，在学习中提出的问题越多，则肯定是个勤于用脑思考，善于学习又不耻下问的人。

许多事情都不只是单方面的含义，也不只是只存在一种运用方式或制作程序，不是只了解一点就可以。我们不能因为比人家多会了一点东西就沾沾自喜。俗话说得好：活到老，学到老。不要拿太多的借口为自己辩解，在心中问问自己：是不是真的学够了？问够了？你问过的问题是不是真的懂了，融会贯通了呢？我们只有继续努力往前走，不断地“学”和“问”，才能充实自己的生活，让自己的知识更丰富。

法国哲学家笛卡儿是一位知识渊博的伟大学者，他说过这样一句话：“我思，故我在。”随着知识的增长，他越来越谦虚，经常感叹自己的无知。

有人问他：“您的学问这样广博，竟然感叹自己无知，这岂不是笑话？”

笛卡儿说：“古希腊哲学家芝诺曾经画过一个圆圈，表示一个人已经掌握的知识是在一个圆圈内，那么一个无限大的世界是他在圆圈外未掌握的知识。知识越多的人和知识圆圈越大的人，与未知知识接触线的圆周也就越长，变得越谦虚的人他就会越来越清楚地看到自己没掌握的知识是那么多。”

勤学而好问的人充分了解“芝诺圆圈”的含义。他们原本从未接触过某件事，但不断地向别人讨教问题，不断地去努力探索，这样日积月累下去，最后肯定会在他发展的这片天地中获得成功或是有所成就。然而与之相反，如果一个人对某件事只懂得一点“皮毛”时，就装作什么都会，一副什么都懂的样子，这样一天天地混下去，又不肯虚心向别人请教，到最后必定是一事无成。

要想养成“好问”的习惯，必须保持谦虚的心态。任何一个人，即使他在某一方面的造诣很深，也不能够说他已经彻底精通。“生命有限，知识无穷”，任何学问都是无穷无尽的海洋，都是无边无际的天空。所以，谁也不能够认为自己已经达到了最高境界而停步不前、而趾高气扬。

其实，“问”的重要性就在于能够保持一种遇事好问的习惯，而不在于能不能得到这道题的答案，一个能经常产生问号的头脑是一笔宝贵的财富。因为时时发出疑问并养成喜欢与人讨论问题习惯的人，可以从多方面获得知识，还可以很好地磨炼自己的思考能力。

【心理学在这里】

善于提问的人，肯定是个思考，观察能力、思维能力优秀的人。

学习必须“学以致用”

许多人都面临着一个巨大的困难：如何把大量日益增长的信息和知识，以及广泛的可利用的资源转化为解决问题的手段，它应是可创新的、实用的、有效的。同样，每个人都不能回避的困难是：如何充分地使用我们掌握的关于个人、家庭和社会的知识，来寻找创造性的解决问题的方法。如果只有书本上的知识，而不学以致用，就是一种片面的、无用的知识，俗称“纸上谈兵”。

这个成语来源于真实的历史——

战国初期，赵国名将赵奢的儿子赵括，自幼读了不少兵书，谈起兵法来头头是道，连他父亲都难不倒他。但是赵奢却认为赵括不能当大将。后来秦国攻赵，赵括接受兵权，打起仗来照搬兵书，结果被秦军围住。赵军40万全军覆没，赵括自己也被射死。

强调学习要与实际相联系，还因为书本知识的正确与否，还需通过致用来对其进行检验，这就是人们常说的“实践是检验真理的唯一标准”。书中的东西往往会瑕瑜参差，人们在学习中如果不辨真伪地对其兼收并蓄，肯定会造成学习效率的下降和认识上的混乱。

许多专家学者殚精竭虑，编写而成的现代百科全书，可谓包罗万象、应有尽有。任何一个人只需要花费500元，就能买一套搁在书架上。想要知道某方面的知识时，只要翻开一本，无不得心应手。区区500元，就可以获得一个知识宝库。因此，如果你唯一的特长就是无所不知，你的身价也不过区区500元。而世界上还没有无所不知的人，有许多人所拥有的知识，比一部价值20元的手册强不了多少，在这种情形下，这些人的身价才不过20元而已。

不管人们是否承认，每个人最为关心的就是人类视为理所当然的事和价值观，因为它们总是在你解决问题和做决定的过程中表现出来。它们使人类的行为更加趋向于具体的目的性。但对于不同的个人和组织，被视为理所当然的事和价值观是迥然不同的。

创新思维是建筑跨越鸿沟的最好桥梁，是完成由知识向实践转化的最好方法。它又是将技术和研究成果转化为产品和服务的最好方法。人类假想、价值观和目的间的相互作用导致了人工制品、体系和社会的相互作用，随着知识的不断更新，知识和价值观之间的相互作用也产生了，在跨越鸿沟的桥梁上，知识和价值观起着沟通的作用。

也就是说，尽管知识和信息在今天的社会中仍然是需要的，但我们必须明白仅有知识是不够的，“知识就是力量”这条长期被人们信守的格言应该改为：“知道如何使用知识才是力量”。在当今社会只有新的信条才是适用的，因为对于各种层次的知识和资料，都必须找到使用它们最有效、最可行的方法。

【心理学在这里】

学而时习之，不亦悦乎。实践带来的正反馈会增强学习的兴趣和动机。

不要变成“书呆子”

我们有时候可以看到这样的学生，他们学习刻苦，考试成绩也不错，但是头脑有些死板。一旦遇到那些比较灵活的题目，或者需要解决实际问题，不是变得一筹莫展，就是生搬硬套一些理论知识，结果把事情做得一塌糊涂。比如那个“邯郸学步”的燕国人，就是个典型的头脑僵化的“书呆子”——

战国时代，燕国的寿陵有一位青年，听说赵国邯郸一带的人走路的姿态特别优美，于是就来到邯郸，学习邯郸人走路的姿势。到了邯郸，他来到大街上看别人走路。别人迈左腿，他也抬左腿；别人迈右腿，他也抬右腿。但是他顾了腿顾不了胳膊，顾了下身忘了上身。在邯郸待了一个月，盘缠也花光了，也没学出个眉目，于是就想离开。可是他突然发现自己手脚已经不知如何摆动，腰和腿如何配合，每走一步都特别吃力。没办法，他只好狼狈地爬回寿陵。

书呆子是怎么产生的呢？可以用认知心理学中的“迁移效应”来解释。所谓迁移效应，是指先行学习对后继学习的影响，它有三种效应方式：先行学习 A 促进了后继学习 B 的效应，称为正效应，又叫做前摄易化或倒摄易化；先行学习 A 干扰和阻碍了后继学习 B 的效应，称为负效应，又叫做前摄抑制或倒摄抑制；先行学习 A 对后继学习 B 没有产生任何影响，称为零效应。一般情况下，零效应出现的可能性很小。也就是说，前面的学习很容易对后面的学习产生影响。

迁移效应在动物的行为中也可以见到。比如秃鹫这种十分凶猛善飞的大鸟，猎人只需要把它关进狭小的围栏里。即使围栏的顶部完全敞开着，秃鹫也无法逃走。这是因为秃鹫在自然环境中，习惯于先在地上奔跑三四米再起飞。只要限制秃鹫的奔跑距离，它便放弃了起飞的念头，甚至不做任何一点其他的尝试，就选择永远在围栏里徘徊。

迁移效应是心理学研究的重要内容，并广泛存在于人类学习知识以及改进、提高、巩固各项技能等活动中。在日常生活和学习中，如果迁移效应运用得好，同能产生良好的学习效果。如在棒球队员中选拔出高尔夫球的集训队员；让会英语的人去突击学习法语、德语、西班牙语，一般都会取得较为理想的效果。而相反，如果不注意到理解迁移效应产生的条件，就会发生不必要的麻烦。

迁移效应给我们的启示是：在学习中要做到触类旁通，举一反三，通过灵活的思考主动运用学习的正迁移效应。同时注意通过有目的地练习，来消除负迁移。只有这样才能学有所成，继而开拓创新。

【心理学在这里】

“书呆子”的思想通常不能够独立。如果不想做“书呆子”的话，就要多用自己的逻辑性去想办法，对自己的思考能力要有信心，而不是依靠别人或者书本。

有哪些先进的学习方法

学习方法是良好学习所必须具备的手段。掌握了良好的学习方法，学习起来就可以事半功倍。

现在的学习心理学专家认为，知识并不是对现实的准确表征，而只是一种解释或假设，会随着人类的进步而不断变化，继而出现新的假设。所以课本知识只是一种关于各种现象的较为可靠的假设，而不是解释现实的“模板”，虽然有些科学知识包含真理，但并非绝对正确。建构主义将学习过程看成是新旧知识或经验之间的相互作用的过程，而不是简单的信息输入、存储和提取。学习不仅意味着对新的知识经验的获得，同时还意味着对既有知识经验的改造。在建构主义的理论指导下，形成了许多种先进有效的具体学习方法，其中最为人们所熟知的是研究性学习。研究性学习的过程包括以下四个阶段——

形成假设以解释事件或解决问题；

搜集数据来验证假设；

得出结论；

对问题和解决问题的思维过程进行反思。

在研究性学习中，学生学会的不仅是知识，更重要的是探究过程本身，学会如何解决问题，如何评价问题解决的途径，以及如何批判性地思考等重要的学习能力。

在学习过程中，某些活动可以放在小组中进行，以激发学习兴趣，这就是小组学习。与小组学习类似，合作学习也是把学生分为一个个小组，但它还涉及如何互动的问题。合作学习一般有三种方式：拼图式教学、相互提问以及脚本化合作。

拼图式教学是合作学习的一种早期形式，重视小组内部的相互依赖。将小组的学习任务分配给每一名成员，成员在学习后成了各自那一部分的“专家”，然后让学生在小组内相互教学，这样，每个学生对小组的贡献都是显著的。

相互提问是指学生 2 ~ 3 人一组，针对教师教授的内容或自学的内容相互提问。为促进学生提问，教师可以提供提示卡片，以便相互提问并交流答案。这类卡片的作用在于提供一个提问框架，帮助学生把课堂内容与原有知识、经验联系起来。

脚本化合作是一种成对学习的方法。例如两个学生阅读同一段文字后，一个学生进行口头总结，另一个对此做出评论，指出疏漏和错误的地方。然后两个人一起精读这段文字，联系原有的研究进行例证、类比，寻找合适的记忆方法。接下来继续学习另外一段材料时，两人交换角色。

此外，学习心理学家还提出了“基于问题”的学习、教学对话、认知师徒法和互惠教学等学习方法。这些学习方法相对于传统的灌输式学习方法，效率更高。无论是教师还是学生，都应该了解这些学习方法，适时将其运用到学习过程中去。

【心理学在这里】

学习的关键不是学到知识，而是学会如何得到知识。

学习也有捷径可走

学习本来是没有捷径的，但是好的学习方法仍然可以提高学习效率。正如道路没有变，但是开汽车总比走路快。现在知识的更新越来越快，信息如同洪水一样不断涌来，传统的死记硬背的学习方法根本无法对付新知识的洪流。而“锥型学习法”能使人们以 5 倍的速度灵活、迅速地掌握新知识。

心理学研究表明，一个人一分钟可以记忆一个信息，这样一个信息可以称为1“块”。估计每门学问所包含的信息量大约是5万“块”，如果一分钟能记忆1“块”，那么5万块大约需要1000个小时，以每星期学习40小时计算，要掌握一门学问大约需要用6个月的时间。

知识的专一性像锥子尖，精力的集中好比是锥子的作用力，时间的连续性好比是不停顿地使锥子往前钻进。这种学习方法所支配的学习活动，呈现出一种尖锐猛烈，持续不断的态势。现代人实际需要的知识大约相当于他知识总量的10%，因此没有必要面面俱到，应从实用性出发，按照创造目标的需要学习知识。

一件难记的事情或一道难解的数学题，如果你有意识地向别人讲述几遍，就能大大地加深印象，易于记住或理出头绪。这是因为当你讲述的时候，为了说明它们，大脑在紧张地活动，许多概念在“表现”它们的时候得到了强化，变得更清晰、更有条理。

所以，在学习时先不要追求完全理解，也不去听别人的讲述，而是拿到教材后，直接根据书前的目录，动员自己所有以前学过的有关知识、概念，进行“自我讲授”。讲完后才打开书本，进行第一次通读。通读时不记笔记，更不问人，只是在不理解的地方画上记号，你的不足之处都会跃然纸上。然后你就可以用自己的语言编制出一张精炼适用的“目录一览表”，对照着它进行第二次自我讲授。通过这次的讲授，许多模糊之处也会渐渐清晰起来，印象也大大加深。当你再进行第三次自我讲授时，就会更加顺利，发挥得更好。

以你所感兴趣或想研究的内容为目标，起点可以是某个基本概念、某个公式或者某个疑难问题，甚至可以是自己的某种设想。从这个起点出发，学习、掌握与中心内容有直接关联的基本知识，同时了解那些与中心内容有联系，但并不直接影响的有关知识。经过一个阶段的学习，基本概念得到掌握，公式得到理解和运用，实验现象得到分析，疑难问题得到解释，设想得到丰富和完善。与此同时，还了解了与所学内容有关的知识领域，领略了所学知识的概貌。在这一循环的学习中，又会遇到新的概念、新的问题，再以此为新的起点进一步学习。

【心理学在这里】

解决问题的过程不仅是掌握知识的过程，也是培养扎实钻研作风的过程，同时还是训练快速查阅书刊文献、有效利用资料能力的过程。

学习习惯比分数更重要

习惯是人的重要的心理素质。积极的、良好的习惯是人的良好的心理素质的重要组成部分，而不良的行为习惯则构成了人的不良的心理素质。所以，习惯存在于每个人身上，任何社会的任何人都有习惯。它作为心理素质的一部分，贯彻于人的一生，是人的行为倾向的一种需要。

古罗马著名诗人奥维德说：“没有什么比习惯的力量更强大。”它可能让学习获得成功，也可能让学习成为烦恼；它可以是优胜者的助手，也可以是失败者的陷阱；它或许是一种财富，也很可能是一种负累。这就在于学生有没有掌握良好的学习习惯。好习惯是打开一扇成功之门的钥匙，同样，不良习惯也是走向失败的开端。

有两位教师到其他学校监考数学考试。开考还不到20分钟，一位教师就悄悄地对他的同事说："这个班里哪些是学生比较优秀，哪些学生不太理想，我都知道了。"同事不解，于是那位教师在学生座位表上圈了几个名字："这几个是不错的，那几个不行。"考完后，两人与任教的数学老师核实。她大为惊讶，说与实际情况完全符合。

原来，那位教师在巡视学生考试的情况时，认真观察他们的文具盒和草稿纸。有的学生文具盒里乱糟糟的，许多笔都丢在了文具盒的外面。而打草稿呢，有的打在桌子上，甚至打在橡皮上。即使是在稿纸上做也没有规律，而是乱涂乱抹。这都证明他们没有形成一个良好的学习习惯，在这样的情况下，是不会取得很好的学习成绩的。

习惯是培养出来的，而不是生来就有的，它是在人的生活实践中逐步形成的。它可以养成，也可以改变。当然，培养起来容易，改变起来困难。有些人虽然聪明，但往往习惯很差。不良习惯会降低他们的学习效率，影响学习成绩。研究表明，越是智力高的孩子越容易出现这样的问题。有的父母觉得自己的孩子挺聪明的，脑筋够用，当孩子边学边玩的时候也不管教，结果养成了不良习惯。

习惯强化到一定程度就变成了人格。有些学习成绩很好的人，似乎没有什么特殊的秘诀，就是喜爱学习，可以说他们都有良好的学习习惯。这些习惯已经成为他们素质的一部分，如果不让他们学习，他们都会有不适的感觉。

良好的习惯可以使人终生受益。无论是家庭教育还是学校教育，都应该重视学习习惯的培养。仅仅把目光聚焦在分数上，是近视的。学习成绩是一时的，这次考得好，下次未必考得好，而学习习惯是终生的，它对人的影响是广泛的、深远的。有些父母在孩子学习成绩不好的时候，只是从表面上、客观上找原因，而没有从学习习惯上找原因。其实学习这个重要的心理素质才是影响分数的深层次原因。

【心理学在这里】

习惯实际上也是一种心理素质，培养良好习惯是素质教育的重要内容。

读书要有选择

工欲善其事，必先利其器。聪明的人在学生时代就养成了一种重要的能力，那就是怎样从一个汗牛充栋的图书馆中，辨别、选择合适的书籍以供阅读。这种能力将对他的一生产生很大的影响。这就像是一个工人善于选择工具一样，掌握了如何在图书馆里寻找自己需要的书籍、资料，就等于掌握了学习的方法。

有一位英文教师，原来只能在补习班讲课。他买了三套英文百科全书，一套缩写本随身携带、一套放在家里、一套放在工作单位，随时阅读。因为他以随时随地提高自己为目的，慢慢地把自己带向了成功之途，最后成为一家著名英语学习杂志的创始人。

目标的选择是相当重要的，著名教育家苏霍姆林斯基所选定的战略目标，就是人们对于教育领域内普遍关心的问题，追其来龙去脉，探求其规律。因此，他的阅读活动，几乎都是围绕这个目标进行的。他从心理学、教育学、教育史以及各科教学专著中摘录、做笔记，然后编辑成40多本不同种类的专题研究笔记，写出了很多有创见的论文，被人们誉为“教育百科全书”。

读书的目的要明确，读什么样的书，解决什么样的问题，应当清清楚楚。如果读书不是为了消耗闲余时间，而是为了给自己的长远目标和奋斗方向提供工具，就应有极强的针对性。至于要选什么作为自己的专攻目标，归结为以下3个条件：必须符合社会当前或长远的需要；必须符合自己的客观实际，扬长避短；必须切合所学的课程，立足于基础，为将来服务。

同一本书，不同的人读阅后，为什么会产生不同的阅读效果呢？对于同等知识水平的读者来说，除了智力等方面的差异外，问题就在于是否注意了创造性阅读，以及阅读的创造力发挥得如何。阅读是对知识的吸收过程。阅读力就是迅速、正确地吸收书写或印刷载体的意义的能力。这种能力的大小，在一定程度上影响着阅读创造力。阅读能力强，一般阅读创造力也强。

阅读的过程可划分成两个阶段：一是读者对原书内容的吸收阶段，称为继承性阅读阶段；二是读者对原书内容的深化、再创造阶段，称为创造性阅读阶段。从继承性阅读阶段到创造性阅读阶段有一个发展过程，需要分析判断、推理等逻辑思维，需要有丰富的知识、科学的方法等作为媒介，还需要开展想象活动。

在从只继承原书内容，到在此基础上创造知识的发展过程中，逻辑思维所起的作用是不容忽视的。严密的逻辑推理能使人们所发现的新问题趋于正确，减少或者避免结论的荒谬，为科学发现、发明提供一定的前提条件。所以，要善于运用自己的逻辑思维，有选择的去阅读，去吸取有益的知识。

【心理学在这里】

创造性阅读需要分析判断、推理等逻辑思维，还需要开展想象活动。

良好习惯有助高效阅读

阅读速度与阅读质量是矛盾的统一体。虽然我们应该更重视阅读的质量，但是阅读速度与实际应用的关系更加紧密。快速阅读的习惯可让读者在更短的时间内学得更多，而且因为必须集中精神好赶上阅读速度，因此反而记得更多、更久。速读是一种熟能生巧的技术，练习得愈多，就会很快地内化为习惯，而成为你行为的一部分。

阅读时要找个舒服的姿势，但是别过于舒服。不要靠着床或是软沙发，只要一张桌子便可以让你的视线自然向下看到阅读的东西；同时这样也可避免你分心或眼睛过度疲倦的困扰。许多人阅读时会花上 10% 的时间在翻页上，所以把你的一个手指头放在下一页，一旦读到这一页的最后，尽快翻到下一页。

不要强迫自己用超过能理解能力的速度阅读。你的目标不在于成为最佳的速读专家，而是要把你的阅读技巧提高到最高程度。你可以设定希望在多少时间内读完多少页。你所设定的页数（目标）和时间（期限）会迫使你读得更快、更专心。计算你在 10 ~ 15 分钟之内可以读多少页，然后看是不是可以打破自己的记录。一旦你习惯一种速度后，就可以加快阅读的速度。你的眼睛会渐渐习惯新的速度，但是千万不要快到让你的眼睛不舒服的地步，这样读得太快反而记得少。

不要只接触固定主题或固定形式的读物。阅读愈多样化，吸收信息就愈多。对于内容不是非常专业的长篇文章，你通常可以精读每一段的第一行，就能掌握大意。另一个方法是只看重点，略过说明和例子。著名数学家华罗庚读书的方法就与众不同——

华罗庚拿到一本书，常常不是翻开从头至尾地读，而是对着书思考一会，然后闭目静思，猜想这本书的内容，斟酌完毕再打开书，如果作者的思路与自己猜想的一致，他就不再读了。华罗庚这种猜读法不仅节省了读书时间，而已培养了自己的思维力和想象力。

阅读时要排除一切干扰。外在的干扰包括噪音、光线不足、桌面凌乱、椅子不舒服等等，都会影响你的注意力。除非你需要音乐来安抚情绪或掩盖其他噪音，否则还是关掉你的音响。当你嘴巴哼着歌、脚底打着拍子的时候，是不可能读得快、记得多的。如果你发现自己会不自觉地开口念出书本上的字或默念在心里的话，你要将阅读速度提高到开口念的速度跟不上为止。必要时，甚至可以吃糖果或者嚼口香糖，来迫使自己转移注意力。内在干扰最难处理，因为你无法将它们关掉或移走。例如一边准备期末考试，一边还要担心不及格，那你很可能会不及格。

“专心”和“轻松的态度”不会互相冲突。除非你能放松（例如边读边想其他也必须在期限内完成的事情），否则你无法真正专心。读你感兴趣的书，或设法在你读的东西中找到乐趣，都有助于提高你的专心程度。

【心理学在这里】

不要把要看的东西当作“不得不看”或“无聊”的东西。如果抱着这样的态度，你就会觉得更无聊。

如何消除厌学情绪

一般来说，学习不是一件轻松的差事，所以厌学的情绪是人性弱点的表现，是情有可原的。

厌学是由于学生对所学课程或授课教师产生心理不相容而形

成的消极情感的外泄。具体表现为：对学习无兴趣；上课注意力分散，不认真听讲；思维缓慢、情绪消极；作业拖拉马虎、敷衍了事；学习效率低下；考试及作业错误率高；学习不主动等。长时间的厌学，会使学生把学习当成一个沉重的负担，从而造成很严重的后果，也会使家长非常苦恼。

厌学的原因主要是严重缺乏学习兴趣。学习兴趣可以使人的学习进入高能状态，研究揭示，当人处于积极、乐观、愉快的时候，脑波呈现 α 波，α 波是大脑处于最佳功能态的标志，这时的学习是高效的。在浓厚兴趣推动下的学习活动，一旦成功，就会产生学习的价值感、荣誉感和喜悦感，进一步强化了学习的需要，学生将会采取更为积极的学习态度和学习行为。

苏联心理学家索洛维契克认为，心理准备在形成学习兴趣中具有十分重要的作用。他认为，如果从心理上预先喜欢某个内容，相信自己一定会对目前正要做的工作发生兴趣，并且精神振奋地着手学习，学习兴趣就会调动起来。比如你平时对化学完全不感兴趣，在学习化学的时候，你可以告诉自己："我从现在开始要真的喜欢化学了，我将高兴地去学习书中的一切，并愉快地完成学习计划。"

摘果子时，若果子太高，会使人望而却步；若果子唾手可得，则会使人丧失兴趣，而"跳一跳，够得着"，最能调动人的积极性。学习也是如此，内容太难和太容易都会引发厌学情绪。在安排学习内容时，要注意难易适度，以经过一定努力后能够掌握为宜。同时，还应当善于在已有知识经验的基础上学习新知识，并把新知识纳入到已有的知识体系中。这样才能调动起自己的学习兴趣。

个人如果长期无成就感，就不可能对某一事物产生浓厚的兴趣。学生如果在学习中老是受到批评、指责，那么他自然会对学习产生厌烦和畏惧情绪。在这一点上，家长首先要了解孩子没有成就感的原因，是学习困难而造成的，还是家长期望值过高造成的。如果是家长的过高期望值造成的厌学，就要立即降低对孩子的期望，让孩子经常有成功的体验。一旦在学习过程中产生成就感，厌学的情绪自然就会消失。

对于懒惰、没有毅力而产生厌学的学生，一方面要教育他们树立正确的学习观，另一方面要制定具体的计划来培养良好习惯，克服懒惰、无毅力这种消极心理。家长每天要检查孩子的作业，对孩子未完成任务决不能轻易放过，要以强有力的外在措施培养良好的学习习惯，自然就会改变厌学的态度。

【心理学在这里】

学习是一项艰苦的劳动，懒惰、不思进取的人自然讨厌学习。

读书要“见缝插针”

许多人都在抱怨没有读书的时间，因为他们每天都要忙于赚钱养活自己。然而如果他们能把工作和生活安排得科学化些，必然可以得到不少的空闲时间。

心理学研究表明，合格的高中毕业生，平均的快速浏览速度是每分钟 250 字。如果我们想要从书中学到一些知识的话，就会不时地停下来重读某些句子，或者是停下来整理头脑中出现的某些新想法，所以大部分成年人的平均阅读速度是每分钟 200 字。按照这样的速度来计算，15 分钟之内你至少可以读 6 页。因此，如果你每天读 15 分钟，就可能在一个月左右的时间之内读完一本书。到了年底，你就至少读过 10 本书了。而这 10 本书，就可以包括某个学科的全部基础知识。想想看，在大学里，一般的科目要求阅读的参考书也不过 10 本左右。也就是说，每天抽出 15 分钟用来阅读，你就可以在 1 年的时间里为自己开拓出一个全新的领域，为自己的未来创造一种新的可能。

那些说没有时间来阅读的人所讲述的理由，大都是无稽之谈，他们是有时间的，只是把时间花在了他们认为是更重要的其他事上了。有人问鲁迅取得成功的诀窍时，他坦诚地说："我哪有什么诀窍，我只不过是把别人喝咖啡的时间都用在工作上罢了。"或许我们不能做到不喝咖啡而去工作，但是喝咖啡的时候捧着一本书，这并不是什么困难的事情。古人曾经说读书有"三上"：枕上、马上、厕上。如果你恰好在公交车上找到一个座位，如果你不是那种一沾针头就能睡着的人，你就很容易找到读书的时间。即使在排得最满的时间表中，大概也会有不止 15 分钟的空余时间在什么地方藏着。

如果你已经做到了每天抽出 15 分钟用于读书，你就会发现，再抽出 15 分钟也不是什么困难的事情。这样，每天阅读 30 分钟，你一生的阅读量就会超过 1000 册，这些书可以装满一间小屋子。

读书多的人和读书少的人在个人素质、生活态度、思维方式以及处理问题的水平等诸多方面都存在着明显的差别，正因为这些差别造成了人生的巨大差距。那些文化层面比较低的人，以为应该读大学，应该系统地学习某方面的专业知识，其实这种想法也不完全正确。书有很多种，非专业书也同样能考查一个人的知识，也同样能提高一个人的文化素质。如果你看不懂专业书籍，先去读一些一般性书籍，这样时间长了，你也同样能成为一个了不起的人。

不允许虚度每一天，不放过每一天的庸碌，不原谅每一天的懒散。没有不切实际的狂想，只是在有可能眺望到的地方奔跑和追赶，不需要付出太大的代价，只要努力就可以达到目标。

【心理学在这里】

书读百遍，其义自见。反复、大量的阅读能够促进突发的领悟，这种“顿悟”的效果是机械式学习无法比拟的。

突破学习的“高原期”

学习成绩的提高不可能是无限的，往往学到某种程度，就会出现停滞不前的状况。

心理学认为，在技能形成的过程中，当练习到一定时期（常常是在练习的中期），成绩会出现停顿现象。如果用一条曲线表示的话，当练习的成绩在曲线上达到一定高度时，练习成绩不再随着练习次数的增加而上升，只保持在原有的水平或者还会略有下降。因为这条曲线的形状像上部平坦的高原一样，所以心理学就把这种在练习曲线上出现的近于平缓的线叫做练习曲线上的“高原现象”，也称为高原期。

“高原现象”可能由以下几个方面的原因形成的。

首先是原有学习方法已经陈旧，它最大的练习效能已发挥完毕。属于这种情况的，就应该改用新的学习方法，否则必将阻碍成绩的提高。如果已经改进的学习方法还没有被学生完全掌握，原有的方法仍发生干扰。新与旧的学习方法相互影响，必然会影响成绩的提高。

其次，长时间的练习，致使学生学习兴趣减弱，由于主观上练习积极性的降低，再好的学习方法也无济于事。还有的学生经过一段练习之后，觉得自己没有什么大的发展前途，淡漠了竞争意识，或者是灰心丧气，这自然不会提高学习成绩。“高原期”会经常在重要考试之前出现，越是临近考试，学生就越是感到时间的宝贵。倘若迟迟不见进步，学生就会有再学无用、空费时间的错误认识，从而放松甚至放弃进一步的努力。

要克服“高原现象”，首先就要找出自己的不足。可以对平时每次考试的得分情况分项进行详细记录，就可看出自己对知识点和能力点的掌握情况，从而将自己的不足找出来。针对自己的不足，找一些质量较高的并且有针对性资料来训练和改正自己的弱项。在这方面，可多求助于老师，因为老师手里的资料一般都比较丰富，辨别力也要比学生高得多。最后安排一定时间，针对自己的不足进行定点训练。这个方法也就是查缺补漏，尽量减少自己知识上的盲点，让学习上的“黑洞”尽可能的消除。根据心理学的规律，这一环节以 1 个月左右为宜，分 3 个阶段进行，每个阶段大约10天，其中前7天用于练习，然后选择一套难度适中、质量较高的综合试卷进行自测。这样就增加了学习的针对性，克服了盲目性，因而不仅增强了效果，又避免了大量无效劳动。

最后，需要提醒大家的是，每个人都要努力做学习的主人，而不要做分数的奴隶。我们要通过改进学习方法突破“高原现象”，更要调整好学习与生活的节奏。考试成绩并不能说明一切。如果你的成绩已经能使你考上理想的学校，那么不妨多花一些时间去了解课外的世界。

【心理学在这里】

受人体生理素质和机能的限制，技能发展有一定的极限，但是这个极限也不是不能被突破。

后进生如何提高成绩

后进生在每个学校里都有，虽然每门课程都很差的差生是有的，但绝大多数差生并非如此，他们往往既有自己的薄弱环节，又有自己的擅长之处。

影响学习成绩的因素包括智力因素和非智力因素。智力因素对学业成绩的影响是显而易见的。但是智力的高低只是学习成绩的前提条件，但不是决定性的条件。教育心理学研究表明，在一切认知活动中，智力因素是认知活动的执行者，而非智力因素则是认知活动的调节者和推动者，起着推动、定向、维持、调节等作用。何况绝大多数学生的智力水平是足以应付中小学课程的。对于后进生来说，非智力因素才是影响他们学习成绩的主要原因，这已经得到了心理学家的实验证实——

1967 年，德国心理学家罗斯莱在柏林郊区的一所小学对学习成绩不同的两组学生的日常生活方式进行了仔细的观察比较，结果发现学生的生活状态和他的学业成绩是密切相关的，特别是饮食、睡眠、运动和自由游戏四项对学生的学业成绩好影响极大。在上学前吃不吃早餐、睡眠质量如何、甚至户外活动、自由游戏、带同学回家，父母参与游戏这些因素与学业成绩好坏的关系都很大。

心理因素也会影响学习成绩。经过调查研究，自卑心理、怀疑和恐惧心理、戒备和对立心理、防御心理、矛盾心理、封闭心理和依赖心理这几种消极的心理最容易使学生的学习成绩下降，而学习成绩的下降又会反过来强化这些消极心理，造成恶性循环。

作为后进生，首先要明确学习的意义，尽量减少厌学的情绪。然后，要适当调整学习的动机，提高学习兴趣，改善学习方法，做到持之以恒。后进生要了解，你之所以学习成绩不好，并不是你的智力低，而是由于你的心态，使你无法发挥自己的优势和潜力，当然很难取得好成绩。

作为家长和老师，更不能放弃对后进生的教育。事实证明，许多后进生恰恰是由于家长和老师不适当的教育方式造成的。越是好学生，出头露面的机会越多，得到老师的表扬也越多，而成绩不好的学生常常会失去老师的关心。这种状况往往会伤害后进生的自尊心，疏远了师生之间的关系，甚至使后进生产生自暴自弃、破罐子破摔的心理状态。

学生的发展不可能是齐头并进，每个学生有着不同的情况。但是在漫长的路途中，后进只是暂时的，谁能保证在终点的时候，在队伍前面的孩子仍然在前头，在队伍后面的那群孩子依旧在最后。孩子都有可塑性，他们并非像有些老师说的“不可救药”，他们的潜力是巨大的。消除后进生的心理障碍，有着令人乐观的未来。

【心理学在这里】

智力和学业之间并不是完全的相关，非智力因素在学习过程中却是一个不可缺少的因素。

学习不能“临时抱佛脚”

“临时抱佛脚”一词最初出自唐朝孟郊的《读经》：“垂老抱佛脚，教妻读黄经。”意思是年老才信佛，以求保佑，有临渴掘井之意。后来人们就把平日不做准备，到事情紧急时才匆忙想办法称作“临时抱佛脚”。

“闲时不烧香，急来抱佛脚”，这句原本是说一些佛教信徒平时不虔诚，临到有所求时就抱着世俗功利的心态去对待自己的信仰，现在已经被广泛用来比喻平时不努力，不提前准备，事到临头才进行突击的各种事情，用在学习上尤其贴切，形容人学习不用功，到了考试时临时开夜车，发奋努力。不管是学生还是其他人都能引起共鸣，因为有这种坏习惯的人实在是太多了。

很多人都有过这样的同学，他们平时学习吊儿郎当，上课三心二意，做作业马虎了事，到了快考试的时候才开始看书、复习、做题，借同学笔记复印，甚至千方百计打探考试内容，总之是极度焦虑，这就是典型的“临时抱佛脚”。他们中的很多人甚至将这种不好的学习习惯带到了工作中去。

晴天准备雨伞，免得下雨时不能外出；白天准备手电筒，以便黑夜可以更好地行走；平时就要运动、要保健，不能受寒受暑，因为一旦生病了，不但自己要“抱佛脚”，还会增加家人、朋友的麻烦。但是很多人就是不能养成未雨绸缪的习惯。归根结底，“临时抱佛脚”的心态和习惯产生的原因很多。“临时抱佛脚”是一种侥幸心理，认为只要通过短时间的努力就可以取得预期的成绩，认为不必要花费太多的时间就能获得比较好的收获，但学习面前没有不劳而获者。所以，解决任何事情都不能有“临时抱佛脚”的心态，而应该早做准备，所谓“不预则废”讲的就是这个道理。那么，怎样才能在学习上完全告别“临时抱佛脚”的恶习呢？

最重要的是要遵循学习规律。学习知识是一个不断积累的过程，就像高楼大厦不是一天建成的一样，学习也不是一蹴而就的，这就需要在乎时不断地努力，所以古人说：“不积跬步无以至千里，不积小流无以成江海，骐骥一跃不能十步，驽马十驾功在不舍。”学习就是要发扬这种重视积累的精神，平时不断进取，即便每天只学一个小时的英语，一年加起来的效果也会非常显著。与其考试前拼死拼活成绩还不理想，不如将压力平均分散到平时的每一天，这样平时不累，考试不紧张，还能达到很好的效果。

【心理学在这里】

“临时抱佛脚”式的学习只能应付眼前的考试，实际上能力提高并不牢固。如果不加以巩固，成绩会快速下滑。

培养预习的习惯

我们一生中最重要的学习过程都是在教师的指导下完成的，然后学会了自学的方法，才能进行系统的或者在实践中的自学。为了教学能够取得良好的效果，教师的教授一般会有固定的计划。如果我们能够根据教学计划，在教师教授之前进行有针对性的预习，学习的效果就会更加巩固。

预习的主要目的有三个：首先是初步了解教材的大致内容，对课堂教学的内容在思想上有所准备；二是运用已有的知识技能，解决一些教材中能够独自解决的问题，同时又起到复习、巩固旧知识的作用；三是努力发现新教材中自己不能解决的问题，带着问题听课，增加求知欲，激发学习兴趣。

每一本教科书都概括了一门学科的全部知识体系，所以进入新的课程之前，首先要进行全册预习，对你将要学习的学科有一个高屋建瓴的认识。全册预习的基本方法就是读目录。目录是一本书内容的缩影和提纲，统观目录中各章节的标题，就能够对这本书的内容轮廓有初步的认识，初步了解你将会学习哪些内容。通读目录之后，你可以回顾以前所学的知识，看看这本书中哪些章节的内容与你已经学会的知识相似或者有联系，哪些是以前没接触过的全新知识，最好做出预习记录。通过全册预习，对目录所展示的知识内容产生疑问，并提出问题，并且积极主动地促使这种思维持续发展，这样你就能主动、积极地预习，取得良好预习的效果。

在通览目录之后，就要对即将学习的某一章、某一节的内容粗略地浏览一遍，对将要学习的内容做到心中有数，并在你认为难以理解的地方做上记号。这样，就可以在课堂生有针对性地提出问题，找到需要重点学习的部分。

一次对于某个章节的有针对性的、全面的预习，也是一次简单的自习过程，可以分为四个步骤：

读一读。首先细读本节的标题、内容，了解本节讲了些什么，涉及到哪些概念、公式。

看一看。通过细读后，发现本节的重点是什么，难点是什么，本节的知识和以前所学知识有没有联系。如果有，你是怎样应用以前学过的知识来理解本节内容的。看完后，将本节的知识点记录下来，达到温故而知新的效果。

练一练。一般的教科书都会有配套的练习题或者是练习册。预习完一节的内容后，通过练习，检查一下自己学会了多少知识，不会做的或看不懂的地方，做上记号，待教师授课时注意听讲或提出来。

想一想。在预习之后，检讨自己的思路，是不是学会了一些知识，以及掌握了更多的学习方法，提高了自学的能力。

只要有步骤、有计划地采取正确的预习方法，坚持不懈地努力，就会形成良好的学习习惯。

【心理学在这里】

凡事预则立，不预则废。预习是学习过程的开端，认真的预习将会提高课堂学习的效率。

用复习巩固学习成果

复习是保持记忆效果，提高学习成绩的高效法则之一。所谓记忆，就是人们对经验的识记、保持和应用过程，是对信息的选择、编码、储存和提取过程。人的记忆能力，实质上就是向大脑储存信息，以及进行反馈的能力。

通过学习，我们可以把信息作为长时记忆储存在大脑中，一遇到机会，保持在脑子里的印象就会再度出现于我们的意识里，有时无须借助于意志的力量，也会突然浮现出来。这样的心理过程，称为“再现”。但是，实际上我们所经历过的事件中，能铭记、保持并再现的不会有许多。而能够再现的信息，往往是重复过多次的。

“记忆心理学之父”艾宾浩斯在实验中证实，人们记住的事物，在最初两天里会很快地忘却。他的实验方法，是让被试用多种方法记忆完全没有意义的字符串，结果是，20分钟内的遗忘率达到47%，2天内达到66%。以后遗忘的速度开始下降，6天后遗忘率为75%，31天后为79%。还有不少心理学家的试验研究，所得的结果大致相同。

从心理学研究成果我们可以知道，初学的时候是最容易忘却的，所以我们必须要及早予以复习。如果对初学的知识不做及早复习的话，其中的细节部分一定会首先被忘却。

如果我们深刻地记忆一件事物，就必须要在学习之后的几个小时内加以复习。而必须要记忆的事物，更要在学习后的第一个星期内复习，才可以收到效果。对知识保持记忆而进行复习的时候，可有下列两种方法——

分散法：复习30分钟休息5分钟，再复习30分钟后又休息5分钟，这是一个有规律的间隔。

集中法：持续复习不休息，直到记住为止。

根据实验研究，证明了分散法的记忆效率比较高。比如有一个人A每天练习钢琴30分钟，另一个人B则每逢星期日练习2小时。结果A的成绩一定会比B的成绩好。

可能人们的集中的能力是互有不同之处，有些人在学习10分钟之后要休息7分钟的时间，有些人却只休息3分钟就够了，这就体现了人们集中记忆能力强弱的不同。总之，分开短时间来学习和练习，比起长时间持续的疲劳学习的效果要好。

休息的期间虽然是很短的，但却具有很大的作用。它能使我们恢复身心的活跃。同时，我们在经过一度休息之后，对于同一件事物更会产生出新的兴趣来。例如我们在阅读一篇文章的时候，往往并不完全明白文章中所包含的意义，可是经过了短暂的休息之后，我们很可能就会发现文章中新的意义来，这时候我们就有了新的兴趣来提升记忆的能力。

【心理学在这里】

在休息的时候，要尽力避免进行与所要记忆事物有关的精神活动，最好能作一些轻松的运动。因为新的要记忆的指示，往往需要在休息的时间中进行整理。

把学习和思考结合起来

随着社会的发展，知识的更新速度也不断地变快，要想保持自己的竞争力，我们就必须不断地学习，不断地提升自己的竞争力，如何学习也就成了一个重要的问题。孔子曾经说："学而不思则罔，思而不学则殆。"这里的"学"，就是接受知识，而"思"则是深入思考，并且根据自己已经有的知识、经验对其进行发挥，有所创新。

一切知识不是单靠个人的经验与认识，动用自己的心智也是同样可以获得的，但同时前人的知识的总和却又未必能呆板地应用于此时此地。我们既要有孜孜为学的精神，用前人的一切知识来充实自己，又应该有缜密思虑的头脑，以辨别这些知识，运用这些知识，并发展这些知识。

当然，绝对地“学而不思”和“思而不学”的人都是不会有的，但是一般人中还是存在着很多错误倾向。有些人只是努力地吸收、记忆各种知识，但他们不肯多用脑子去想一下。有的学生遇到难题就问人，而自己不作独立思考，这并不是良好的学习习惯。同时，也有一些人过分相信自己，他们想得太多，却学得太少，这样的结果自然就是陷于胡思乱想中。“学而不思”者往往容易成为教条主义者、公式主义者，这些教条和公式堆在他们的脑子里，像是一批滞销的货物。“思而不学”者可能成为自命不凡而实则浅薄的妄人。

古人云：纸上得来终觉浅，绝知此事要躬行。读书学习获取知识诚然重要，但从实践中获得的知识也是必不可少的。鲁迅先生说：“倘只看书，便变成书橱，即使自己觉得有趣，而那趣味其实是已在逐渐硬化，逐渐死去了。”所以要“用自己的眼睛去读世间这一部活书”。

鲁迅少年时代有很长的一段时间在农村度过，而且也乐于与农村少年为友，喜欢到农村看社戏。他从农村少年、农村社戏中了解了很多农村生活，也因此增长了不少见识，他后来创作的《故乡》、《社戏》等短篇小说的生活素材都是在那时积累的。

通过阅读“有字之书”，你可以学习前人积累的知识、前人学以致用的经验，并从中加以借鉴，避免走弯路。通过读“无字之书”，你可以了解现实，认识世界，并从“创造历史”的人那里学到书本上没有的知识。如果你想能尽快、尽好地读透“有字之书”，必须结合读“无字之书”，才能记忆深刻、牢固。如果你想从实践中获得更多的知识，勤于思考的习惯就变得尤为重要。

生活在这个充满竞争的社会，要发展、要进步、就得不断地学习，在学习中充实自己，完善自己。知识浩如烟海，学习也是一辈子也无法完成的事业，所以我们提倡终生学习，任何时候都要将“学”与“思”结合起来。

【心理学在这里】

思考是学习的内化过程。不经过思考，就不能使别人的知识转变为自己的思想。

养成勤于观察的习惯

心理学认为，学习就是对行为的目标、取得目标的手段、达到目标的途径和获得目标的结果的认知，就是期待或认知观念的获得。因此，在学习的过程中，我们必须重视学习的中介过程，即认知过程的研究，强调学习的认知性和目的性。

观察是学习的起点，学习的目的性正是通过专注而不懈的观察活动表现出来的。心理学家托尔曼发现，对迷宫有着充分认识的大白鼠，可以在迷宫通道改变的情况下，直接找到正确的道路，而不是依靠盲目的行为习惯行动。其原因是通过观察，大白鼠头脑中已经形成了通道的“认知地图”。正是由于人能够在脑海中形成对事物的认知地图，所以能够通过个人体验的刺激来学习很多东西。

一个人对事物的心理认知程度，对他的潜能发掘乃至最后的成就，有着近乎决定性的影响。而“认知地图”的准确性和完整性，完全依赖于初始的观察行为。只有通过专注而不懈的观察活动，才能形成准确而完整的认知地图。

一个人对事物的观察效果，在很大程度上会受到自身长期形成的观察习惯的制约。只有在良好的观察习惯的导向下，才能使自己始终不渝地遵循正确的观察规则，取得良好的观察效果，增强观察能力。

注意力是否集中，对观察效果有直接影响，注意力集中才能进行良好观察。如果观察时如浮光掠影、见异思迁，就会降低观察效率。专一的观察习惯以兴趣、责任感、理解力、自制力等为条件，而自制力是最主要的。一个人如果善于控制自己的知觉以服从摆在他面前的目的、任务，他就是一个良好的观察者——

法国著名的昆虫学家法布尔曾写下十大卷的巨著《昆虫记》，对四百余种昆虫作了系统研究。勤于观察是他取得科学成就的第一步。为了得到某个具体的观察结果，法布尔常常坚持连续几星期甚至几年的观察活动，直到有结果为止。他曾花了好几个星期，观察一堵古老的墙，仔细研究鳖甲蜂捕捉囊蛛的动作。他还花了整整 3 年时间，观察雄蚕蛾如何向雌蛾“求婚”的过程。但是，当快要得到结果时，雄蚕蛾不巧被一只螳螂吃掉了。结果，他又花了整整 3 年，才得到完整而准确的观察记录。

观察时做记录能使观察更有目的、有计划，能积累与巩固观察材料，能激发思考与检查认识，能发现问题、促进深入观察、提高观察水平。比较严密的观察记录应包括三部分：观察前拟订观察计划，观察中作好即时记录，观察后作好回顾性记录。观察时还必须辅以思考。养成“观”与“思”相结合的良好习惯的唯一方法是在观察实践中，借助意识的支配作用，自觉地进行思考。

【心理学在这里】

观察应包括两个不可缺少的因素：感知因素和思维因素。正因为如此，观察也被称为思维的知觉。

让注意力更集中

注意力对学习效果具有十分重要的影响，因为它直接关系到学生全部心理活动的方向和效能。学习的成功和一个人的注意品质密切相关。一般来说，注意品质优良的学生，上课都很专心，而注意品质不佳的学生则上课都较分心。分心，是指在必要的时候，人的心理活动不能完全地指向和集中于应该指向和集中的事物上去。比如说听讲的时候，心理活动没有指向和集中于老师身上，或者做作业的时候，心理活动没有指向和集中于作业本上，都是分心，也就是注意力不集中的表现。

东汉时，经学大师马融聚徒讲学。马老师很重视培养学生专心致志、自我约束的能力。他特意在自己身后设一道纱帐，纱帐后是一排千娇百媚的歌女。他要求学生们认真听讲，目不斜视，结果只有学生郑玄做得最好，听讲四年，未曾看歌女一眼。马融夸奖道："优生之众，真心向学而端坐未斜者，唯郑玄一人而已。"后来郑玄成了汉代经学的集大成者，史称"郑学"。

注意又分无意注意和有意注意两种。无意注意是指事先没有明确目的，也不需要意志努力的注意。这种注意主要是由环境中的刺激引起的。无意注意对学习有积极作用，比如学生会自然地注意到新颖、令人感兴趣的学习内容。当然，无意注意对学习也能造成不利的干扰，比如教室外的汽车喇叭声就会干扰学生认真地听课。因此，集中注意力既需要利用无意注意的积极作用，又需要克服无意注意的消极作用。

学生在学习过程中，主要依靠的是有意注意，所以提高有意注意是减少分心，提高学习能力的根本方法。提高有意注意的有效方法是明确学习的目的与任务。目的越明确，任务越具体，就越能维持有意注意。如果学生不知道为什么要学习，也不知道该怎样学习，对待自己的学习就会"当一天和尚撞一天钟"，就很难维持有意注意，尤其是在面对困难、复杂的学习任务时更是如此。

大脑抽屉法是提高注意力的有效方法之一。该方法是在大脑这个"抽屉"中放进几个问题，然后逐一思考。在思考一个问题的时候，思想集中，不考虑另外的问题。这样可训练自己的注意力从一个方面转移到另一个方面，并且在把注意力集中到一个问题的时候不分心。长期练习可以使自己学会如何有序地安排自己注意力的方向，能使自己充分运用和分配时间，提高学习效率。

同时要注意多种学习活动交替进行，还要避免用脑过度，保持充足的睡眠，防止过度的身心疲劳。如果有必要，可以有意识地培养“闹中求静”的本领，使注意能高度集中而有韧性。

【心理学在这里】

眼睛长时间盯住某个物体，视野变得相对狭窄，使思维集中在一个目标上，有利于维持注意力。

提高分析能力

分析能力是通过思维认识事物各方面特征，尤其是认识事物本质的能力。任何人要认识事物，必须首先凭借观察，但观察在认识事物中有很大的局限性。利用观察只能对事物有所了解，因为观察所获取的只是事物的表面现象，而不能了解深藏在事物内部的本质。

怎样养成勤于分析的习惯呢？“学贵多疑”，怀疑是分析的开端。只要具有“打破砂锅问到底”的精神，就能促使自己不断地进行思考，不断地深入展开分析。经常进行这种提问或思考，分析水平才会提高。

学生在学校里都进行过数学、物理或者化学的解题训练，这些题目都是将生活中的典型事件提炼、加工、改造而成的。经常进行这类分析习题的解答训练，是培养与提高分析能力的重要途径。因为只有对习题进行反复分析，才可能逐步接近正确的答案，分析能力也就无意中得到了训练与提高。

工作与生活是养成分析习惯的主要实践活动。工作、生活中的事件层出不穷，又是我们不得不认真加以对待并合理解决的，如果处理不当，就会给自己带来不良后果。因此，工作、生活中的事件是需要分析的。这就为我们养成分析习惯与提高分析能力提供了机会。这种机会人人都有，就看我们是否能充分利用。如果我们能克服思想上的惰性，充分利用这种机会，勤于思考、分析，分析习惯就能在实践中得以形成。当然，万事开头难，开始对日常事务进行自觉分析时，不免会分析不好，尤其是比较复杂的事物，涉及面广，牵涉因素多，容易分析失误。但只要坚持分析实践，并根据实践活动的结果，将成功的分析与失败的分析进行比较，从中吸取经验、教训，作为以后分析的向导，分析能力也会随之而不断增强。

培养与提高自己的分析能力可以通过多条途径实现，除了上面介绍的情况之外，经常在会议与讨论中发表自己对某些事物的看法，也是培养自己分析能力的有效途径。为了使自己的见解在众人面前叙述清楚，事先对被叙述事物必须进行一番认真地思索、分析，否则就可能“出洋相”，这种责任感与自尊心就是促使自己深入分析的动力，分析能力就可以借助于这种动力提升到一个新的水平。当然在会议与讨论中，认真、仔细地倾听别人对问题的分析，并与自己原有的分析结果进行对比，从中也可以学到正确分析事物的方法。此外，还可以从书本中学习别人的分析过程，模仿他人分析问题的方法与步骤。

总之，只要我们做有心人，无论何时何地都有提高分析能力的机会。每学到一种正确的分析方法，分析能力实际上都能提高一步。

【心理学在这里】

分析能力就是把一个看似复杂的问题，经过理性思维的梳理，变得简单化、规律化，从而轻松、顺畅地解答出来。

提高记忆的品质

记忆是一种复杂的心理过程，也是最重要的学习能力之一。记忆力不佳的人，无论如何努力也不可能获得良好的学习成绩。记忆品质是衡量记忆力优劣的标准，记忆品质涉及四个方面：

敏捷性。对同一材料，有些人记得快，花费的时间少；有些人记得慢，花费的时间长。记忆的敏捷性与记忆的目的是否明确、注意力是否集中以及个性心理特征有关。

持久性。指对识记材料保持时间的久远。现实生活中，有的人能把所识记的事物长久地保存在大脑中，而有的人却会很快地把所识记的事物遗忘。加强记忆的持久性，必须把识记的材料纳入已有的知识体系，进行及时和经常的复习。

准确性。对识记材料在再认和回忆时没有歪曲、遗漏、增补和臆测。缺乏准确性，记忆其他的品质也就失去了意义。培养记忆的准确性，必须进行认真的识记，要把类似的材料加以比较，防止混淆，使大脑皮层建立精确的暂时神经联系。

准备性。在必要时能把记忆中所储存的知识及时地提取出来，以解决当前的实际问题。如果一个人的知识、经验在需要时不能灵活地加以提取，那他头脑中储存的知识再多，也是毫无意义的。

以上四种品质是相互影响、彼此联系的一个整体，每个人在这四种品质上各有长短。从整体看，同时具备这四种特征，才是一个具有良好记忆品质的人。

大脑是记忆的器官，其健康状况是影响记忆品质的重要生理条件。神经疲劳、衰弱的人记忆力就会减退。严重营养不良，缺乏蛋白质，以及吸毒、酒精中毒、脑外伤都会损伤记忆力。丰富的知识经验通过“迁移效应”引起联想，能强化对新知识的记忆效果，促进记忆力的发挥。比如，懂得英语的人，再学德语就不难。良好的记忆方法有助于在记忆活动中取得事半功倍的效果，反之，则会事倍功半。如能熟练地掌握识记的方法与保持的方法，以及再认与回忆的方法，必然有助于提高记忆效率，增强记忆力。

记忆具有用进废退的特性。一个人具备了良好记忆的条件，能为高效率地记忆提供了可能，但并非必然。比如这个家喻户晓的“伤仲永”的故事——

宋朝时，金溪县有个叫方仲永孩子，强于记忆，才智过人，众人为之惊奇。有人请他父亲带他去做客，也有人送钱给他父亲。他的父亲认为这样有利可图，便天天拉着方仲永到处拜见众人，以获取钱财，却不让他安心学习。结果方仲永长大成人后，才能完全消失，与常人无异。

提高记忆品质的关键在于训练。记忆的训练主要依靠学习、工作、生活。“只要功夫深，铁杵磨成针”，增强记忆力的轨迹正是如此。相反，如果饱食终日，无所用心，大脑得不到训练的机会，不仅学不到知识，记忆品质还会衰退。

【心理学在这里】

记忆力训练的目的就是要帮助自己熟练掌握记忆方法系统，在进行任何记忆的时候都能熟练自如地把这些记忆方法运用出来。

集中精力才能有效记忆

大脑的工作机理与肌肉不同。肌肉长时间处于紧张状态，必然要产生酸痛感，而长时期的脑力劳动却不会使大脑疲倦。如果你在长时间的脑力劳动后感到有些疲惫，那不是大脑的疲倦，而是身体的其他部位疲倦了。

从理论上说，寻找借口放松自己，实际上就随意破坏了记忆系统的“紧张状态”，使之不能连续正常工作。有人做过这样的实验——

一组人坐在舒适的椅子上，甚至半仰着身子，在那里读书；另一组人坐在硬板凳上，从事紧张的演算工作。过了一段时间，前一组人很快就疲倦了，产生了一种想要入睡的感觉。而另一组人精力集中，身心亢奋。结果后一组人记忆效果要比前一组人高出10%。

心理学家库特·赖米恩把这种情形概括为“紧张状态”，是指某种行为向完成状态过渡的趋势。这个时候，人的兴致最高。晚间思维活跃，往往是理解的最佳时间。心理学研究表明，晚上八点到十点，人们的大脑皮层处于最兴奋状态，记忆系统最为活跃，对信息的回收能力也最强。借此良机，最好去重温早上识记的内容，这样就能记得更牢。

你要时刻敦促自己，强迫不已，使自己的记忆系统处于高度紧张状态。等到既定目标达到再松弛一下，那样效果就会更好。

很多人还没有做过任何努力，就自暴自弃地认为自己很难持之以恒地按步骤加强记忆，这是一种成见。

有时，你发现自己正以异乎寻常的速度获取新的知识，记忆效能也充分地调动起来，仿佛不知疲倦地为你工作。但是转瞬间，你又会蓦地感到大脑好像出了毛病，运转不灵了，甚至，你感到自己又退回到原来的起点上。为此，你感到悲观失望，甚至怀疑自己的一切努力都将是竹篮打水一场空。

其实这种现象是正常而短暂的，人人都有可能遇到，就好像大脑一片空白，所有的记忆能都处于一种停歇的状态。这种现象，称之为“记忆死亡线”。

一般情况下，学习开始的一段时间，记忆效率总是很高，用不了多久，你就能初步摸索出一些掌握这门知识的路数。这时，你的记忆功能就像是加了油的机器，运转得十分轻快。

然而，初步掌握的知识毕竟是有限的。随着知识视野的开阔，你会越发感到该记的东西太多。遗憾的是，正需要记忆能鼎力相助的时候，它却懈怠下来。到后来，它甚至好像完全在原地踏步，再难以百尺竿头更进一步了。这时，实际已到了“记忆的死亡线”上了。这时，记忆功能一直在“记忆的死亡线”上慢慢运行着，直至你接触的新的学习材料、向新的知识高峰攀登为止。以后，你又开始识记新的东西，而以往的学科知识不再闯入记忆范围。

【心理学在这里】

精神高度集中，然后思想放松，常常是固化记忆的有利时机。

考试不要作弊

青少年的自我意识发展很快。他们具有强烈的成人感和自尊心，希望得到别人的认可，在伙伴和成人中获得一定的地位。但与此同时，他们的价值观念尚未成形，价值取向不够准确。往往以得到同学们的羡慕和尊重、老师的表扬为最大光荣，由此产生虚荣之心。面对考试成绩，优等生希望锦上添花，中等生希望一展手脚，差生不图虚荣，却希望摆脱同学、师长的冷遇。于是，只要有机会作弊，他们会毫不犹豫地选择达到目的的“捷径”。

考试作弊的现象由来已久，一些学生不仅想方设法自己作弊，甚至花钱请同学代考，或者花钱贿赂老师套取考试题目。

某地的一次中考试题发生泄密，答案被多次复印，流传很广，以至于不少中学生参加考试时是带着标准答案的。在考试过程中，有一位学生答案都懒得抄，竟然把带来的答案剪下来，贴到考卷上，这可以算是“作弊史”上的奇闻了。

青少年已经具备一定的自控能力，但自觉性、坚持性、自制力还明显不够，在活动中表现为感情用事，容易受暗示，容易改变决定等特点。许多同学在刚开始考试时，并未想过要作弊。然而一旦考试中发现有同学作弊，而监考又不够严时，就会一改初衷，加入作弊者的行列。若是发现许多同学作弊，不想作弊的同学则会难以承受群体作弊的巨大压力，而改变自己的原则，盲目从众。

很多青少年对考试作弊有着错误的认识，甚至认为作弊是“英雄行为”，表明自己“敢于向权威挑战”。

从客观上说，不完善的教学评价体系是造成学生作弊的重要原因很长一段时间以来，智育被提到了前所未有的高度上，“德智体美劳”全面发展几乎成了空话。考试成绩成了评价学生、教师、学校的唯一标准。结果，在学习的重压下，学生往往会迷失方向，一旦成绩不好，更会雪上加霜。为了避免这些后果，同学们宁可冒险作弊。

家庭教育的失误给青少年造成的不良影响是学生作弊的又一重要原因。孩子们都具有极强的模仿性，父母就是他们的榜样。在不便于讲实话的时候，父母们对邻居、朋友，甚至亲人任意撒谎。

父母对孩子们的影响是潜移默化的、持久而巨大的。然而许多父母并没有意识到这一点。

作为学生，必须明白一个事实：许多成功人士只有平常人的智慧和能力，可是当他们在完成一项工作时，在遭遇重大困难时，在工作极其繁忙时，却有超乎常人的耐心和毅力，这就是意志的作用。学会认识自己、调节自己、教育自己是人生永恒的课题。我们不应该只重考试成绩，而忽略了其他的学习内容。考试的成绩仅仅是衡量学习的一种尺度，而不是全部的或者唯一的尺度。

【心理学在这里】

从根本上清除考试作弊现象，需要认真思考学习的目的，恰当认识考试成绩的地位。

缓解考试时的焦虑

考试是人类一项伟大的发明，它可以鉴别学生的学习成绩，并从中选拔出人才。考试对于每一个力求上进的人来说，都具有非常重要的现实意义，既不可能取消，也回避不了。在一些重要考试前后，考生往往会产生不同程度的紧张和焦虑，这就是考试焦虑症。

考试焦虑症主要表现在迎考及考试期间出现过分担心、紧张、不安、恐惧等复合情绪障碍，这种状态影响考生的思维广度、深度和灵活性，降低应试的注意力、记忆力，使复习及其考试达不到应有的效果，甚至无法参加考试。

特别是遇到那些关系到个人前途得失的重大考试时，还会出现应激症状，更严重的还会表现出心慌意乱、手足无措、焦躁易怒，或者信心不足、头晕脑胀、思维迟缓等，并最终在考场上大失水准，不能充分发挥自己原有的水平，也就是俗话说的“怯场”。怯场带来的危害，有时是很严重的——

清朝顺治十四年，江南乡试的主考官徇私舞弊，引发了读书人的不满。消息传到北京，顺治皇帝大怒，就在第二年正月，把已经取中的举人全部押送到北京重新考试。考试的时候所有的举人不但戴着枷锁，还“令护军二员持刀夹两旁，与押赴菜市口刑场无异”。其中有个举人叫吴兆骞，学问很好，也没有作弊，但是这样的场面使他非常紧张，没把文章写完，顺治皇帝就怀疑他也参与了舞弊。最后虽然“审无情弊”，可还是被充军流放到东北宁古塔，20 年后才回来。

其实每个人在考试时都会有一定程度的紧张和担心，这是很正常的，也是将考试作为督促学生学习的一种重要手段的心理依据。但考试给学生带来的焦虑却有着很大的个体差异。一般来说，性格内向，情绪波动大，挫折耐受力和内部矛盾化解力差的人，或自我多疑、独立性差、优柔寡断、谨小慎微的人容易出现过度焦虑。同时家长和教师又对学生过高的要求，加强了考生的心理压力。也有人由于求胜动机过强，给自己定的目标太大，自己跟自己过不去，也是导致过度焦虑的原因。

为了在考试中能充分发挥应试者原有的学识能力，就需要考生根据考试中青少年心理状态的变化规律，努力创造一个良好的应试氛围。

首先要实事求是地根据自己的实际能力不断地调整自己对考试的期望值，不要好高骛远，这样就能大大减轻心理压力。做好应试前的准备工作对于从容应试、克服考场中的慌乱现象也有重要作用。一般来说，至少要弄清考试的时间、地点，携带齐全的考试用具，应试前进行充分的复习，还要调整好应试前的生活节奏和营养健康状况。

【心理学在这里】

焦虑是大脑缺氧的一种表现。所以在考试中感到紧张焦虑，可以做六次深呼吸，通过深呼吸可以使人体在短时间内为大脑提供更多的氧，促进其功能。

考试落榜怎么办

对于以读书为本的学生来说，人人都渴望“金榜题名”。考上好的学校，不仅意味着更好的学习环境、更好的人生前景，也是一件实实在在、值得荣耀的“成就”。因此，落榜就会成为人生旅途中的一次难以承受的失败和挫折。一些落榜的考生在此之后的相当一段时间内情绪低落、意志消沉，尤其是高考落榜，使人几乎无法面对未来。

落榜后出现的短暂心理失衡，是一种常见的现象，也是一种正常的心理反应。即使再超脱的人，精神上也不可能是轻松、愉快的。问题在于这种心理失衡状态会持续多久。许多落榜考生待时过境迁之后，心理状态会逐渐恢复平衡，能够找到自己新的起点，并继续开始自己的努力和拼搏。但是，也有不少落榜生沉湎于悔恨、懊恼、忧伤、悲痛之中，总是觉得自己的未来是灰暗的，失去对自己的信心，甚至产生厌世或轻生的念头。这就不利于身心健康，甚至还有可能会引发心理障碍或者精神疾病，最终可能会毁掉自己的一生。

面对人生的失败和挫折，考生要面对现实，自己给自己一种安慰，自己给自己一条出路。李白的“天生我才必有用”这是一种对人生的超脱、潇洒的态度，这也是一种在精神上的自我肯定。人生要经历无数成功和失败，不要沉醉于一时成功的喜悦，也不沉沦于一时失败的沮丧，要学会以一种潇洒的态度来对待人生。自我肯定是在失败中驱逐自卑感的有力武器。如果我们能把失败看作是人生中通往成功的必由之路，我们就会对自己充满信心，就会坚信自己能战胜新的挑战。不要把什么都看成是唯一的，“条条大道通罗马”，成功的道路就在你的脚下。

1982 年，蒋锡培高考名落孙山。父母希望他复读，而经济大潮的冲击和年轻人对财富的渴望，让从小性格刚强好胜的蒋锡培早早踏入社会。他跟随二哥去杭州学修钟表，最大目标是赚够 5 万元。然而，当他用了不到一年时间就赚到了 5 万元时，他的自信和创业的“野心”一下子被激发了出来。

但是初次创业，企业因管理不善亏损 100 多万元。蒋锡培没有气馁，在亲朋的帮助下转战电缆行业，5年时间做到100亿产值。人们都感慨，如果当年考上大学，很可能就没有今天的远东集团总裁、电缆大王蒋锡培。

高考不是人生唯一的出路，但是也不能只因为一次高考失败而放弃第二次尝试。应当积极行动起来，把压力变为动力，为自己设立新的奋斗目标，并且把全部精力都倾注到实现新目标的努力之中。无论你选择的新目标是什么，你都要相信自己，相信自己在经历了挫折，和失败后会更成熟、更坚定，相信明天会更美好。

【心理学在这里】

期望过高、压力大是引起落榜生心理问题的重要原因，而对考试的过分关注是产生考试心理压力的主要原因。

第三章
工作中的心理学

在很多人看来，工作中总有很多事情是自己无法控制的，比如不会知道同事和领导在想些什。其实这些都是有答案的：说服对手、调动部下、控制自身的心理压力，心理学在我们日常工作的方方面面都起到了非常重要作用。了解了这些心理原理——态度、如何在团队中工作、沟通及其障碍、冲突、领导、激励和工作压力，一切职场难题就都会迎刃而解！

重视职业的选择

面对经济火速发展、人才竞争的日益激烈，可以说每个刚刚进入社会的年轻人求职择业时都有一种忐忑不安的心情，有的甚至还患上了“求职恐惧症”等的心理障碍。求职择业不同于学习期间的社会实践，而是要找到一个适合自己的工作岗位，并在这个岗位上充分发挥自己的作用。但是要想在求职过程中找到自己合适的位置，肯定面临的一些风险和希望。不管你受过多好的教育，仍然可能找不到合适你的工作。

在现代社会中，职业是多种多样的，人们的职业期望值也不尽相同，但并不是人们所有的职业期望值都能变成现实。一个人的职业期望值能否变成现实，主要看其是否建立在合理的基础上，也要有努力和运气的因素。可以想象，择业的分歧，会使一个人的人生道路发生很大的改变——

有两个山东籍的男生，在西部某大学同一班级毕业，都想回到省城济南找工作，认为这样不仅离家近，而且机会也多。但是他们接连参加了几次招聘考试，用人单位条件苛刻不说，待遇也低得可怜。思来想去，其中一个人最终选择了西部一家地级市电视台，当了一名时政记者。因为人手不够，很多时候要摄像、编辑一人兼，但也正因为锻炼机会多，他很快就成了骨干记者，顺利签约。而另一个好不容易留在了济南，不仅月薪只有同学的三分之一，能否最终留下也还是未知数。

要做好择业心理准备就必须客观评价自己，树立良好心态。每个人都有自己的优点和长处，也都有自己的缺点和短处，这就是人们常讲的“尺有所短，寸有所长”，每个求职者对自己和自身的能力都应有客观和正确的认识，都应该明了自己能干什么，不能干什么。在择业中也要避免从众心理，不要与他人盲目攀比，好像不能找到比别人更好的单位就不能实现自身的价值，到头来，只求得一时的心理平衡，却不利于自身价值的实现和长远的发展。

有些人由于追求“最满意”的结果而错过了其他好的机会，结果造成就业困难，尤其是有些条件好的人在择业过程中“这山望着那山高”，不能及时调整就业期望值，以至于后来就业困难，悔之不及。

更有一些年轻人不愿意凭自身能力去竞争，去应聘，而是把择业的希望寄托在父母和亲朋好友的“推荐”上，并想通过各种关系找到一个既轻松又体面，收入又高的单位。亲朋能够依赖一时，却不能依赖一世。从个人发展的角度来看，寄人篱下的日子终究不舒坦，自我奋斗才会取得成功。

【心理学在这里】

在二十几岁还不完全了解情况时就决定献身于某个职业的人，往往会后悔他们当初的选择。正确做法是在选定职业目标后，做好根据经验和成长来修正这一选择的准备。

在单调中寻找工作乐趣

许多人认为，所谓工作，就是一个人为了赚取薪水而不得不做的事情。另一部分人对工作则抱着大不相同的见解，他们认为：工作是伸展自己才能的载体，是锻炼自己的武器，是实现自我价值的工具。

所谓幸运的人，是那些拥有自己兴趣所在的工作的人。他们之所以幸运，是因为工作正是他们的兴趣所在，因此不至于因为工作而产生疲劳，所以他们会在工作中表现得比一般人有更多的精力与快乐，而没有什么会使他们感到忧虑与疲劳，因此也非常容易获得事业上的成功——

玛丽亚小姐在一家石油公司做打字员，她必须去做一件枯燥无味的但是对于公司十分重要的工作，就是在一张张空白的石油代销表内填入数字及计算结果。由于这项工作太过单调，按照一般的方式去工作既容易疲劳，又容易出错。她下定决心要使它变成让自己感兴趣的工作。那么她是怎么做的呢？

玛丽亚小姐决定要求自己每天和自己比赛一次，到每天上午即将结束的时候，她就计算一下上午所完成的表格数量，要求自己要在下午完成比上午还要多的表格。同样地，在一天工作结束的时候，计算一下当天完成的数量，作为明天要超越的工作目标。结果，经过一段时间的锻炼，她成为她那一组中工作速度最快并且完成表格数量最多的一位打字员。

在清醒的时候，每个人将近有一半以上的时间要花费在工作之上。因此一个人如果在工作中找不到快乐，那么，在他的生命当中就很难找到更多的快乐了。无数成功人士的经历告诉人们：要么从事自己有兴趣的工作，要么培养自己对工作的兴趣。兴趣是一个人快乐工作的前提，伟大的哲学家罗素就曾经说：我的人生正是使事业成为喜悦，使喜悦成为事业。

我们无法保证每天都是在干自己喜欢的工作，就算你有跳槽的本领，也不可能找到完全符合你兴趣的工作。而且，每一篇“求职者须知”都告诉你要适应工作，而不是让工作来适应你。因此，我们在面对自己不喜欢的工作时，也要保持一定的热情，让自己把工作与兴趣结合起来。

对待任何工作，正确的工作态度应是：耐心去做这些单调的工作，培养出克己的心志。如果最初无法培养这种克己的心志，渐渐地便难以忍受呆板单调的工作，而一个又一个地调换工作场所，并慢慢地被调到条件差的工作岗位，而逐渐成为无用的人。

所以即便是单调且无趣的工作，也应该学习各种富有创意的方法，使该工作变得更为有趣且富有意义。

【心理学在这里】

情绪的好坏对于人们产生疲劳的影响，远比由于体力透支所造成的影响来得大。当一个人的心灵被消极的情绪所笼罩时，就会严重地干扰即时行为。

提高工作热情

工作效率低的重要原因之一就是对工作缺乏热情。试想，当你冷淡地出现在办公室里，案头的工作对你而言就像是一具枷锁，使你厌倦，又怎么能愉快地去完成它们呢？

人们的疲倦往往不是工作本身造成的，而是工作中的乏味、焦虑和挫折所引起的，它消磨了我们对工作的乐趣和干劲。如何才能提高工作的热情呢？下面四种方法可以借鉴：

把工作看作是实现创造力的方式。现实生活中的每一项工作都可以成为一种具有高度创造性的活动。一位教师上好一节课不逊于编排一出精彩的戏剧；而一位家庭主妇的一日三餐也可像设宴一样，会对桌布、餐具具有独特的鉴赏力，也能别出心裁地表现出充分的创造性。

把工作当成艺术创作。把单调、枯燥的打字看成是在钢琴前创作新的圆舞曲，把厨房炒菜看作是油画创作，油盐酱醋就是你的材料，炒出的新花样就是你创作的新作品。假如把自己的工作当成艺术创作，就会减少枯燥乏味的感觉。

倘若能把工作看成娱乐，就能以工作为消遣。而劳动和娱乐的不同点就在于思想准备不同。娱乐是乐趣，而劳动是“必做”的，假如你是职业球员，如果把注意力放在比赛的娱乐功能上，就可以和业余球员一样更加愉快地投入比赛。所以，要习惯于将你的工作视为业余活动。

人本主义心理学认为，人类最高级的需要是“自我实现”的需要。为了自我满足而工作十一种乐趣，如果是强制的劳动，就未必是愉快的。一位妇产科大夫心情特别愉快，因为她刚刚接生了第 100 名婴儿。一名足球运动员也因他刚踢进第 100 个球而欣喜若狂；现在，他又为自己能踢进第 101 个球而兴高采烈地开始了新的训练。

在你最苦恼的时候，停止工作 15 分钟，离开办公桌，去喝杯水或踱步，当你重新返回岗位时，就会有一股新气氛，令你更易投入工作。文件乱七八糟的，不管是谁也会兴趣索然，请把所有东西收拾好，只留下将要处理的文件，这样可以减轻压力，使工作更舒服。

必须学会把烦恼都先藏起来。在办公室，老板、同事及客人都可能会同情你、支持你和鼓励你，但你必须先要全心全意地投入工作。将工作环境布置一下，放一些精致的小摆设、礼物和绿色盆栽，它们会在你心情不好时，贯注一道暖流，你的心情一定会好许多，工作起来会更起劲。当你心情烦躁时，不妨约朋友共进午餐，可以缓和紧张的情绪。抽屉里放些消闲杂志，在紧张、苦闷的时候，或许会大派用场。

如果工作堆积如山怎么办呢？不妨先把精力都集中在工作上，甚至超时工作，把工作提早完成，当一切做妥后，那种满足和成就感或许能超过你的伤感。

【心理学在这里】

如果你情绪低落，工作又不太忙碌，就应该放一天假，处理私事或消遣一下，先把情绪稳定下来。

工作中需要谨慎细心

随着社会分工越来越细，专业化程度越来越高，要求人们做事认真、精细的规则也越来越严格，否则会影响到整个社会体系的正常运转。

一台拖拉机有五六千个零部件，要几十个工厂进行生产协作；一辆汽车有上万个零件，需要上百家企业生产协作；一架波音 747 型飞机共有 450 万个零部件，而美国的“阿波罗”飞船则要 2 万多个协作单位才能生产完成。在这由成百上千、乃至上万、数百万的零部件所组成的机器中，每一个部件都容不得哪怕是 1% 的差错。否则的话，就会生产出残次品甚至是废品。正所谓“失之毫厘，谬以千里”。仅仅在配电器上多了一块 0.15 毫米长的铝片，就会导致一个价值数百万美元的人造卫星爆炸。所以，要想保证一个由无数个零件所组成的机器的正常运转，就必须通过制定和贯彻执行各类技术标准和管理标准，从技术和组织管理上把各方面的细节有机地联系协调起来，形成一个统一的系统，才能保证其生产和工作有条不紊地进行。在这一过程中，每一个庞大的系统是由无数个细节结合起来的统一体，忽视任何一个细节，都会带来想象不到的灾难。

然而我们有许多的工作者并没有养成谨慎细心的习惯。海尔集团总裁张瑞敏在一次演讲中曾感慨——

如果让一个日本员工每天擦桌子6次，日本员工会不折不扣地执行，每天都会坚持擦6次；可是如果让一个中国员工去做，那么他在第一天可能擦6遍，第二天可能擦6遍，但到了第三天，可能就会擦5次、4次、3次，到后来，就不了了之。

细节总容易为人所忽视，所以往往最能反映一个人的真实状态，也能表现一个人深层次的修养。正因为如此，透过小事看人，日渐成为衡量、评价一个人的最重要的方式之一。养成良好的行为习惯，注意自己平时的一言一行，或许你在工作上的一个不经意的细节，会改变你的一生。

细节是成功的基石，因为所有的计划、设想，终究要靠细致而扎实的工作来实现。不管我们在哪个岗位，从事什么样的工作，只要善于从大处着眼，从小处人手，注重工作的细节落实，就必定会取得好成绩。

注重细节是责任的体现，有了这份责任就会时刻提醒自己，要始终以“如临深渊”的态度对待每一项工作。注重细节是作风的体现，工作不当“马大哈”，不得过且过，体现着精益求精，行事严谨的做事风格。注重细节是能力的体现，检验着一个人是否有敏锐的眼光，是否有于细微处洞彻事理的头脑，是否能在平常事中干出不平凡的业绩。

【心理学在这里】

细心作为一种个性特质，和先天气质有密切联系，但是也需要在实践中逐渐培养。

怎样争取升迁的机会

升迁是对于工作最好的奖励之一。升迁意味着对你工作成绩和能力的肯定，意味着权力和待遇的提高，当然也意味着更大的责任和更高的要求。在一个充满竞争的环境中，指望着依靠熬年资的方式升迁是不可能的。每一次升迁，都意味着你已经站在正确的位置，做出了正确的选择——

有一家公司，每当有新员工加入的时候，经理都会叮嘱他们：“不要走进8楼那个没挂门牌的房间。”虽然经理从来不解释为什么，但是员工都牢牢记住了这个规矩。

直到有一天，有个销售部聘用的年轻人小声嘀咕了一句：“为什么？”

总经理满脸严肃地答道：“不为什么。”

回到办公室，年轻人还在不解地思考着经理的叮嘱，其他人便劝他干好自己的工作，别瞎操心。但年轻人却偏要走进那个房间看看。他轻轻地叩门，没有反应，再轻轻一推，虚掩的门开了，只见里面放着一个纸牌，上面用红笔写着：把纸牌交给经理。

这时，得知年轻人闯入那个房间的同事开始为他担忧，劝他赶紧把纸牌放回去，大家替他保密。但年轻人却直奔经理办公室。当他将那个纸牌交到经理手中时，经理宣布了一项出人意料的决定：“从现在起，你被任命为销售部主任。”

“就因为我把这个纸牌拿来了？”

“没错，我已经等了快半年了。”

能够得到迅速提升的职员都有着共同的心态特点，也是管理者会重点考核的素质。首先是吃苦耐劳，许多职场新人都有小事不想做、大事做不了的缺点，只有不怕吃苦才能得到认可。企业是个非常重视团体合作的组织，十分强调协调性。轻松愉快地与他人交谈，和谐地与人相处，往往是你广结良缘，或成为团体领导者的先决条件。好恶分明，不优柔寡断，能坚持真理，不在乎周围人的看法，大胆地表达自己见解的人是很受欢迎的，相反，那些言听计从、毫无主见、缺乏创造力的人只能停留在普通的岗位上。既能服从指挥，又能承认错误，这样的人才有责任感，才会被提升到更高的职位上去。

也有一些做法会严重影响别人对你的观感，使你得不到重用和提拔。最严重的是不能充分展示自己的业绩。在你用心时，虽然你的工作是一流的，而你的处事态度却始终像伴娘一样，不想喧宾夺主，也不想出人头地，这无疑阻碍了你的升迁与晋级。其次是能够认真工作，但是对所做工作缺少热情；一边在完成任务，一边对工作环境牢骚满腹，让人觉得你是个干扰别人工作的人。工作表现很不错，但是自信过了头，总是看不起同事，以敌视的态度与人相处，与每个人都有过意见或冲突，只能让别人对你“恨而远之”。

【心理学在这里】

升迁有时候并不是一件好事。找准自己的价值和坐标是最重要的，否则与不合适的职位会产生错位，影响自我价值的实现。

克服独往独来心态

企业中有这么种人，他们能力超群、才华横溢，自以为比任何人都强。他们藐视职场规则，不拿同事的忠告当回事，甚至连老板的意见也置若罔闻，在以团队合作为主的企业里，他们几乎找不到一个可以合作的同事和朋友。面对任务和难题，他们就像“侠盗罗宾汉”一样独立支撑。所以心理学家又把这种独往独来，不愿合作的心态称为“罗宾汉心态”。

团队中的“罗宾汉”有着非常明显的特点。他们一般拥有比大多数周围同事高的学历或者专业知识，取得过一定成绩，并经常以此为荣、沾沾自喜。他们喜欢独来独往，在公司内没有什么朋友，平常话不多，说起话来也充满着骄傲的语气。如果他们提出自己的一些意见和想法，就绝不容许别人修改，甚至包括领导在内。如果自己的意见被采用，则更骄傲，如不被采用，则内心愤愤不平。认为其他人的所有意见和计划都是平庸和充满错误的，并不屑一顾。他们很少与人交流，对别人的意见一概不接受，而且很少参加公司的集体活动，认为和同事们在一起很无聊。

在现代企业中，内部分工也越来越细，不管他有多么优秀，想仅仅靠个体的力量来左右整个企业都是不可能的。所以“罗宾汉心态”不仅不利于超常能力的发挥，反而会因为人际关系冲突给企业带来负面影响。

动物行为学家发现，号称丛林之王的狮子往往长期处于饥饿之中。究其原因，是因为狮子捕猎的时候都是独来独往，而另一种食肉动物——鬣狗，则是成群活动。大的鬣狗群有数百只，小群体也有几十只。它们很少自己猎食，而是等狮子把猎物杀死以后，从这个丛林之王嘴里抢夺食物。

虽然单个的鬣狗对于强大的狮子来说根本不值一提，可是成群的鬣狗团结起来却让狮子难以应付。争夺的结果，往往是狮子在旁边看鬣狗分享自己辛苦狩猎的成果，等到鬣狗吃完了，拣一些残渣聊以果腹。

怎样才能加强与同事间的合作，克服“罗宾汉心态”呢？同在一个办公室工作，你与同事之间会存在某些差别，知识、能力、经历造成你们在处理工作时，会产生不同的想法。交流是协调的开始，把自己的想法说出来，听听对方的想法，你要经常说这样一句话："你看这事怎么办？我想听听你的想法。"即使你各方面都很优秀，即使你认为自己以一个人的力量就能完成眼前的工作，也不要显得太张狂。请把你的同事当成你的朋友，坦然接受他的批评。对批评暴跳如雷的人，每个人都会敬而远之。

依靠群体的力量，做合适的工作而又成功者，不仅是自己个人的成功，而且是整个团队的成功。

【心理学在这里】

抛弃团队独往独来和过分强调个人在团队的作用，都是对团队其他成员缺乏信任的表现。

建设和谐的工作团队

21 世纪是一个合作的时代，合作已成为人类生存的手段。因为科学知识向纵深方向发展，社会分工越来越精细，人们不可能再成为百科全书式的人物。每个人都要借助他人的智慧完成自己人生的超越，于是这个世界充满了竞争与挑战，也充满了合作与快乐。

在现实生活中，大多数的工作都是需要合作的，而且很多具体的事务也需要团队协作才能完成。如果你正在主持一个项目团队的工作，你必须了解自己在团队中的作用，你为什么会在这个团队里、这个团队对你有何期望、你能够为团队做什么、你的专长是什么。有九个好习惯可以帮助你打造和谐的工作团队，实现任务目标。

习惯一：着手行动，做帮助团队起步的人。谁都希望成为一个大家认为是勇敢前进的人，这是行动上的领导，鼓励他人接受你的领导，支持你的初步行动。

习惯二：征求他人的意见或建议。让所有人都融入到团队中来。采取询问的态度，不要采取命令的态度。询问他人的意见，说明你关心他人，重视他们的想法。征询别人的意见是建设团队的好办法。

习惯三：澄清别人说过的话，重新陈述或总结事实。在交流的时候，要带着思考去倾听，把别人说过的话用自己的语言表达出来。比如："如果我的理解正确，你认为我们应该……"

习惯四：提供可供选择的方案要提出创造性的、可供选择的方案。不要停留在一个或两个选择方案上，努力寻找其他的想法或解决方案，有时最好的办法往往是下一个。

习惯五：促成团队的一致。努力帮助团队达成一致的意见。一致并不是指所有人都赞同。即使某些成员不同意团队所做出的决定，也要说服他们给予支持。为了团队，自愿地调整自己的想法。

习惯六：保持交流渠道的畅通，确保信息在应该知道的人当中得到了自由的沟通。最后一个知道事情原委，会让人产生很强的挫折感。团队成员应互相照顾，让每个人时刻地都保持在团队中。

习惯七：鼓励他人参与。鼓励所有人为团队贡献他们的智慧。

在团队召开会议时，每个人都应该提供他们的想法。

习惯八：缓解紧张局面。在团队的两个成员或更多成员间出现了不同意见时，缓解谈话的紧张气氛。有的冲突是正常的；但是，必要时，必须有人插入，以缓和的语气缓解紧张局面。使用幽默时，要顾及其他成员的感受。

合作是所有组合式努力的开始。一群人为了达成某一特定目标，而把他们自己联合在一起。作为团队的一员，要热情地回应其他团队成员，保持开放的心态，努力去促进整个团队的和睦关系。

【心理学在这里】

如果你想顺利地达到自己的目的，就一定要学会与人融洽合作。不要因为必须在一起工作才建立合作关系，这种合作既不可靠而且也不会长久。

怎样提高团队凝聚力

所谓团队的凝聚力，是指团队成员留存在团队之内的吸引力，即成员在团队内部活动和拒绝离开的吸引力，通常表现为成员对团队的向心力。

团队的凝聚力是团队之中个体与个体之间、个体与团队之间的一种相互关系的反映，或者说是满足程度的反映。它既包括团队对其成员的吸引力，又包括成员对团队的向心力，同时还包括成员与成员之间的相互作用、相互影响。因此，它对团队任务的完成起着重要的作用。

由此可见，团队凝聚力的重要性是显而易见的。它不仅是维持团队存在的必要条件，而且也是增强团队功能，实现团队目标的不可缺少的条件。一个团队如果失去了凝聚力，则是一盘散沙，很难维持下去，更不可能完成组织赋予它的任务，这样的团队即使名义上存在，但也失去了存在的意义。

如何来提高团队凝聚力呢？首先必须确定团队内部一致性的长远的发展目标，加强成员的一致性，同时将团队成败的利害关系与团队成员产生直接联系。现在许多企业都采取让员工直接参股的方式，来密切员工与企业间的关系，从而增强团队的凝聚力，提高生产效益。

对于大型的团体，则要致力于构筑自己的团队文化，使团队凝聚力不仅仅建立在利益的基础上，更内化为每个团队成员的行为准则。世界500强之一的美国通用电气公司就用一张小卡片，给企业带来了巨大的凝聚力——

美国通用电气公司要求所有的管理人员都具备本公司的价值观。该公司在全世界拥有30万员工，每人平时都要随身携带一张卡，名为“通用电气价值观”卡，要求领导干部痛恨官僚主义、开明、讲究速度、自信、高瞻远瞩、精力充沛、果敢地设定目标、视变化为机遇、适应全球化。这些价值观是决定公司职员晋升的最重要的评价标准。每个员工都要接受上司、同事、部下以及顾客的全方位评价，由大约15个人分五个阶段做出。董事长韦尔奇明确表示："工作成绩出色但不具备公司的价值观，这样的人公司是不会要的。"

然后要提高团队的忧患意识，增强团队的竞争性。将内部矛盾化解转移为外部矛盾，就可减小内部矛盾产生的机会，而使团队内部出现"一致对外"的局面。在这种情况下，往往能增强团队的凝聚力和自信心。

作为团队的主要领导者，其领导方式应具有个人魅力，再加上民主的作风，在他领导下的成员之间就会更友爱，团队中思想更活跃，情感更积极，凝聚力更强。

总而言之，团队凝聚力提高了，该团队就会为其预定目标而共同奋斗，从而提高生产率。

【心理学在这里】

团队不是个体的简单相加，而是超越了个体的总和。一个团结的团队内部成员间的交流与沟通是非常必要的，成员之间一致性越大，凝聚力越强。

应对办公室里的"小圈子"

在几乎所有企业组织中，都存在着两种组织形式。

在一个公司内部，由上至下，有总经理、部长、部门经理和普通员工，这种组织形式像个金字塔形，它是有形的和正式的。

对于绝大多数人来说，他们承认这种组织形式的作用，似乎也只知道有这种组织形式。他们不知道或忽视了在这种组织形式之外，在自己公司内部还同时存在着另一种形式的组织。

这种组织是在工作任务之外发展起来的。这类小圈子虽是无形的和非正式的，但是，它对公司每个员工产生的影响，在某种程度上不亚于那种正式有形的组织。比如，你在办公室过于积极或过于落后，一些同事就会排斥你，在工作中给你制造障碍，逼得你与他们“同流合污”，你只能随大流，这就是那个非正式和无形的组织产生的作用。人们常说关系网，也就是说人际关系像张渔网。是渔网就有经有纬，有纵有横，缺了哪方面都不行。如果把那种正式的有形的组织形式比作纵向的“经线”的话，那么，这种非正式的无形的组织形式则是横向的“纬线”。如果你在工作中眼睛只盯着老板，只注意工作中上下级这种纵向的关系，而忽视与同事之间这种横向关系的话，那么，就很难搞好与同事之间的关系。如果与同事搞不好关系，你就很难做好自己的工作——

小山进入公司的市场部不久，就发现在这个十来个人的部门里，有一个三四个人的小圈子。这几个人干活相互之间特别默契，但对这个圈子外的人则多少有点不配合。不知道什么原因，那个圈子的核心人物的无形影响似乎比部门经理还大，对于这种状况，部门经理有时也睁一只眼闭一只眼。

这些天，那个圈子里的人有事没事跟小山套近乎。小山知道他们是想拉自己“下水”，成为他们那个圈子里的人。他有些犹豫：如果自己不进他们那个小圈子，今后自己在工作中难免会遭到刁难；如果进入他们那个小圈子，自己又从心里厌恶这种拉帮结伙的行为。

当你突然被推到一群陌生的同事当中时，你的确面临一个艰难的选择：是保持自己的个性，还是尽快融入另外一个陌生的环境？

你可能会觉得与其跟无趣的人混在一起，还不如坚守自己的空间。但是不管你情愿不情愿，你必须与自己办公室的那些小圈子里的人“同流”，因为不管你看不看得惯，它们都存在，他们都会对你的工作产生影响。所以，即使看不惯同事之间的小圈子，你也得习惯与这种小圈子打交道。

不过“同流”不等于“合污”。如果这个圈子真的开始“结党营私”，牟取私利的话，你就要与他们保持一定的距离。

【心理学在这里】

非正式组织可能会降低各部门之间的协作性，有可能削弱了团队的凝聚力。

要依靠才能领导下属

当一个职员在企业里做过几年事之后，很有可能就当上了主管，带领几个人做事，甚至自己创业成为老板，雇用别人工作。要当好领导者，学问说大不大，因为就有人当得轻松愉快；说小也不小，因为也有人当得苦不堪言。而同样一个职位，不同的人来做，又会出现不同的结果——带的是同一批人，同样是有的人做得轻松，有人做得辛苦！

主管要当得轻松愉快，与权力的拥有、分配有关。也就是说，如果你拥有权力，又可以分配权力，你的下属为了分享你的权力，就会听从你的命令。所以有些人就可以用手中拥有的权力资源让下属为他卖力工作——

有个人去宠物商店买鹦鹉。他看到一只鹦鹉标价200美元，就问老板："这只鹦鹉会什么？"老板说："这只鹦鹉能说流利的英语，会用电脑。"

顾客又转了转，看到另一只标价400美元的鹦鹉。老板说："这只鹦鹉能说三国外语，会用Java语言编程。"

最后顾客看见一只标价5000美元的鹦鹉，说："它一定有什么特别的本领。"老板说："我倒没发现它有什么特别之处，不过那两只鹦鹉都叫它'老板'。"

那么，权力有限的主管就难当了？是比拥有较大权力的主管难当。但是，如果这位主管会做人，也是可以当得轻松愉快。所谓会做人是指站在下属的立场来考虑，要他们工作，但也为他们争取利益，并且实际关心他们的生活。有些主管在下属有婚丧喜庆时，如果不能争取到什么津贴，都会自己掏腰包。这种领导是属于"情义领导"。有人很容易被这种主管感动而听命于他，但有人则像木头，毫无感觉，反而还会因为"无利可图"而找主管的麻烦。

权力领导也好，情义领导也好，如果没有才能做基础，这种主管必将吃到苦头！因为权力再怎么大，总有人会不满足，总有人会认为分配不公，而你的位置也将成为你的下属觊觎的目标。

主管没有才能，只会做人，那也是个“滥好人”。如果没有才能，也迟早会成为下属攻击的目标。一旦牵涉到利益，有些人会翻脸无情，这一点你必须了解。而有才能的主管自然可以通过创造绩效来获得权力并分配权力，下属也不必因为情义而向你靠拢，因为你的才能就是一种很大的吸引力，他们的“野心”也会受到“技不如人”这种认知的约束。

因此，你如果当了主管，你一定要跑在下属的前面，倒不是要你什么都强过他们，因为人各有所长，各有所短，你总有不及你下属之处，但再不及，也不能一无所知，否则你的领导就会出现问题。有些主管甚至是老板每天工作之余仍坚持学习，以补足自己的能量。因为他们很清楚，要时时走在下属的前面，这样才有资格领导他们。

【心理学在这里】

有才能的主管可以告知下属正确的方向，能解决问题，并且能让下属信服。

调动员工的积极性

作为企业中的管理者，最重要的工作就是充分调动手下员工的积极性。要想达到这个目的，就应该懂得正确的人事激励原则，并在正确的激励原则指导下制定激励措施。

1912年，美国钢铁大王安德鲁·卡耐基以100万年薪，聘请查理·斯瓦伯为自己公司的第一任总裁时，全美企业界为之议论纷纷。因为在当时，百万年薪已是全美国最高，而斯瓦伯对钢铁并不十分内行，卡耐基为何要付那么高的薪水呢？原来卡耐基看上他激励部属的特殊才干——

斯瓦伯上任不久，他管辖的一家钢铁厂产量落后，而负责的厂长宣称已经用尽了威逼利诱的各种招数，可是就是无法提高工人的积极性。

于是，斯瓦伯在日班工人下班时，向厂长要了一支粉笔，问日班的领班说："你们今天炼了几吨钢？"领班回答："6吨。"斯瓦伯就用粉笔在地上写了一个很大的"6"字。

夜班工人接班后，看到地上的"6"字，好奇地问是什么意思。当他们知道这是总裁写下的日班工人的产量时，心里就憋着一股劲。他们最后炼成了7吨钢，自豪地把"6"擦去，写上了"7"字。第二天，日班工人看到了这个"7"，也加倍努力，结果那一班炼出了10吨的钢。

于是，斯瓦伯只用一支粉笔，就使得这家工厂的产量在很短时间内跃居公司里所有钢铁厂之冠。

激励是为了调动人们的积极性，满足人的正当的、合理的需要而实施的行为，因此在制定激励措施前，要进行充分的调查研究，以确实掌握人们的基本需要是什么？满足的程度如何？哪些需要的满足最能调动群众的积极性？这样才能有的放矢，起到较好的确效果。

不同的人格，其价值取向也不同。员工不同心理需求和人格取向，就产生了不同的动机，这就要求管理者针对不同动机采取不同的激励方法。其实员工的工作动机的强度，不仅取决于他从工作或劳动中获取什么，而且还取决于员工对管理人员的工作安排和外在报酬的心理需求的满足感。研究材料，员工努力工作可能取决于下列因素：自己做出的努力能否达到或超出管理目标的可能性；若达到目标，获得奖赏的可能性；外在报酬满足需求的可能性；工作中满足心理需求的可能性；以及对这些需求的满足所做的评价。

一个团体中人员的积极性，不仅与成员的思想觉悟、劳动态度、集体风尚等因素有关，而且与整个社会舆论、社会风尚密切相关。因此，制定激励措施，不仅要立足企业本身，也要考虑社会心理的作用，尽可能利用良好的社会心理、社会舆论、社会风尚的积极作用，克服不良心理的消极作用。

【心理学在这里】

工作是各种社会需求满足的工具。通过完成工作可以满足社会交往、显示才能、施展抱负、行使权力、取得成就、发挥创造力或获得社会尊重等需求。

处理好与领导的互动关系

员工与领导的关系，从根本上说是管理者与被管理者的关系，也是决策与执行的关系。所以不管你的领导个人能力是否能够得到你的肯定，只要你们的身份没有变化，就要坚持主动服从他的领导。因为你们的关系不是萍水相逢的陌生人，而是一个有机的整体。

不过服从领导也是一门艺术，有很多技巧。有的人不仅能够让上司满意地感受到他的命令已被圆满地执行，而且还能够让上司了解到自己决策的错误，并且主动改正。相反，有的人却仅仅把上司的安排当成应付公事，被动应付，或我只要认真完成任务就可以了，不重视信息的反馈，甚至“先斩后奏”或“斩而不奏”，结果往往是事倍功半。

很多决策者并不希望通过单纯的发号施令来推动下属开展工作。请求上司的下属比顺从上司的下属更高一个层次，是一种变被动为主动的技巧，它不仅体现了工作的积极性、主动性，还增加了让上司认识自己的机会。

决策者的职权主要是把握工作大局，掌握关键环节。许多企业领导层中不乏能力和精力超群的人，但即使这样，他们也不可能对管辖范围中的所有事情、所有地方都关注到。一些很有办法的领导者总是把自己从众多纷繁复杂的具体事务中摆脱出来，专事宏观管理和控制关键环节。因而，这些地方成为领导者关注和敏感的区域。

有些人并不了解领导者的这种心理，使自己的请示无的放矢，把握不住关键，凡事不论大小，从不自己决定，统统推给领导者，给领导者增加了负担，而且无关紧要的事会让他产生权威性被降低的感觉。因而，凡事无论大小都向领导者请示并不是明智之举，请示的问题必须是关键的、有价值的，才能更好地使领导者感受和体会到自己权力的有效性和价值。

还有一些人喜欢自作主张，事无大小，只要领导者交给他办，就不用领导者再过问了，一切由他包揽。也有人害怕请示，总是想："我向上司请示问题，他会不会觉得我水平低、独立性差？"不请示害处更大，如果由于沟通不畅，在关键的环节出现问题，结果对团队中的所有人都不利。

有的领导者只是管理经验丰富，而技术经验欠缺。这样的上司往往在下属心目中的位置不高。但是如果可以在服从其决定的同时，主动献计献策，以你的智慧和才干弥补其专业知识的不足，就能表现出对上司的尊重与支持，又能施展自己的才华，形成良好的工作关系。

只要掌握了服从艺术，养成汇报关键工作的习惯，就能在与领导者的互动中游刃有余。

【心理学在这里】

聪明的属下善于在处理关键问题时向上司多请示，勤汇报，征求他的意见和看法，把上司的想法融入到自己的事情中。

积极与老板沟通

在人才辈出的现代社会，信守“沉默是金”者，无异于慢性自杀，虽有正确的工作态度和工作效果，这充其量也只能让你维持现状，如果想真正地有所提高，必须要养成主动与老板沟通的好习惯。

老板既然是企业的所有者，也就必然是企业的领导者。如果能够与老板有效地沟通，就会让个人的努力与企业的发展方向保持一致。

你也可能经常听到一些同事埋怨机会不等，命运不公，总是觉得自己碰不到表现自己的机会。每每看到别人的成功，总归结为运气好。实际上，从整体上说，机会对每个人都是公平的，关键看你是不是善于创造和抓住机会。

人与人之间的好感是通过实际接触和语言沟通才能建立起来的。要想在职场上取得成功，就不能把自己放在为薪水而工作的位置上，而应该主动与老板进行沟通，不要放弃任何一个与老板沟通的机会和可以在老板面前表现自我的每一个细节，比如会餐、出差等。如此一来，一方面会促进老板对你的了解，另一方面会让老板感受到你对他的尊重。当机会来临时，老板首先想到的自然便是你了——

阿尔伯特是美国金融界的知名人士。初入金融界时，他的一些同学已在金融界内担任高职，也就是说他们已经成为老板的心腹。他们教给阿尔伯特的一个最重要的秘诀，就是“千万要敢于跟老板讲话”。之所以如此说，就在于许多员工对老板有生疏及恐惧感。他们见了老板就噤若寒蝉，一举一动都会不自然起来。就是职责上的述职，也可免则免，或拜托同事代为转述，或用书写报告，以免受老板当面责难的难堪。长此以往，员工与老板间隔膜肯定会越来越深。

与老板缺少沟通的大致有以下几种人：一种是恃才自傲，孤芳自赏，不愿甚至是不屑与上司接触及沟通的人；一种是只知道埋头苦干、老实正直，害怕与上司接触会引来闲话的“老牛”；一种是沉迷于具体的事务，缺乏与上司接触机会的人；一种是专业水平比较低，没什么机会担当重任的人。缺乏与上司沟通，不在上司的视线范围内，就有可能丧失担当重任的机会。丧失表现的机会，将会给自己的发展带来许多的不利。

但是，主动与上司沟通绝不是要你去打探老板的私人生活。有人以为，分享上司的隐私和秘密可以加深彼此间的友谊，事实上这种想法大错特错。既然是隐私和秘密，就不希望被别人知道。所以你应该与老板保持“亲密的工作关系”。

主动与老板沟通的同时，也不能忽视处理好同老板身边的人的关系，否则有可能严重影响你的工作，给你造成意想不到的损失。

【心理学在这里】

人都有惰性，只有主动与人面对面地接触，让自己真实地展现在他的面前，才能让对方充分认识到你的才能，才会有被赏识的机会。

不要随意跳槽

现代社会，人才成为最可宝贵的财富。每个人都可以凭借自己的聪明才智在社会中寻找合适的位置，而企业也会尽最大可能寻找能够给自己带来发展的人才。再加上信息、通讯、交通的发达，人们既不会像农业时代那样被一块土地所束缚，也不会像计划经济时代那样在某个单位里服务一生。人才的自主流动成为不可避免的大趋势。

“良禽择木而栖”，跳槽本身是一件无可厚非的事情。但是有些人在跳槽之前没有经过理智的选择，甚至让跳槽成为习惯。

好不容易选择接受某个职位，准备在新的位置将梦想变成现实，但是，我们立刻又面对这样一个无法逃避的现实：在很多情况下，工作与自己的感觉发生错位了。实际工作经常会与自己的预期存在落差。大多数人的工作逐渐失去了原来的面目，使他们不知道继续干下去的意义何在，似乎工作只是为了生计，能满足自己的乐趣或者其他，全都是很奢侈的追求了。

于是更换工作的大有人在，他们只是想寻找到更符合自己设想的差事而已。但是实际操作起来，却不是那么容易的事情，更换工作成为家常便饭，频频跳槽司空见惯。要是一个人将一份工作干一辈子，那真要成为人间奇闻了。这样不知休止的动荡不安，

大有生命不息奋斗不止的跳槽行为，

做事依靠经验，经验是靠时间累积来的，而不是可以从速成班学来的，速成班教的都是皮毛而已。如果你跳到全新的行业，等于是把过去所累积的专业经验全部丢掉。而且在新的行业里，你又要花很多时间从头学起，这种时间和精神的浪费相当惊人。

年轻人刚开始工作时频繁跳槽，并不是一件坏事，但是随后，就应该表现出一定的稳定性，并且学会在工作中提高自己的能力。做事要有成就，冲劲也很重要，而人一到了特定年龄，冲动就会减少，守成的心态反而会让你在新的行业进退不得。

习惯于随意跳槽的人，往往会产生冲动性思维，在工作中遇到困难就想辞职，看到别人的工作比自己好，就想跳槽去寻找理想的目标。甚至会感觉到不换一个工作，心里就不舒服。在这些人眼里，频繁跳槽能够解决一切头疼的问题，其实，他们只是在逃避现实。久而久之，这些人将会一事无成。

其实，任何一份工作都有它的优缺点，薪水不高，但同事关系很融洽；公司规模不大，但工作气氛相对和谐；公司发展很快，但压力过大，会使你疲惫不堪。所以，我们要睁大眼睛权衡利弊，不能因为某方面不满足而频频跳槽，那样永远也找不到平衡点。

【心理学在这里】

跳槽频繁的人，缺乏对职业目标的追求，从而无法获得事业的成就感。而且跳槽频繁、随意，也会对自己的个人形象产生影响。

跳槽前要做好心理准备

每个人都希望自己未来的工作能够更好，如果觉得自己在公司里大材小用，付出大于所得，就会有跳槽的打算。但是，很多人的跳槽是盲目的，没有经过深思熟虑，往往是意气用事，见异思迁，追求高薪水或定位不准。所以，在跳槽以前，一定要保持平稳的心态，仔细地考虑，以免得不偿失——

曾经有个小职员非常苦恼，因为老板一直都没有重视他。他对朋友说："我要跳槽，我很讨厌这个公司！"

朋友对他说："我赞成你的决定，这种公司实在没有什么好留恋的。不过你现在离开，公司没有任何损失，你却得不到任何益处。你应该借助于公司的名声，为自己积攒一些客户，成为公司独当一面的人物，然后再带着这些客户离开公司。到那时，公司就会受到重大损失，说不定还会恳求你留下来呢。"

小职员觉得朋友言之有理，于是努力工作。半年后，他拥有了许多忠实于他的客户。这时，他的朋友劝他说："现在时机已经成熟，你可以离开公司了。"

小职员笑着对朋友说："董事长已经跟我谈过，准备升我做经理，我暂时没有离开的打算。"

朋友也笑着说："这其实也是我挽留你的计谋。如果不这样做，你就不会努力工作，也就不会得到老板的赏识。"

在改换工作之前，一定要想清楚为什么要换工作。固然，在新的公司里有可能所得会更多，但相应地也会承担更多的责任和压力。跳槽不应只是对高薪或高一级职位的追求，而是对职业生涯进一步发展的追求。每一次跳槽，都应该是对自己职业和发展目标的重新设定。

不论你在原来公司做得多么轻松自如，都不要认为自己真的身怀绝技，到哪里都能应付自如。也不要因为你现在的上司曾经批评过你，就认为新单位的上司就一定能理解你、信任你和重用你。无论什么事都有两面性，在决定跳槽之前，不妨心平气和地把自己的缺点和优点列出来，再与目前的就业形势做一个比较，看一看自己是否真的已具备跳槽的条件。

如果你想更快地挣到更多的钱，实现自己的价值，你可以付出最宝贵的时间为代价。他们的薪酬水平有可能高于平均标准，但这种工作是否适合你？时间能用金钱买回来吗？即使用世界上所有的钱都买不回来你的从前。因此，在做出换工作的决定前，要三思而后行，找出真正的问题所在，并最后再问自己一次："是否要换工作？现在换工作是最好的时机吗？"要记住，改换工作是一件重要的事情，所以跳槽时切不可意气用事，不要心血来潮，更不要急功近利。外面的机会虽然多，但好的工作总是需要有实力的人去做的。

【心理学在这里】

根据美国心理学家霍尔姆斯和拉什的研究，跳槽给人带来的心理压力要比与上司闹矛盾高出56%。

不要用离职来“解气”

有句俗话，叫做“此处不留爷，自有留爷处”。大多数情况下，这是一种激愤之语。

离职跳槽，人才流动，这已经不是什么稀罕的事情。通过理智的规划，离职不过是一个新的起点，意味着更广阔的天地。但是，如果在情绪的支配下轻易地离职，并不意味着一切问题就全部都解决了。

工作过的人都会有这样的经历：有时候觉得心情很好，工作很带劲。可是有时候又会觉得心情抑郁，兴趣丧失，情绪很不稳定。这个时候，往往就是许多人准备跳槽的开始，似乎这样就可以出口恶气。但是这样快速地转换工作，最后吃亏的还是自己。职业生涯规划专家经过多年研究发现，绝大多数人都会发生这种状况。表面上看，这只不过是偶尔的心情波动，从而影响了工作情绪，其实，这是一种职业心理周期现象。

人的心理状态也有周期性变化，四季分明。当职业状态的“春天”来临的时候，你会对工作、对未来充满美好的憧憬，开始注意并发掘自己的优势和特长，关注自己的兴趣和职业，勾勒自己的人生。

在职业心理周期的“夏天”，你已经做好了心理上充分的准备，雄心勃勃地预备大展拳脚，将计划付诸实践的时候。此时，你似乎浑身洋溢着智慧和勇气，乐于接受各种挑战，而且对失败和挫折的敏感程度比较低。处在这个心理阶段的你工作上会有比较大的起色或产生质的飞跃。

夏天过去，秋天来临，你经过长时间的艰苦奋斗，工作很有起色，自己也获得了很大的信心。但慢慢地，你会觉得一切没有以前来得顺利了，困难也越来越多。其实你的工作环境并没有多大的变化，只是职业心理状态已经发生了变化。这个阶段的你倾向于接受一些难度不大的工作任务，期望能较好地完成，但对自己的要求明显放松。

职业心理周期的“冬天”需要引起人们的高度警惕。这时你会突然发现工作中有很多的不足。这些问题显然不是突然间出现的，它们其实一直都存在着，只不过你现在才注意到罢了，并且你会不自觉地把你对它们的厌恶之情放大很多倍。

职业心理的“冬歇期”是一个休养生息、养精蓄锐的阶段。在这个阶段，人对事情的分析、评价往往很难做到客观，所以要学会调整情绪，不要轻易作任何决定。如果能够运用意志力和创造力克服困难，就能顺利完成心理周期，迎来又一个“春天”。

所以，借离职出气，实际是害人害己的事情，还是那句古话“三思而后行”，人生一定要有所决定才能迈步，但是在做出重大决定之际，一定要做到心中有数。

【心理学在这里】

工作带来的愉悦感有时会成为感知中的盲点，使人因为某个并不严重的突发事件而做出错误的决定，导致自己的职业生涯陷入低谷。

工作中要有效率观念

大多数人会有这样一种不良的工作习惯，即实施一个项目，干了一段时间，就会半途搁置，又重新开始另一件事。这样做的主要原因是因为他在遇到障碍或问题之前努力工作，一旦遇到障碍或问题，不是想办法冲破障碍或者解决问题，而是用逃避的方式去做另一件事。他们只喜欢做简单和熟悉的事情，因为他们害怕失败。然而，他们最终还是要回到这些项目上，原先所谓的困扰的问题仍然需要解决。

时断时续是造成他工作效率低下的最主要原因。这种不良的工作方式不但会消耗掉大量时间，而且重新工作时，你还需要花时间调整大脑及注意力，才能在曾经停止的地方继续做下去。立刻就能找出中断的地方，马上接上原来的思路的人是不多的。所以我们必须找出方法克服工作中时断时续的低效率现象。

石匠是怎么敲开一块大石头的呢？他所拥有的工具只不过是一把小铁锤和一支小凿子，可是大石头却坚硬得很。当他举起锤子重重地敲第一下时，并没有敲下一块碎片，甚至连一丝凿痕都没有。可是他并不在意，继续举起锤子一下又一下地敲，100下、200下，大石头上依然没出现任何裂痕。

石匠还是没有懈怠，继续举起锤子重重地敲下去。路过的人看他如此卖力而不见成效，却继续硬干，不免窃窃私语，甚至有些人还笑他傻。可是石匠并未理会，他知道虽然所做的还没看到成效，不过那并非表示没有进展。他又继续敲下去，不知敲了多少下，终于看到了成效，整块大石头裂成了两半。难道说是他最后那一击，才使得这块石头裂开的吗？当然不是。

这个故事告诉我们的道理就是：坚持不懈地做事情，就像石匠的那把小铁锤，敲碎一切横在我们路途上的巨大石块，我们就一定会成功。

如果你手头的工作需要高度集中精神，你要学会在长达4～6小时的大段时间内工作，这时你最需要的是避免干扰。当你采取一些措施之后，仍然感觉无论怎么样周围都存在着一些干扰，那么你最好在公司以外的地方另找一个工作场所。因为这样可以避免别人打断你的工作，不必把时间耗费在重新集中精神上。

心理学家研究发现，清晨时分人的注意力最容易集中，工作时较少受干扰，而且效率是一天当中最高的。如果你能安排自己在清晨工作，你会发现你那一天干劲特别足，能用于工作的时间好像也延长了。

工作最紧张的时候，最让人心烦的莫过于那些来自各个方面的干扰了。如果你对自己的办公室设计有发言权，你要把它设计成允许来访者进入时他们才能进入的格局。

【心理学在这里】

防止工作时断时续的最佳方法是在你自己和经常打断你工作的人之间安置一个人，这个人会控制别人在什么时候来找你，解决那些“干扰源”。

怎样使用电话才有效率

电话的发明虽然方便了人们交流与沟通，减少了通信的时间，但由它所带来的干扰问题却又显得日益突出。电话所产生的干扰，不仅带来了时间上的浪费，而且也严重影响了我们的工作效率。

人的心理非常复杂，这是人之所以受到电话干扰的主要原因。一般的人，通常都会害怕冒犯别人。大多数人之所以在不该接电话的时候接电话，是因为他知道如果不接电话会让来电者觉得不愉快。尤其是做管理工作的人，你一定希望与外界保持消息灵通，不想漏掉任何信息。许多管理者在秘书接电话时，也会下意识地停下工作，洗耳恭听。

接电话的强烈欲望有时并不是来自电话本身，而是来自于接电话人的心理。有时别人打电话来向你索取资料或者信息，你顿时就会有一种身价倍增的奇妙感觉，这种感觉叫自我膨胀。还有些人天生就是交际专家，他们根本无法抗拒社交的诱惑，把每次通电话变成社交活动的工具和现成的借口。如果他不愿意承担某项艰巨或乏味的工作，接听电话便可以成为光明正大的拖延时间的借口。

有些人在接电话时喜欢磨磨蹭蹭，结果等他们抓起话筒时，对方却挂断了。他们拒绝亲自按钮接听，宁愿浪费许多时间来表示他们绝对不先接电话。

打电话时，尽量先讲重点，如果时间允许的话，再谈一些其他的事。可是有些人往往在讲到主题之前，先闲聊五六分钟，这样做不但浪费自己的时间，也在浪费对方更为宝贵的时间。

每次通电话，都应该是为完成一些事情服务的，如果你现在不能从对方那里得到你想要的、确定性的答案，你必须要进一步问清楚他什么时候可能给你答案，如果对方不能回答你，你必须问他什么时候可以给你确定的日期。如果他连这一步都做不到，你干脆就挂断电话，别再想这回事了。因为任何进一步追问，往往都只会浪费你的时间。

有时打电话，并不一定非要实现一次双向沟通不可。比如，要通知对方一些事情，而不是要跟他交换意见或讨论问题，你只需把要说的话详细地留给他就行了，不必要求对方回电。

如果必须结束通话，对方又是很熟的朋友，那你就可以开门见山地跟他说你现在必须离开，或是等会儿再打给他。但是如果你与对方并不熟悉，那你就说“现在外面正在等我开会，这个会早在十分钟以前就该开始了……”，或者“我现在又有一通从美国打来的长途电话，而这个电话事关重大”。

电话占去了我们许多时间，因此如果能把这项活动控制好，其他的事情便也能安排得井井有条了。

【心理学在这里】

人经常有一种错觉：不管来电者想要做什么，他的需要都比你当时所做的事都重要。正是这种错觉导致了人们在电话上浪费时间的不良习惯。

养成勤看钟表的习惯

一个国家经济发展的快慢，一个人能做多少事，这些需要综合统计的数字，往往会在一些日常生活中得到体现。有些鲜为人知的现象，不但能说明问题，而且也很有趣，其中以看表的次数多少，便可以得出惊人的结论。

世界上越是经济发展快的国家，人们看表的次数相对也就越多。越是发展缓慢的国家，人们看表的频率也就越低。无论在哪个国度里，人们每天看表的次数越多，经济的发展也就越快，这几乎成了一个不可颠覆的真理。而同一个国家中不同城市的人，每天看表的频率也有很大的区别。在特区深圳，人们每天看表的次数远远超过了一些内地城市。而在西部的省份，人们每天看表的次数，还不如深圳人的 25%。而农村与城市比较，城市人每天看表的次数则是农村人的 7 倍，甚至更多。而居住在非洲穷乡僻壤的土著人，可以十天半月不看表，依然是看着日头过活。

为什么看表的次数可以表明一个人成功的可能呢？这是因为越是做大事的人，就越需要精确地控制时间，因此他们才频繁地看表。

历史研究也可以得出同样的结论。在古代很长的一段时间内，中国的经济文化在世界上所有国家中都是最强大的，同时中国所拥有的计时工具也居于世界领先的地位。但是随着欧洲资本主义经济的发展，欧洲人发明了更为精确的机械钟表，而中国还在沿用古老的计时方法，在竞争中逐渐败下阵来。

据一项调查统计表明，在各行各业中，每天看表次数最多的人依次是：商人、高级秘书、企划人员、股市操作者和科研人员。这些人无意识看表次数更是惊人，他们常常因为对时间的焦虑，在一分钟里要数次地看表，完全成了一种习惯性的潜意识。而世界上那些极其繁忙的人，他们会把表要挂在最方便的位置，抬头就能看见，甚至会把表针牢牢地装在心里，看表只是在与内心的钟点对应，已经形成了一种纯粹的心理暗示。

在一个竞争激烈的社会．准都无法容忍让时间白白地溜掉。谁耽误了时间，无论是自己还是他人，都会引起人们的烦躁和不安。而一旦把事情做在了时间的前头，人们便会发出会心的微笑。

在这个世上，奋进的人，总是比那些悠闲的人看表的次数多。努力的人，总比那些没有目标的人看表的次数多。赢家与输家，往往首先是差在每天看表的次数上。在这看似没有什么特别的举动里，却暗藏着许多真理和玄妙。多看一次表，人生也许就会多生出一分精准；多看一次表，目标也许就会更近一分；多看一次表，进步大概就会再迈得大一些。

【心理学在这里】

经常查看钟表、手机、电子邮箱的习惯，对某些人来说已经达到了近乎于“强迫症”的程度。如果并不因此而感到苦恼，就可以保持这个习惯，否则也需要进行心理咨询。

在工作中多运用图表

图表是一种用来传递和表达信息的工具。很多人没有充分认识到图表所带来的种种好处，只是在某一天心血来潮时，随意绘制一张图表，当然图表给工作所带来明显的好处是不可能完全显现的。如果每天都能制绘一张图表，并让它成为你的习惯，坚持一个月，你就会看到图表真正的威力，你就会得到许多意想不到的收获——

第一次世界大战期间，美国工业在转向战时生产方面进展得并不顺利，供应物资的私人工厂分散在全国各地，政府机构却不能有效地协调它们的生产。物资不能按期运到，仓库里堆满了货物而且杂乱无章。

1911 年，甘特和埃默森等人受委托研究海军造船厂的组织管理工作，他们对如何掌握各个部门的庞杂的工作进行了反复的思考，然后提出了他们看法：根据数量来安排时间是错误的，时间才是制订所有计划的基础。甘特提出的解决办法是绘制一张标明计划和控制工作的线条图，管理人员能够从图中提供的信息中看出问题，以便使工程赶上计划的安排或者延迟货物的运输时间，还可以将预计完成任务的日期告诉管埋者。

由于人类的左右脑分工不同，绝大多数人物规划都是通过左脑的逻辑思维功能来完成的，这样不仅加重了左脑的负担，而且浪费了右脑的能力。而将右脑的形象思维能力与属于“线性规划”

的时间控制作业结合起来的唯一途径就是利用图表。通过图表，人可以在几秒钟之内了解整个任务的执行状况，如果通过文字则需要更长的时间。而且文字描述的内容与任务的复杂性是成指数变化的，也就是说，任务的复杂程度提高 1 倍，描述它的文字长度就要提高 3 倍，而用图表描述只需要提高 1 倍就可以了。

图表不仅可以帮助我们节约时间，而且可以使避免漫无目的的蛮干。图表可以使目标变得容易触摸和更加实际。因此，很多人将图表形象地称作“行动规划书”。制作图表的最大的好处就是可以将若干件事情进行先后次序的排列，可以清楚地告诉使用者哪些事情是应该做的，哪些事情是不应该做的。因为确定了事情的优先顺序，图表会帮助人们节约许多宝贵的时间。

每天绘制一张图表，不仅可以使我们对自己的目标更加清晰，而且当一天的工作结束时，检查当天的图表，就会很容易地发现哪些工作还没有完成，哪些工作还可以做得更好，从而使自己的积极性能够充分地发挥出来。每天抽出几分钟，对当天的工作和图表的内容进行小结和回顾。这个习惯只需要几分钟，却能使你拥有最高的效率。

【心理学在这里】

越复杂的图表，其传递信息的效果就越差。所以图表要简单明了，所要表达的信息务必要一目了然。

及时清理办公桌

很多时候，让你感到疲惫不堪的往往不是工作本身，而是因为你没有良好的工作习惯——不能保持办公桌的整洁有序，从而降低了工作的效率。

每天早上当你走进办公室，如果第一眼就看到你的办公桌上堆满了信件、报告、备忘录之类的东西，很容易立即陷入混乱、紧张和焦虑的情绪之中。

有些人没有养成整理办公桌的习惯，他们总能为自己找到借口，说自己是多么的忙，无暇分心在这些小事上，或是害怕清理东西时把重要的文件也一起丢掉。所以，他们总是把那些有用的和没用的文件都堆在办公桌上。还有的人认为杂乱是一种工作方式，他们还宣称在这种随意的工作环境中，他们的心情会更放松，而且那些重要的东西总会在大堆的文件中浮现出来。

其实办公桌面是否整洁，是标志着你能否有效控制时间的一个重要方面。杂乱无章的工作方式是一种恶习，是忙而无序的表现，不仅会加重你的工作负担，还会影响你的工作质量。在多数情况下，东西越堆越高，物件越杂乱无章，就可能浪费越多的时间。当你不能记起堆积物下层放的是什么东西时，或者你要为一个项目找到所有相关资料时，你就不得不在资料堆里埋头苦找。这样，一部分时间就浪费在查找丢失的东西上。更糟糕的是，随意放置的凌乱的东西会随时吸引你的注意力。当你在做某项工作的时候，视线也许会在不知不觉中被小纪念品、钟表或者照片吸引，然后你又不得不从头思索你刚才正在做的工作。

杂乱的办公桌不仅会加重你的工作任务，而且会影响你的工作热情。曾经有心理学家调查发现，67% 的人表示他们坐在办公桌前的时间比两年前增加了，大约有 40% 的人承认他们经常因为办公桌上杂乱的纸张、用品而感到焦虑。杂乱的办公桌还容易使人生病。经常性长时间工作，杂乱的办公桌以及错误的坐姿是导致“办公易怒综合征”这种新的都市病发生的主要原因。

首先，把办公桌上所有与正在做的工作无关的东西清理出来，把需要立即办理的放在办公桌中央，其他的按照类别分别放入档案袋或者抽屉里。这样做的目的是提醒你：现在所做的工作应该是此刻最重要的工作。一项工作做完后，一定要把相关的资料收拾整齐，并按照类别把它们放到合适的位置，千万不要把它们摊放在办公桌上。从办公桌上拿开目前不需要的书籍、文件，按照重要性和先后顺序的原则进行分类。

在每天下班前，可以抽出几分钟时间把办公桌收拾干净，这样你就可以结束当天的工作，迎接明天新的开始。

【心理学在这里】

办公桌的整洁状况也能够反映出一个人的能力和修养，整理办公桌的过程实际上也是整理你的思路的过程，不管你有多忙，也要保持办公桌的整洁有序。

加班不是好习惯

现代社会存在着激烈的竞争，每个人都会感到社会的挤压，并且将企业的、团体所受到的压力转化到了自己的头上。于是我们不得不经常牺牲正常的休息时间来加班。在有些行业、有些企业，超时工作甚至成为一种“文化”。这样短期内会给企业和个人带来经济上的收益，但是长期的危害却是巨大的。

长时间加班或超负荷工作会使人的精力和体力下降、易疲劳，容易引发心脏病、高血压、植物神经紊乱和内分泌失调等病症，人的生物钟规律被打乱后，抵抗力会降低，脑力劳动者的记忆力减退，脑筋运转不灵活，注意力不集中。加班不仅对个人来说具有危害性，对企业来讲也存在的安全隐患。

加班对女性的危害比男性更大。英国心理学家对 193 名男性和 229 名女性的日常工作、生活以及饮食习惯做了跟踪研究。研究发现，长时间的工作压力让女性更容易养成不健康的生活习惯。课题组成员达里尔·科诺表示：“比起她们的男同事，长时间工作的女性会吃更多高脂肪、高糖分的食物，做更少的运动，喝更多的咖啡。如果她们抽烟的话，也会抽得更凶。”而对于男性员工来说，加班对他们在运动、饮食和抽烟等方面造成的负面影响并不明显。专家指出，造成男女在压力面前表现差异的一个主要原因在于，男性不需要像女性那样承担多种工作，比如他们下班回家之后不需要像女性那样操持家务。

对于管理者来说，加班就更不是良好的工作习惯。如果管理者总是在超时工作，甚至要求员工跟着加班，从绩效方面来讲，会在整个公司形成人浮于事、办事拖拖拉拉的习惯，使公司的经营效率降低。长期超时超负荷的工作，至少可以说明管理者的时间管理做得不够好，他不懂得区分哪些是重要而又紧急的事情，哪些是很重要但不紧急的事情，哪些是不重要又很紧急的事情。

很多管理者每天把大量时间放在处理不重要但比较紧急的突发事件上，忙忙碌碌一整天，都在处理突发事件，结果使自己原来计划的重要事没有时间做，只好放在8小时之外完成。体现在管理上，则是领导者事事亲力亲为，没有对下属充分的信任和授权。事必躬亲的结果是自己累得半死，下属则无所事事。这就是管理者承担了原本由员工承担的责任。

如果你发现自己总是在加班，就要找出造成时间、精力不对等分配的原因，是工作方法上的问题，还是任务本身安排不合理。无论是何种原因，我们需要寻找到更好的解决问题的方法，积极寻求改变。依靠身体长期超负荷运行显然不是解决工作问题的办法。

【心理学在这里】

长时间的加班会使人对工作产生厌烦情绪，不仅容易丧失积极性，还会影响工作效率甚至出现安全事故。

不要把工作带回家

如果你在公司有忙不完的工作，还得把它带回家做的话，就需要好好考虑一下，让工作占据个人生活的宝贵时间是否值得。同时你也应该自问一下，这样做对你的生活有何影响。

如果你无法在正常的上班时间内完成任务，那么肯定是某一环节出了问题。也许是因为铺天盖地的信件，接连不断的电话，以及其他相对次要的事务掩盖住了真正需要做的工作，使你无法分清轻重缓急。如果事情真是这样的话，应该立刻采取措施，重新分配工作量，减去长达两个小时的工作午餐，或者聘用一位助理，这样你就可以做真正需要自己动手的事情了。

你可能会发现，把没有完成的工作带回家里最终会形成难以改变的坏习惯。最初这样做也许是真的有必要，但一旦事情做完了你却还不能够悬崖勒马，只会不由自主地忙碌下去。到了这一步你就要想一想：这样工作是否真的对你的事业有帮助？是否真的对你的公司有利？你的付出是否得到了应有的回报？这种工作方式能否让你有效地完成任务？你这么卖力地工作到底想证明什么？向谁证明？你想向其证明的那些人是否肯定你的工作成果和巨大付出？他们以后是否会继续肯定你的努力？通过辛苦的工作你的智慧与知识有没有长进？你是否期望从这项工作中获得除金钱奖励之外的好处？把工作带回家做是不是因为你在逃避什么人或什么事？

一两年以后，你再回首往事时，也许会觉得当初这么夜以继日地劳作并不值得，也许会后悔自己那时还不如多花些时间陪伴家人。为什么不去锻炼身体，保持健康？为什么不抽时间为居住的社区或周围环境尽尽力？为什么不训练自己在其他方面的技能，保持一种成就感？为什么不做做自己真正感兴趣的事？

即使你喜欢现在的工作，但过度的疲劳会最终颠覆你的生活。被工作完全占有的生活单调乏味，无休止的疲惫和紧张会吸干你的所有精力，使你与外界隔绝，把自己封闭在一个小小的世界中。你很难有时间思考，你的精神与智慧由于缺乏发展的动力而停滞不前，而你的头脑则会变得僵硬，无法领悟来自灵魂中的启迪与指引。而且当思维受到阻碍，你将无法再对这个世界有任何贡献，你存在的意义也变得模糊。

如果你认识到工作并不是你的生活的全部，有意愿改变这个习惯但又不可能完全放弃它，可以在开始改变的一周中尝试一两个晚上不把公务带回家。你也可以安排一些晚间活动，这样时间就不会被工作挤占了。

【心理学在这里】

把回家的路分成相等的两段。前半段想想工作，该怎么解决、如何执行。后半段听听音乐或者收音机，想想工作以外的事情，将情绪调整后再回家。

不要做工作的奴隶

现实生活中有许许多多的人被工作所奴役着。他们经常抱怨工作乏味，或抱怨工作过于紧张。对他们来说工作是被迫的，很少将工作看作是一种乐趣，看作生活的意义。

在很多人看来，只要他们得到财富、权势、名誉、利益之后，快乐也就会自然而然地随之而来，于是终日魔鬼般地工作，以取得财、权、名、利，但是等到他们耗费毕生精力之后才恍然大悟，快乐非但没有来，反而换来了诸多的痛苦。其实，快乐只是一种生活的态度，一种内心的感觉，快乐原本很简单，并不需要费太大的精力甚至将自己沦为工作的奴隶去获得——

有个百万富翁去海边度假，看见一个渔民在海滩上晒太阳。于是富翁就对渔夫说："你为什么不去努力工作？"

渔夫问："为什么要去努力工作？"

富翁说："那可以使你赚很多钱，然后你就可以和我一样，悠闲地在海边晒太阳了。"

渔夫反问道："那你认为我现在正在干什么？"

有的人认为这种工作状态与社会的富裕程度有很大的关系，要是有一天，科技发展到许多事情都可以让机器人来完成，它们每天能为我们生产足够用的东西，那么，工作自然无法奴役我们。这种说法似是而非。实际上，我们比我们的祖先的科技要发达的多，工作时间也要多得多。那么，我们怎么能期待我们的后代可以凭借科技发展来摆脱工作的奴役呢？

实际上，成为工作的主人或者是奴隶，与我们的工作目的有关。不管是为了老板还是为了金钱而工作，我们都会成为工作的奴隶。为了老板而工作，老板是否在场会影响我们的工作；为了金钱而工作，钱多钱少会影响我们的工作。只有将工作视为人生的价值、人生的欢乐时，我们才有可能成为工作的主人。

工作不只是为了一份薪水，为了养活自己和家人，它除了满足物质上的需要之外，也可以寻找精神上的充实。首先要端正心态：工作不是你的敌人。如果你觉得日复一日的工作枯燥无味，每天需要完成的任务是心理的重负，面对形形色色的人时非常烦闷，而面对一件又一件的问题，你又越来越丧失信心和勇气。这样的话，你就是把工作看成了自己的敌人。

其次，要学会工作。要强调指出的是，找到解决工作问题的方法，把工作中的关键环节找到，不断地把大的、庞杂的甚至复杂的工作分解成一个个目标明确、环环相扣的具体工作环节，做到战略上轻视它，战术上重视它，这样就将工作的被动状态转换成了主动状态。也只有这样，你才能体验和享受到“主人翁”式的工作感是一种什么样的境界。

【心理学在这里】

工作过程中定会遇到不如意的事情，所以要学会从积极的一面看待问题。这样就可以消除工作中的不快乐，让自己在工作的长进过程中享受快乐。

失业了怎么办

拥有一份满意的工作，是幸福生活的基本保证。工作是必需的，对某些人来说，即使只能暂时拥有一份不甚满意的工作，也是一种幸事。工作不仅仅是为了挣钱，养家糊口，更是个人价值观的体现。工作能够使人达到自我实现。如果失去了工作，面临的不仅是经济危机，更重要的是心理上的失衡，个人价值观的丧失，自尊心的损伤。这些都会使人产生比经济危机还重的精神压力。因此，工作与人们的心理健康密切相关。

失业者心理上容易出现挥之不去的对家庭的内疚感和负罪感，对以后的生活失去了信心，一蹶不振，不愿再去寻找新的工作。部分失业者认为自己失业的原因是自己的无能，整天陷入了抑郁和苦闷之中不能自拔，产生强烈的自卑心理，认为自己处处不如人，以至于不愿与人交往，借打牌、吸烟、喝酒等不良嗜好打发时间，不愿面对未来。也有的失业者把自己失业的原因都归结于社会和他人，对所有的人都产生了不满的情绪。失业者在感到怨恨、苦闷之余，更多的是感到焦虑不安，为家庭的生活担心，为自己和家人的前途担心，久而久之，变得脾气暴躁。

心理健全的人应该能够客观公正地评价自己，期望值不可以高不可攀，也不会太低。他们能正视自己的优缺点，也能正视眼前的现实。但重要的是能想到，每一个人都会面临失业的危险，其他人能够坦然面对，为什么只有自己给自己戴上精神枷锁而不能解脱？虽然失去了原来的工作，但是不等于不能选择新的岗位。有了这种积极的心态，就能把注意力引导到通过自己的努力实现再就业这方面来，从而发掘出很多以前自己也没有认识到的潜力，找到一条成功的再就业之路。

史蒂夫·乔布斯20岁时就和伙伴办起了苹果公司，10年后发展成为一个市值20亿美元、拥有4000多名员工的大企业。但是这时，他与公司的总经理对公司前景的看法开始出现分歧，结果董事们全都站在总经理一边，把乔布斯“踢”出了苹果公司。

经过几个月痛苦的折磨，乔布斯决定从头开始。他开办了一家名叫 NeXT 的公司和一家叫 Pixar 的公司。Pixar 公司推出了世界上第一部用电脑制作的动画片《玩具总动员》，成为全球最成功的动画制作室。后来苹果公司买下了 NeXT，乔布斯又回到了苹果公司重掌大权。

莎士比亚说：“聪明人永远不会坐在那里为他们的损失而哀叹。”失业永远不会压垮人，只会使人变得更坚强。因此无论是从零开始的创业者，还是重新找到工作的再就业者，都会十分珍惜来之不易的工作机会，对工作尽职尽责，做出了自己最大的努力，从而也找回了自尊，实现了自我价值。

【心理学在这里】

失业和就业一样，都可以看作是暂时的状态，失业者首先要战胜自卑，相信自己的智力和才能。

第四章
社会交往的心理学

人际关系是人与人之间在活动过程中直接的心理上的关系或心理上的距离，它反映了个人或群体寻求满足其社会需要的心理状态。人在社会中不是孤立的，而是通过和别人发生作用而发展自己，实现自己的价值。所以社会交往是生活中不可缺少的组成部分，使幸福感的重要源泉。

构建良好的人际关系

要想成就事业，就要善于沟通，建立和谐、良好的人际关系。哲学告诉我们：事物的发展存在于个性与共性之间。发挥自己的沟通能力，为自己营造一个良好的人际氛围。只有这样，才能为自己的人生铺垫更为宽阔的道路。

美国著名的社会心理学家斯坦利·米尔格兰姆发现了“六度分离”理论。它起源于一个“小世界现象”的假说，意思是任何两个素不相识的人中间最多只隔着6个人。米尔格兰姆招募到300名志愿者，请他们邮寄一封信函给一名股票经纪人。由于几乎可以肯定信函不会直接寄到目标，他就让志愿者把信函发送给他们认为最有可能与目标建立联系的亲友，并要求每一个转寄信函的人都发一封信给他本人，以追踪信件的去向。最后，有60多封信最终到达了目标手中，并且这些信函经过的中间人的数目平均只有5个。

人际交往是人类特有的需要，是在人的社会历史发展过程中产生的，是人类不可缺少的生活方式，也是人类的本质表现。现代心理学和社会学的研究已证实，良好的人际关系具有四大功能。

首先是产生合力。平时，我们常说的“人多力量大”，“团结就是力量”，“人心齐，泰山移”，就是这个道理。在现代社会，分工细化，竞争残酷，单凭一个人的力量是根本无法取得事业上的任何成就的，只有借助众人之力，才有可能创造辉煌的人生，而要获得众人的帮助，使之上下一心，攻克目标，那就必须学会搞好人际关系。

其次是形成优势互补。俗语说：一个篱笆三个桩，一个好汉三个帮。一个人，即使是天才，也不可能样样精通。所以，他要完成自己的事业，就必须善于利用别人的智力、能力和才干。在一个人开拓自己的事业时，总要遇到自己力所不能及的困难，这时，良好的人际关系则会助你一臂之力，为你扫清障碍。

第三，人是一种感情动物，必须时刻进行感情上的交流，需要获得友谊。在迈向成功的道路上，要想坚持到底，仅仅依靠信念的支撑是不够的，还必须有友谊的滋润。良好的人际关系会使你获得一种强大的力量和热情，在成功时得到分享和提醒，在挫折时得到倾诉和鼓励，这必将会有助于你心理的有益平衡，从而有勇气地迈向新的征程。

最后，在现代社会中，掌握了信息就等于是把握住了成功的机会。广交朋友，善处关系，是一条十分有效的获取信息的途径，这样，你就能够在竞争中始终处于一种领先的地位，然后再取得事业上的成功。良好的人际关系有时就是一笔巨大的投资，必然会在你需要的时候给你丰厚的回报。

【心理学在这里】

良好的人际关系会使人变得活泼，富有进取精神，充满干劲。反之，生硬的人际关系，会把自己置于重重障碍之中，限制自己的发展。

互惠是人际关系的基础

人际关系不是表现爱的公开集会，而是为符合双方持续需求所形成的一种关系。你付出，便有收获；没有付出，就没有收获。有些人际关系建立在纯粹的友谊上，有些则根据需要而来往。我们与朋友来往，是因为我们喜欢他们；我们与其他人来往，是因为他们有我们所需要的东西，反之亦然。重点是，如果我们只与自己喜欢的人做交往，就无法生存太久。所以，我们还要学会与自己不喜欢的人交往，学会与我们的“仇家”合作，这种合作可以促进“互惠”或“双赢”。

战国时期，公子纠与公子小白争夺王位，鲍叔牙辅佐公子小白，而管仲则为公子纠出谋划策。最终公子小白当上了齐国国君。公子小白想拜鲍叔牙为相，鲍叔牙却说：“主公如果想统治齐国，任我为相就足够了，而如果想一统天下，则非拜管仲为相不可。”最终，公子小白任用管仲，终成为一代霸主。

鲍叔牙虽然不及管仲有才华，但却能坦然欣赏管仲的优点和长处，并大力举荐，从而获得了天下人的称赞，并借此得以留名青史。

人为什么要与人交往？尽管具体的交往动机各不相同，但最基本的动机就是为了从交往对象那里满足自己的某些需求。人际交往中的互惠互利，是合乎我们社会的道德规范的。

人类天生就有与别人共处、与别人交往的本能需要；只有在与别人的正常交往中，保持一定的情感联系、形成亲密的人际关系，人才会有安全感；人类的这种本能需要影响和制约着个体的健康成长和发展。

功利原则是人际交往的基本原则之一。人们都希望交往有所值，例如希望在人际交往中获得支持、关心、帮助、感情依托等等。那些对自己来说是值得的，或是得大于失的人际关系，我们就倾向于建立和维持；无所得的人际交往、不值得的人际关系，我们就倾向于逃避、疏远或终止，否则我们无法保持心理平衡。

在建立人际关系的过程中，“互惠”所指的主要是利益的交换，尤其在商业领域，竞争对手也是相对的。当企业抱着良好的愿望去发展同对手的友好关系时，对手也会变成该企业经营必不可少的“朋友”，促成共事双方的优势。

生活中常常有人抱怨朋友没有友情，其实，说白了往往是自己的某种需要没有获得满足，而这种需要又往往是非常功利的。

所以，我们不必一味追求所谓的“没有任何功利色彩的友情”。我们只需要坦率地承认以下三个事实：互利，是人际交往的一个基本原则；既要感情又要功利，是人际交往的一个常规策略；需求平衡利益均等，是人际交往的一个必要条件。

【心理学在这里】

人的交往需要的是在个体发展进化过程中逐渐形成的适应社会生活的能力，是一种通过遗传直接传递给后代的本能。

君子之交淡如水

古人认为，朋友之间有“通财之义”，也就是说借给朋友钱花，是理所应当的。但是又有俗语说“朋友不通财，通财两不来”。其中的矛盾该如何解释呢？

应该说，互惠虽然是人际关系的基础，但是良好的人际关系是超出物质上的互惠的。就好像人类所特有的爱情是超出一切生物的繁殖本能一样，最好的人际关系也应当是“其淡如水”的君子之交。

唐朝贞观年间，大将薛仁贵尚未得志之前，与妻子住在破窑洞中，衣食无着，全靠王茂生夫妇接济。后来薛仁贵参军，跟随唐太宗李世民御驾东征，立下大功，被封为“平辽王”。一登龙门，身价百倍，前来王府送礼祝贺的文武大臣络绎不绝，可都被薛仁贵婉言谢绝了。他唯一收下的是普通老百姓王茂生送来的“美酒两坛”。可是坛中装的不是美酒而是清水。

薛仁贵说：“我过去落难时，全靠王兄资助，没有他就没有我今天的荣华富贵。如今我收下王兄送来的清水，因为我知道他家境贫寒，送水也是聊表心意，这就叫君子之交淡如水。”此后，薛仁贵与王茂生一家关系甚密，“君子之交淡如水”的佳话也就流传了下来。

庄子说：“且君子之交淡若水，小人之交甘若醴；君子淡以亲，小人甘以绝。”品行高尚的人与道德低下的人交往方式不同，最后的结果也不同，“甘若醴”，看上去甜甜蜜蜜，实际上这种交往只不过是表面的“亲昵”，没有牢靠的基础，友情是不真挚的，当然不会长久，一有风吹草动，便至于绝交，所以庄子说它“甘以绝”。君子间的交往就不同了，看上去“淡如水”，可是它的基础根深蒂固，牢不可破。

《礼记》中也有一段解释：“君子之接如水者，言君子相接，不用虚言，如两水相交，寻合而已。”说得十分形象生动。君子之间的友谊是真挚的、不虚伪。这样的交情，恰像两杯水相合，十分自然、融洽。小人之交以利相动，彼此建立在利害关系上，一旦利害冲突，往往反目为仇。而君子之交则以道相合，无利可图，相互交往“淡如水”，然而正因为他们有共同的事业，高尚的生活理想，一致的追求目标，所以志同道合的友谊，经得起时间的考验。“淡以亲”三字便是从形式到实质作了恰如其分的概括。

小人和君子的区别在于对人世的态度。小人不信任任何人，为的是保护自己。刻意的结交有用的人是为了有利于自己。所以说，君子之交不以财记，重视友情而视钱财如粪土，才能做到“通财之义”。而小人之交却斤斤计较，反而会有“通财两不来”的现象发生。

【心理学在这里】

交友不能以安全为最高目的。人不但要有能生死与共、患难不移的朋友，也要善于和有缺点、错误甚至是反对自己的人交朋友。

把握好自己的社会角色

一个人说话、办事，首先要考虑自己所处的位置，再根据这个位置的要求来说合适的话，做合适的事。如果不顾时机、不分场合，即使是好话、好事，也得不到应有的重视，甚至会引起别人的嘲笑。《战国策》中记载了这样一个寓言故事——

卫国有人迎娶新娘，新娘上车后，就问：“两边拉套的马是谁家的马？”车夫说：“借来的。”新娘对车夫说：“那就鞭打两边拉套的马，不要鞭打驾辕的马。”

车到了新郎家门口，扶新娘下车时，她又对送新娘的老妇说：

“把灶火灭了，以防失火。”

进了新房，看见舂米的石臼，说：“把它搬到窗户下面，免得妨碍室内往来的人。”

新娘这几次说的话，都是切中要害的话，然而不免被人笑话，这是因为新娘刚过门，就说这些，失之过早了。

个人离不开他人和社会，每一个人在世界中生活都要与他人和社会（包括各种不同的社会共同体）打交道。然而，每一个人在与他人和社会打交道的时候身份并不是完全相同。这种个人在与不同的人和不同社会共同体打交道时的不同身份，就是个人的社会角色。

社会角色作为人在社会中的身份，是人在与他人和不同社会共同体发生关系过程中形成的。人在一生中，要与他人和不同社会共同体发生无数的关系，因而人的社会角色是很多的，而且随着年龄、职业等各种因素的变化而变化的。

社会角色并不只是人的社会身份的标志，更重要的是，它意味着人的各种社会规定性，是人的社会规定性的根据。人有什么样的社会角色就有什么样的社会规定性，人们对于这种社会规定性的看法就是角色期待，任何悖逆于这种角色期待的行为都会给人带来不良的反馈。比如一个男人有了孩子，在家里已经扮演起父亲的角色，那你就应当懂得社会对父亲角色的一些特殊要求，例如严肃、成熟、积极言语孩子。如果他把孩子扔在家里成天出去玩，就会让人认为他“不像个爸爸”，从而降低他的社会评价。

每个人都有他的社会角色，但是值得注意的是，每个人又都不仅仅有一个社会角色。比如一个人在家里是父亲，在单位是经理，在父亲眼里是儿子，在儿子眼里又是父亲……在不同的时间场合下，我们需要扮演不同的角色。每个人都是多个角色的立体组合。既然有多个角色，就存在不同角色之间的转换问题。从一个场合换到另一个场合，你的角色也要做出相应的转换。如果转换不顺畅或者拒绝转换，也会让我们遇上麻烦。

【心理学在这里】

言而无信的实质是当事人在明确角色期待情况下的角色实践的失败。所以作为个体成员，要努力使自己的角色行为与社会期待相一致，不断纠正角色实践中的偏离倾向。

学会与他人合作

一个巴掌拍不响，众人拾柴火焰高。每个人的一生都是生活在群体生活中，很多事情的完成需要借助他人的力量才能完成，这就必然促使我们学会合作。就是说做有些事情，必须发挥集体的力量优势才能顺利完成。

一个小男孩在院子的沙坑里玩耍。他在沙坑里发现一块巨大的岩石，就开始挖掘岩石周围的沙子，试图把它从沙坑中弄出去。他的力气很小，而岩石却很大，他下定决心，用尽了各种方法，一次又一次地向岩石发起进攻，可是，每当他刚刚觉得取得了一些进展的时候，岩石便滑落了，又重新掉进了沙坑。最后，他伤心地哭了起来。这整个过程，男孩的父亲从窗户里看得清清楚楚。

父亲来到了他跟前说：“儿子，你为什么不用上所有的力量呢？”

“但是我已经用尽全力了，爸爸。我用尽了我所有的力量！”

父亲弯下腰，抱起岩石，将它搬出了沙坑，说：“不对，儿子，你并没有用尽你所有的力量。你没有请求别人的帮助。”

人类在本性上是群居的动物。从一般意义上看，人作为一个社会成员，有着强烈的合群需要。交往可使个体在心理上产生一种归属感和安全感，有助于形成良好的心境，维持机体平衡，保持身心健康。

生活中，那些善于或乐于交往的人，精神生活往往更丰富，身心也更健康；反之，那些孤僻、不合群的人，往往有更多的烦恼和难以排遣的忧愁，因而会有更多的身心健康的问题。如果长期无法满足交往需要，就可能由于孤独、寂寞，导致精神失常。

另外，从个体健康发展的角度看，人际交往也有着极其重要的意义，因为交往在个体的社会化过程中发挥着不可缺少的作用。在世界上有很多的动物，它们都无法战胜人类而成为世界的主宰。这是为什么呢？

因为这些猛兽总是独来独往，而人类很早就学会了合作，并以此在世界上立足。后来人类又学会了交换（这是任何其他动物都不具备的行为），使人类在区区数千年的时间里就统治了地球。而上一位地球的霸主——恐龙——完成这个任务用了好几百万年。

在通往成功的路上，抱着顽强的态度与执著的精神固然不错。但个人的力量毕竟是有限的。拥有良好的人际关系，学会合作与双赢，借助群体的力量，才能使人迅速成功。

无论如何，人都不能把自己孤立起来，这是经过科学证明的。因此，必须与他人保持频繁的接触，只有这样才能让你在社交中脱颖而出。那些自命不凡的人孤立地生活在自己的世界里，他们没有意识到自己的渺小与局限。这种孤立的境地使他们更加孤陋寡闻。

【心理学在这里】

优越而从容的技巧是在与人交往的过程中逐渐培养起来的，离群索居只能导致孤立。

应当婉转地表示拒绝

接纳是人际交往的基本原则，但是接纳不等于照单全收，有些事情是要拒绝的，比如拒绝不合适的馈赠，拒绝不情愿的邀请，拒绝不合理的要求，都是难以避免的事。拒绝别人，虽然会给双方带来一时的尴尬，但是本着负责任的态度，理性选择的拒绝，也是维护正常社会关系的必要条件。

通常，拒绝应当机立断，不能含含糊糊，态度暧昧。但是态度和手段是不同的，态度坚决不等于手段生硬，具体的拒绝方式是颇有讲究的。拒绝的时候应该摈弃直言直语的习惯，因为直言直语的习惯往往会令被拒绝的人感到没有面子。用温和曲折的语言，去表达拒绝之本意，与直接拒绝相比，它更容易被接受。因为它在更大程度上顾全了被拒绝者的尊严，所以是对人际交往影响最小、最应该学习和揣摩的方式。

对方提出某项事情的请求，你却有意识的回避，可以把话题引到其他事情。这样既不使对方感到难堪，又可逐步减弱对方的企求心理，达到婉转谢绝的目的。对于别人的请求，不要一开口就说“不行”，而是表示理解、同情，然后再据实陈述无法接受的理由，以获得对方的理解，使其自动放弃请求。实事求是地讲清自己的困难，同时热心介绍能提供帮助的人。这样，对方不仅不会因为你的拒绝而失望、生气，反而会对你的关心、帮助表示感谢。对方提出请求后，不必当场拒绝，可以采取拖延的办法。你可以说：“让我再考虑一下，明天答复你。”这样，既使你赢得了考虑时间，又会使对方认为你是很认真地对待这件事情。

有人曾将邀请庄子做官。庄子说：“你看到过太庙里被当作供品的牛马吗？当它们未被宰杀时，披着华丽的衣料，吃着最好的饲料，的确风光。但是进了太庙，就被宰杀成牺牲品。你是愿意做这些牛马，还是愿意做一只猪，自由地在泥塘里打滚呢？”来人一听，就知趣地走了。

还可以通过身体姿态或非直接的语言，更加委婉地把自己拒绝的意图传递给对方。比如你希望中断交谈时，可以转动脖子、用手帕擦拭眼睛或者按太阳穴，这些看似漫不经心的小动作意味着一种信号：我累了，希望早一点停止谈话。显然，这是一种暗示拒绝的方法。此外，微笑的中断、较长时间的沉默也可表示对谈话不感兴趣、内心为难的心理。当然，也可以是语言暗示，如：“找我有什么事吗？我正打算出去。”“还要给你添些茶吗？”等等，从而间接表达了拒绝的愿望。

拒绝通常是困难的，但是只要明白为什么拒绝，以及怎样拒绝，使婉转的拒绝成为习惯，拒绝就不会成为人际沟通的障碍。

【心理学在这里】

有信用者必不多言，有才谋者不必多言，有道德的人绝不乏言。

评价别人要全面

在社会交往的过程中，人与人之间的关系是由双方的交往态度所决定的。而个人对他人的评价会直接影响他对待别人的态度，从而改变双方的人际关系。如果一个人对他人的评价是错误的，自然就会让他们之间的关系向着不利的方向发展。

然而，准确地评价他人并不是一件容易的事情，这是因为一种称为“晕轮效应”的心理现象的影响，使得人们产生了用某个突出特征来评价他人的习惯。

晕轮效应是由美国心理学家凯利提出的，指人们看问题时像“日晕一样，由一个中心点逐步向外扩散成越来越大的圆圈，是一种在突出特征这一晕轮或光环的影响下而产生的以点代面、以偏概全的社会心理效应”。在人际交往中，人们常从对方所具有的某个特性而泛化到其他有关的一系列特性上，从局部信息形成一个完整的印象，即根据最少量的情况对别人做出全面的结论。这实际上是个人主观推断的泛化和扩张的结果。

在晕轮效应的作用下，人们在判断别人时产生一种倾向：首先把人分成“好的”和“不好的”两部分，一切好的品性都加在被列为“好”的那部分人身上，一切不好的品性都加在被列为“不好”的那部分人头上。如果认识到一个人具有某种突出的优点，就认为他其他方面也都好，这个人就被一种积极肯定的光环笼罩，并被赋予更多好的品质；相反，如果认识到一个人具有某种突出的缺点，这个人就被一种消极否定的光环笼罩，认为他其他方面都不好。

有一项实验：让被试者看一张卡片，上面写着一个人的五种品质：聪明、灵巧、勤奋、坚定、热情。看后让人想象一下这是个什么样的人，结果普遍想象成一个友善的好人。然后把卡片上的“热情”一词换成“冷酷”，顺序变成：聪明、勤奋、坚定、冷酷、灵巧。再让大家想象一下这是一个什么样的人，结果是人们普遍推翻了原来的结论，变成了一个可怕的坏人。这说明“热情”和“冷酷”这两个品质产生了掩盖其他品质的晕轮效应。

由于光环效应使得人们仅仅根据他人的某个突出特点去评价、认识和对待人。所以，它是一种把我们引入对人知觉误区的社会心理习惯，也是一种人际认知偏差，容易影响对人评价的准确性和可信度，必须加以预防和纠正。

在认识结交朋友时，孤立地以貌取人、以才取人、以德取人、以某一言行取人，以某一长处或短处取人，都属于晕轮效应的负面影响，是不正确的社会知觉，必然会阻碍正常的社会交往关系的建立。

晕轮效应有时使人很难分辨出好坏与真伪，容易被人利用。所以，我们在社交过程中，应该做到“害人之心不可有，防人之心不可无”，具备一定的防范意识。

【心理学在这里】

晕轮效应实际上是个人主观推断的泛化和扩张的结果。

真诚的赞美赢得友谊

当有人真诚地称赞你的时候，美好的感觉会使你的精神振奋很长一段时间。人们需要称赞，就像人们需要食物一样。没有称赞，人们就会变得脆弱，就容易受到各种不良思维的侵扰；没有称赞，人的精神免疫系统就会停止运作。真诚的称赞是使人内心保持坚强的燃料，它使人快乐。

其实，表现出喜爱我们的人，才真正掌握了我们人性的弱点。他们不仅让我们当时体验到了愉快的情绪，还让人类最强烈的渴望——“受人尊敬”得到了满足。和他们在一起，我们拥有的是快乐，我们也回报他们以同样的友好与热诚。于是，他们在我们的眼中是友好、热忱、高大、可信的形象。如此的简单，不需要任何努力和代价，仅仅是由于他们表现出对我们的喜爱，我们就把同样的桂冠也戴在他们的头上了。

称赞别人是个重要的人际关系技巧。社会心理学家阿尔森和林顿曾作过一个有名的试验。在试验中，他们把两名试验助手有意安排在被试验的人中，让被试验的人误以为这两位助手也是参加试验的人。假设被试者叫 A，两个助手分别叫 B 和 C。试验的过程是这样的——

假装让三个人合作去完成一项预定的工作。在第一次“合作”后，三个人被安排去休息。在这段时间，两个助手（B 和 C）有意在 A 的背后谈论起他，而且设法让 A 听到这段谈话。

B 用赞扬的口气说自己很喜欢 A，而 C 则用否定的态度评价 A。在休息结束后，他们进行了第二项合作。在所有的合作结束后，A 被要求评价自己的两位合作伙伴，并表示自己对他们的喜爱程度。A 的评价并不让人吃惊，他喜欢 B——那个曾表示喜欢自己的人，而不喜欢那个对自己持否定态度的 C。

在人际交往心理学上，把这一结果称为“人际吸引的相互性原则”，即“我们喜欢那些喜欢我们的人”。

所以，学会真诚地称赞人们是非常重要的，因为它把人们内心最好的东西发掘出来了。你的赞美必须是真诚的，千万不要说不是发自内心的话。如果你这样做了，当你真的要严肃的时候，人们就不会相信你了。有很多事情可以让你真诚地称赞别人，你没有必要说不真心的话。当称赞是针对某一件事情的时候，它就会更有力量。称赞越广泛，它的力量越弱。所以，当称赞别人的时候，要针对某一件具体的事情。慷慨大方地使用你的称赞，时刻注意可以称赞的人和可以称赞的事情。你每次称赞别人都有巨大的附带利益，它会使你同时得到满足。所以，每天起码要称赞3个人。

【心理学在这里】

如果你把称赞的焦点放在人们所做的事情上，而不是放在他们身上，人们就会更容易接受你的称赞，而不会引起尴尬。

不念旧恶，宽以待人

情感再深厚的朋友之间也难免少不了一些“麻烦”，比如意见不合、经济纠纷。这些“麻烦”可大可小，处理不好就会造成友情断绝，甚至反目为敌。如果处理得及时妥善，就会使人尽释前嫌。

唐朝宰相陆贽，曾偏听偏信，认为太常博士李吉甫结伙营私，便把他贬到明州做长史。不久，陆贽被罢相，贬到明州附近的忠州当别驾。后任的宰相明知李、陆之间的私怨，便玩弄权术，特意提拔李吉甫为忠州刺史，让他去当陆贽的顶头上司，意在借刀杀人。不料李吉甫不记旧怨，上任伊始便特意与陆贽饮酒结欢。对此，陆贽深受感动，便积极出点子，协助李吉甫把忠州治理得一天比一天好。李吉甫不念旧恶，宽待了别人，也帮助了自己。

因此，我们今天的朋友要应记住，朋友之间有“麻烦”是正常的，及时妥善处理才是最重要的。发生争论时，正确的态度应该是“求同存异”，“求同”以在争论中提高；“存异”以使不同的观点存在。正确的方式是不要正面冲突，使争论以缓和方式进行，正面冲突容易让双方都下不来台，会由争论变为争吵，甚至升级为打骂也是有可能的。最好的办法是避免在朋友间出现争论，要做到这一点必须持这样一个标准：原则问题可以争论，细枝末节的东西大可不必争个“你死我活”。这样，在你和朋友间出现争论的机会就少得多。

朋友之间的纠纷，如果双方坦诚相待，还是能够达成一致的解决办法的。只要不存在欺诈，是不难解决的。

朋友之间发生歧见时，要继续保持忠诚和信任，不能因为双方存在歧见而诋毁朋友，甚至在某些场合还维护朋友的威信、观点，始终相信朋友的优良品质。暂时拉开距离，有利于双方的歧见处在一个“冷冻”状态，避免歧见继续扩大。同时也要积极寻求解决之道。不要让歧见一直成为屏障隔在两人之间，积极地想出一些解决办法来消除歧见，达成共识。歧见存在时间愈久，副作用愈大。

古人云：“人之有德于我也，不可忘也；吾有德于人也，不可不忘也。”这句话的意思是：别人对我们的帮助，千万不可忘了，反之，别人倘若有愧对我们的地方，应该乐于忘记。

乐于忘记是成大事者的一个特征，既往不咎的人，才可甩掉沉重的包袱，而大踏步地前进。人要有“不念旧恶”的精神，况且在朋友之间，在许多情况下，人们误以为“恶”的，又未必就真的是什么“恶”。退一步说，即使是“恶”吧，对方心存歉疚，诚惶诚恐，你不念旧恶，以礼相待，说不定也能改“恶”从善，尽心来报答你的宽容之情。

【心理学在这里】

不良的人际关系往往呈双向性。主动与朋友修好，不但不会失面子，反而显得更为大度和宽容，更加有利于消除对方的成见。

要习惯说“我们……”

用“我们”代替“我”，可以缩短你和其他人之间的心理距离，促进彼此之间的感情交流。

那些自我意识刚刚开始发展的儿童，经常会说“这是我的东西”或“我要这样做”。这种说法是由于他们的自我显示欲直接表现所造成的。但有时在成人世界中，也会出现如此说法，而这种人不仅无法令对方有好印象，可能在人际关系方面也会受阻，甚至在自己所属的团体中，形成被孤立的局面。

专门研究社会心理学的库尔特·勒温曾经做过一项著名的实验。他选编了三个实验小组，并且分派三个人分别饰演“专制型”、“放任型”和“民主型”的领导人，然后对这三个团体进行意识调查。结果，民主型领导人所带领的这个团体表现了最强烈的同伴意识。研究中有一个有趣的发现，就是这个团体中的成员在交谈中一般使用“我们”这个词，而不说“我”。

经常听演讲的人，大概都有过这样的经验，就是演讲者说“我这么想”比“我们是否应该这样”更能使你觉得和对方的距离接近。因为“我们”这个词，也就是要表现“你也参与其中”的意思，所以会令对方心中产生一种参与意识，按照心理学的解释，这是“卷入效应”在发挥作用。

事实上，我们在听别人说话时，对方说“我”、“我认为……”带给我们的感受，将远不如他采用“我们”、“我们认为……”的说法，因为这种说法可以让人产生团结意识。

因此，会说话的人总会避开“我”字，而用“我们”开头。例如“我建议，今天下午……”，可以改成“今天下午，我们……好吗？”

在员工大会上，你想说：“我最近做过一项调查，我发现有些员工对公司有不满的情绪，我认为这些不满情绪……”如果你将这段话的三个“我”字转化成“我们”，效果就会大不一样。说“我”有时只能代表你一个人，而说“我们”代表的是公司，代表的是大家，员工们自然容易接受。

如果不得不用“我”字时，要以平缓的语调将其淡化，既不把“我”读成重音，也不把语音拖长。同时，目光不要逼人，表情不要眉飞色舞，神态不要得意洋洋，你要把表述的重点放在事件的客观叙述上，不要突出做事的“我”，以免使听的人觉得你自认为高人一等，觉得你在吹嘘自己。

一个满嘴“我”的人，一个独占“我”字、随时随地说“我”的人，是一个不受欢迎的人。在开口说话时，我们要注意这样的习惯上的细节，多说“我们”。用“我们”来做主语，以此来制造彼此间的共同意识，对促进我们的人际关系将会有很大的帮助。

【心理学在这里】

在人际交往中，过分强调“我”，会给人突出自我、标榜自我的印象，这会在对方与你之间筑起一道防线，形成障碍，影响别人对你的认同。

懂得察言观色

“言”与“色”是心灵的反光镜。察言观色是一切人情往来中操纵自如的基本技术。不会察言观色，等于不知风向便去转动舵柄。直觉虽然敏感却容易受人蒙蔽，懂得如何推理和判断才是察言观色所追求的顶级技艺。如果说观色犹如察看天气，那么看一个的脸色应如“看云识天气”般，有很深的学问。

《红楼梦》中，刘姥姥初进大观园，就演出了一场“察言观色”的好戏，展示出她非凡的人际交往能力——

贾母得知刘姥姥已经 75 岁了，感慨地说：“这么大年纪了，还这么健朗。比我大好几岁呢。我要到这么大年纪，还不知怎么动不得呢。”刘姥姥就笑道：“我们生来是受苦的人，老太太生来是享福的。”使贾母十分高兴。

后来她和贾母聊天讲故事，因为“抽柴”的故事“引发”了火灾，使贾母不高兴，就换了个“观音送子”的故事，让所有的人都高兴了起来。

有些人认为刘姥姥是为了得到赏赐而故意讨好贾母。这样说没有错，但是却忽视了她世事洞明，人情练达，富有心机而不露痕迹的一面。

人们的言行有时是简单外露的，对它的体察是容易的；有时是复杂隐蔽的，对它的体察就比较困难。对于察言观色的“察”与“观”，必须要细致入微，千万不要因为对方看上去似乎毫无反应，就断定他是傻瓜，正如看了悲剧，有人流泪，有人木然，你不能说木然的人就没有被感动。

社交中的察言观色，说到底是对对方言谈举止神态表情的微妙变化及其含义进行捕捉和判断，是一个“由表及里”的过程，最重要的是设法捕捉最能反映思想活动的典型动作和典型部位，也就是“语言点的定位”。眼、手、腿、脚都可能是“语言点”的所在。其中应该特别注意对方的手，尽管许多人可以巧妙地掩饰很多种情绪，而愤怒时却要握紧双拳，或是将纸烟、铅笔之类的东西捏坏，甚至可能两手发颤；兴奋紧张时，双手揉搓，或者简直不知道该把手放在什么地方；思索时，手指在桌面、沙发扶手、大腿等地方有节奏地轻敲，是一个普遍的动作。

任何一个人，对自己神情的掩饰，都不可能达到绝对的滴水不漏。关键问题是，你在对方错综复杂的神情变化中，能否准确判明哪个变化是有决定性的。对于机智的人来说，其弥补失误的本领也是异常高超的，他不可能让你长时间地洞悉到他的破绽，因此，时机对你非常宝贵。

至于究竟什么才是这种“决定性瞬间”的具体显现，那只能具体情况具体分析，凭借你的经验和感觉来定夺，没有固定模式可循。

【心理学在这里】

漫无边际地谈些与正题无关的话，目的在于观察对方的兴趣、爱好、习惯和学识等情况。若有若无地用一些对对方具有吸引力的话题，就可以判断出对方的心中所想。

交谈要讲究分寸

与别人交往时，总离不开“问”。有时候明明知道也要问，比如问对方最得意的事，问对方最想让大家知道的事，问对方不便说的、只能借你的口说出的事。他可能会接着你的话题，滔滔不绝地说下去，并且有可能说得心花怒放。这样，你就可以赢得别人的好感，打开和增进彼此之间的友谊，

但是倘若你问了不该问的，涉及到了别人的隐私或不愉快的事，别人就会很反感。每个人内心深处都有一种天然的、本能的维护自己内心秘密的情绪，遇到别人不得体的询问，就可能自然

产生逆反心理，这就造成一种局面：有时问者尚不经意，被问者常常不由心生厌烦，厌烦这种交际方法，甚至厌烦这个问话的人。因此，在说话的时候一定要掌握好分寸。

在社会交往过程中，为了避免引起别人的不快，一定要避免提问对方的隐私。比如："哪年出生的？""你一个月挣多少钱？""你为什么还不结婚？""你是不是在外面有份兼职？"打听这些个人隐私的问题惹人反感，甚至导致"战争"爆发。

具体地说，在日常交际中，应该避免问及下列这些方面的隐私话题：女士的年龄、工作情况及经济收入、家庭内务及存款、夫妻感情、身体情况、不愿意公开的工作计划和不愿意为人所知的隐秘。

在你打算问对方某个问题的时候，最好先想清楚，看这个问题是否会涉及对方的个人隐私，如果涉及到了，要尽可能地避免，这样对方不仅会乐意接受你，还会因你在应酬中得体的问话与轻松的交谈而对你产生好印象，为继续交往打下良好的基础。

如果你不能确定对方能否充分地回答你的问题，那么你还是不问为佳。如果你问一位医生："去年发生在本市的肝炎病例有多少？"这个问题对方很可能就答不上来，因为一般的医生谁也不会去费神地记这些数字。要是对方回答说"不清楚"，就不仅使答者失体面，问者自己也会感到没趣。

也不要"打破砂锅问到底"。比方说，你问对方住在哪里，对方回答说"在江苏"或说"在香港"，那你就不宜问下去。如果对方高兴让你知道，他一定会主动地说出，而且还会说"欢迎光临"之类的话。否则，别人不想让你知道，你也就不必再问了。

此外，在问其他类似问题时，也要注意掌握问话尺度，要适可而止。

在交往中，不该问的，即使你想问也不要问凡对方不知道或不愿意别人知道的事情都应避免问。要时刻记住，问话的目的是引起双方的兴趣，不是使任何一方感到没趣。那么，你的社交技巧就非等闲了。

【心理学在这里】

有些人是无事不问，他们最喜欢探问别人的私事及秘密新闻。有时为了增加他闲谈的资料，有时仅仅是为满足好奇心，即使与自己无关的事，仍然喜欢追问到底。

初次见面必须举止得体

任何社会关系都有一个从陌生到熟悉的过程，在所有的社会接触中，第一次接触是最重要的。如果你想在社会中游刃有余，就必须养成这样一个习惯：初次见面必须举止得体。

第一印象不管正确与否，总是鲜明、牢固的，往往左右着社会关系的评价，影响着交往实践。一般人通常根据第一印象将他人归类，然后再根据这一类别系统的特点对此人加以推论并做出判断。通常所说的“先入为主”就是这个意思。第一印象不好，以后彼此间可能就不会继续交往，也很难结成良好的人际关系。

这种心理效应的产生存在于人的生理基础上，有一定的必然性。人们在接受外界事物的不同刺激时，对第一次刺激反应的强度和灵敏度相对于此后不同类型的刺激来说要大；而且第一次刺激在人们大脑里的反应，会形成一种分析、综合、解决问题的非自觉的心理倾向性或准备性，也就是思维定势现象。

《三国演义》中，庞统最初准备效力东吴，于是去面见孙权。孙权见到庞统相貌丑陋，心中先有几分不快，又见他傲慢不羁，更是印象不佳。最后，本来能够礼贤下士的孙权竟把与诸葛亮比肩齐名的奇才庞统拒于门外。尽管鲁肃苦言相劝，也无济于事。

后来庞统又以同样的姿态拜见刘备，也没有得到重用。还是心无城府的张飞亲眼见到庞统的才干，才使刘备改变了对他的态度。

了解首因效应的意义，在于它能使我们自觉地利用这一社会心理效应，帮助我们顺利地进行人际交往，建立良好的人际关系。在现实的人际交往活动中，给交往对象留下好的第一印象对于有效地开展工作，有着不可低估的作用。

心理学家认为，由于体态、姿势、谈吐、衣着打扮等都在一定程度上反映出这个人的内在素养和其他个性特征，而且这些要素比较容易观察，所以第一印象主要是性别、年龄、衣着、姿势、面部表情等“外部特征”。这样，我们就可以充分地利用它来帮助我们完成漂亮的自我介绍：首先是面带微笑，这样可能获得热情、善良、友好、诚挚的印象；其次应使自己显得整洁，整洁容易留下严谨、自爱、有修养的印象；第三使自己显得可爱可敬，这一切必须由我们的言谈、举止、礼仪等来完成；最后尽量发挥你的聪明才智，使对方心中留下第一印象迅速加深，这种印象会左右对方未来很长时间对你的判断。

不过，首因效应的存在也会使人易受偏见所左右，造成歪曲的人际知觉。所以我们既要利用它的积极方面，增进他人对我们的好感，又要避免以貌取人，被首因效应的消极因素所影响。

【心理学在这里】

第一印象最深刻、也最顽固。一分钟内留下的印象，用一个小时也难以矫正。

用好你的名片

名片是记载人们社会身份的象征。在中国古代就有名片的雏形，称为“名帖”或者是“名刺”。如果古人要拜访某位并不熟悉的人，就要先派人送去“名片”。如果对方表示客气，就会在同意约会的同时退回“名片”，以示亲近。古人都很重视“名片”的制作，也有人用一尺长的竹片做成“名片”来炫耀自己，或者在“名片”列出无数的头衔。直到现在还有人在制作名片时有这些恶俗的习惯。

随着通信技术的发展，名片上通常还需要列出个人的联系方式，成为交往沟通的“备忘录”。

曾经有研究社会心理的专家表达过这样两种观点——

第一：在日常的社会交往中，名片是不可缺少的工具，如果在社交场合需要交换名片时又拿不出来，不但显得失礼，还会损害自身形象，让别人认为你交际圈狭窄，无足轻重。

第二：不会使用名片的人没有交际经验。名片不仅仅是简单的自我介绍，还会反映你的身份地位，也代表了你在人际交往方面的经验和能力。有时一张名片所传递的信息，往往胜过啰嗦而乏味的介绍。

为自己精心准备一张专业化的、高品质名片是非常重要的。那么什么样的名片是高品质名片呢？答案是“简洁”和“清晰”。不论是选材、色彩还是名片上的信息，保持简洁明快的风格会令人感到舒爽。

名片的规格有着世界通行的标准尺寸。如果名片太小，会让人看不清上面的字，如果太大，不能放进普通的名片夹，就很容易被人扔掉。

名片的材质一般选择普通的卡片纸，尽量不要五花八门，形形色色。有些做木材生意的商人用木片，做皮革生意的用皮片，这些名片很有特色，会让人记忆深刻，也会让人哭笑不得。

专门研究色彩对感觉的影响的心理学家认为，名片的色彩不要故弄玄虚，总体上要控制在三种颜色之内。如果颜色多于三种，就会产生杂乱无章的感觉。纸张最好选择天然质地的白色，或者浅灰、浅蓝或浅黄这些淡雅的浅色，印上深色的字迹，就会让你的名片显得朴素大方。

名片上的信息，一般包括名字、职务和联系方式等。名字职务写清楚是最重要的，还有联系方式，例如电话、住址等。千万不要把所有头衔都堆砌上去，这样不但不能有效地介绍自己，反而显得喧宾夺主、主次不分，让别人感觉你有浮夸的性格。

有的人更换了电话号码，为图方便，就直接在名片上涂改。这容易给对方留下做事随意、不负责任的印象。其实重印一盒名片不会耗费多少时间和金钱。当场手写名片则更不足取，除非你是个艺术家，或者是个学生，而且是参加非正式的聚会。要知道，成熟稳重的人是绝对不应该没有准备的。

【心理学在这里】

虽然名片并不能代表完全社会地位，但是在现代生活中，一个没有名片的人很可能是没有社会地位的人。

握手要认真

在古代，骑士之间为了表示友好，会伸出空手与对方相握，表示“我没有携带武器”。这就是握手礼的来源。

握手是陌生者之间的第一次身体接触，只有几秒钟的时间。但是这短短的几秒钟非常关键，立刻决定了别人对你的喜欢程度。握手的方式、用力的轻重、手掌的湿度等等，像哑剧一样无声地向对方描述着你的性格、可信程度、心理状态。握手的质量表现了你对别人的态度是热情还是冷淡，积极还是消极，是尊重别人、诚恳相待，还是居高临下、屈尊地敷衍了事。一个积极的、有力度的正确的握手方式，表达了你友好的态度和可信度，也表现了你对别人的重视和尊重。心理学家及身体语言专家们认为，通过握手能判断人的性格。性格热情的人会有力地握住你的手，上下摇动以表示他渴望与你相见。性格冷淡甚至内心冷酷的人伸出的则是冰冷、僵硬无力的手，像一条死鱼。对你伸出的手没有反应的人，可能不懂礼仪或者有意冷淡、让人难堪或者根本没有看见，或者是性格极端封闭、内向。

不正确的握手方式，会让对方产生被拒绝、排斥的心理。正确的握手方法是——

一般要用右手握手。

切忌戴手套握手。

要紧握对方的手，时间一般以 1 ～ 3 秒为宜。握手过紧，或是只用手指部分漫不经心地接触对方的手都是不礼貌的。

被介绍之后，最好不要立即主动伸手。年轻者、职务低者被介绍给年长者、职务高者时，应根据年长者、职务高者的反应行事，也就是说，当年长者、职务高者用点头致意代替握手时，年轻者、职务低者也应随之点头致意。和年轻女性或异国女性握手，男士一般不要先伸手。

握手时，年轻者对年长者，职务低者对职务高者都应稍稍欠身相握。有时为表示特别尊敬，可用双手迎握。男士与女士握手时不可过于热情，一般只宜轻轻握女士手指部位。

握手时双目应注视对方，微笑致意或问好，多人同时握手时应按顺序进行，切忌交叉握手。

在任何情况下，拒绝对方主动要求握手的举动都是无礼的，但手上有水或不干净时，应谢绝握手，同时必须解释并致歉。

如果对方因为手不干净而谢绝握手，你该怎么办呢？美国总统林肯可以成为你的榜样。一次，林肯在视察的时候主动与轮船上的工人握手。工人因为满手煤屑，显得很尴尬。林肯说："怕什么呢？你的手可是为给国家加煤而弄脏的。"

如果你不是洁癖患者的话，就应该适时坚持与这些因为工作原因而把手弄脏的人握手，这无疑是体现你真诚态度的最好习惯。

【心理学在这里】

一个无力的、漫不经心的、错误的握手方式，立刻传送出了不利于你的信息，让你无法用语言来弥补，它在对方的心里留下了对你非常不利的第一印象。

注视对方的眼睛

心理学家克拉克在一次实验中，让采访者用三种目光与被试者进行对话——

"聚精会神"、专注的目光；

"时看时不看"、躲闪的目光；

"几乎不看"的目光。

实验结果表明，被试者把“聚精会神的目光”列为对自己最有兴趣、最专注的人，因而也对采访者产生好感，对他们的评价也最高。

目光能够传达很多用语言难以表达的奥妙。心理学家发现，除了能进行思想交流之外，目光还反映出一个人的心理和精神状态。眨眼的频率、注视的长短、目光聚集的宽度、瞳孔放大的程度，都会不自觉地表现人的心理状态、态度、内涵。在愉悦的状态，瞳孔自然放大，产生迷人的效果。心理学家观察男性瞳孔，当画面上出现美丽动人，充满诱惑力的性感女郎时，被测试者的瞳孔会普遍地放大。

人们对自己喜欢的人会多用目光注视，对不喜欢的人尽量不看。谈话时能用平稳的目光望着我们的人，会赢得我们的好感和信任。一个目光游离不定、扑朔迷离的人，让我们感到他不敢让别人看到自己的心灵世界，可能不诚实，心中有着不可告人的秘密。有权威，占据强势地位的人，目光中透出威慑力；善良、宽容的人，目光中流露出慈祥；冷酷、狭隘的人，眼神中放射出奸诈；大脑和心灵都是一片空白的人，眼光茫然。

在人类的活动中，用眼睛来表达的方式和内容如此丰富、含蓄、微妙、广泛，眼神的力量远远超出我们用语言可以表达的内容。美国心理学家福斯特在《身体语言》一书中写道：“尽管我们身体的所有部分都在传递信息，但眼睛是最重要的，它在传送最微妙的信息。”与人沟通时，尤其是首次相见，如果不敢与人进行目光交流，不会运用目光的效应，会带来意想不到的恶劣后果。

然而许多人却由于种种原因非常难以与人保持平稳、持久的目光接触，就如同很多腼腆的人不知把手放在哪里一样。这种躲闪的、飘忽不定的目光让别人产生反感和误解，它让对方怀疑：“他是不是在撒谎？”

心理学家研究发现，人们在谈到自己感到不光彩的事时，或者在说谎时，目光会不自觉地转向别处，大部分神经质和忧郁症患者也常常躲避目光接触。心理医生对那些心中充满恐惧、忧郁的人进行心理治疗的第一步，就是取得目光接触。

你是习惯于四处乱瞟，还是把眼神聚集在你的沟通对象身上呢？我们都渴望别人把全部的注意力集中在我们身上，而目光不欺骗我们，它让我们知道，对方是否在倾听我们的谈话内容，是否在与我们进行交流，是否对我们的话题表示出很大的兴趣。全神贯注的目光让我们感到支持和力量，产生信心和热情。

【心理学在这里】

眼神的变化是人不能自主控制的，瞳孔的放大和收缩，真实地反映着复杂多变的心理活动。

记住别人的名字

善于记住别人的姓名是一种礼貌，在人际交往中会起到意想不到的效果。日常生活中处处涉及到如何记住别人的相貌和姓名的问题。两者要“对号入座”，不能张冠李戴。

西奥多·罗斯福是美国最著名的总统之一，他和善可亲，异常地受人欢迎。原因之一就是他很善于记忆别人的名字——

据说有一天，罗斯福在卸任后重回白宫拜访新总统，碰巧在任的塔夫脱总统和太太都不在，他向白宫所有的服务人员打招呼，并且礼貌而又真诚地叫起了每一个人的名字，甚至连厨房的小妹也不例外。当他见到厨娘亚丽丝时，就亲切地问她是否还烘制玉米面包，亚丽丝回答有时会为服务员烘制一些，但是“楼上”的人都不吃。

“他们的口味太差了，”罗斯福有些抱不平地说，“等我见到塔夫脱总统的时候，我会这样告诉他。”

亚丽丝端出一块玉米面包给他，罗斯福一边吃一边走向办公室，同时在经过园丁和工人的身旁时，还跟他们打招呼。

世界上天生就能记住别人名字的人并不多见，大多数人能做到这一点全靠有意培养形成的好习惯。而你一旦养成了这种好习惯，它就能使你在人际关系和社会活动中占有很多优势。当你在第二次与人见面 10 秒钟后还在绞尽脑汁地追忆这个被忘却的名字时，那是因为你在初次会面时注意力没有集中，而只是专心于你自己。如果你在别人自我介绍时未能集中注意力，就应该礼貌地请他再重复一遍。这样，在谈话结束时，这个名字已深深地刻在你的脑子里了。事后，你也可将这人的名字及你所记住的形象写下来，进一步加深印象。

如果你只想通过死记硬背来记住别人的名字，那可能会很快忘掉。但假如你把他的名字和脸庞以难忘的形象戏剧化，你就会轻易地记住。记住新名字的最佳办法就是采用“联想－夸张”法，在两个不相同的事物之间构成一定的联系。具体办法是：当你刚刚结识一张新面孔后，要聚精会神地凝视他的脸庞，看是否有特别令人感兴趣、吸引人或与众不同之处。例如，头发是否又黑又整齐、眉毛是否很浓、眼睛是否特别明亮等，从这些特点中选出一个，然后再通过夸张等方式储存到记忆中去。

一旦你已经记住了某人的特点，就要通过最基本的甚至是有趣的联想将这个人的名字转换成一个难忘的形象。其中最简单的联想所产生的效果最佳。主要的联想方式有颜色联想、年代联想、地名联想、物体联想等等。当你为一个新名字找到了戏剧性的形象时，就要将它匹配到那个具有明显特征的人的脸上。如果你能使这些形象互相作用、互相影响，就会轻易地回忆起这个人的名字。

【心理学在这里】

认识一个新朋友后，在与他的交谈时要尽可能多地重复他的名字，这样才能记的牢固。

怎样向别人借钱

财富的分配从来都是不公平的，即使平均分配也不行，因为人们的需要也不同。当你手中的钱不够花的时候，似乎只有向人告贷这一条路可走。

尤其是那些处于创业初期的人，资金不足常常是阻挠他们的困境，负债经营就成为重要的经营法则。著名的法国作家小仲马在他的剧本《金钱问题》中写道：“是的，商业是那样的简单，借用他人的资金来达到自己的目的。这是一条致富之路。”

那么，别人凭什么把钱借给你呢？因为他们能够看到你表现出的良好习惯。所以向别人借钱需要讲究一定的策略。

首先，诚实、正直和守信用，是一个人与人合作的根本。诚实还是一种美德，他比人的其他品质更能深刻地表达人的内心。诚实与否会自然而然地体现在一个人的言行或者脸上，以致使最漫不经心者也能立刻感觉到。你要想向别人借钱，首先就得诚实。只有这样，别人才会放心地把钱借给你。无论在私人关系上或是公共关系上，只有遵守互惠互利的原则，朋友关系才会健康长久地发展。因此，合伙做事应该钱财分明，要“先小人而后君子”，先阐明利益分配办法以免事后矛盾而导致不欢而散，影响朋友之间的友情。

向别人借钱和借钱与人，都是比较为难的事情，所以要用商量的口气。对方如果有富余的话，就会满足你的要求，如果没有的话，他也会很抱歉。这时候，你也要体谅对方，尽量控制自己失望的表情，更不能说出不满意的话来。这样，就很轻松地缓解了双方的尴尬。

借钱有个诀窍，就是每次少借一点，比如你要借 150 元，你可以先借 50 元，再借 50 元，然后再阐明难处，要求再借 50 元，这样对方就会不好意思不借给你。在心理学中，称为“登门槛效应”：当对方满足了你提出的一个比较小的要求，就比较容易满足你一个更大的要求。一次少借一点，既利于你按期归还，又利于你消除对方的某种心理障碍，取得对方的信任。

“登门槛效应”的具体运用还有一种方式。比如你要借150元，可以先借50元并很快归还，再借100元，再很快归还，下次借150元就不难了。有些聪明人在无需借款的时候也要向银行借些小钱，然后按时归还，等于用一些利息向银行“买”信用。

最重要的是，一定要及时还钱。如果你借了别人的钱不还，对方对你的看法就会发生变化，当你再借钱时，对方就会一口拒绝。如果你还钱及时，需要的时候，对方会毫不犹豫地再借给你，正所谓“好借好还，再借不难”。

借钱一定要说明还钱时间，而且要准时归还。如果向朋友借钱而未说明利息，还钱时可以准备一些小礼物，以表示感谢和弥补对方所受到的损失，让对方感到你是一个通情达理的人。

【心理学在这里】

借钱的诀窍可以推广到一些需要他人帮助的时候。

人际关系不能过于亲密

人与人之间需要保持一定的空间距离。任何一个人，都需要在自己的周围有一个自己把握的自我空间。当这个自我空间被人触犯后，常常会引起消极心态的产生。从心理学的角度来考察，每个人都会有一种对个人空间距离的本能保护，越是安全感不足的人，对这种保护的要求越强烈。

哲学家叔本华曾经讲过的一个寓言——

冬天来临，山中的一群豪猪开始感到寒冷，于是他们为了取暖而互相靠拢挤在一起，可是挤得太近，各自身上的刺互相刺扎，让它们痛不可言，于是，它们不得不离得远些，然而离得太远，它们又开始感到寒冷。经过不断地试探，它们终于找到一个不远不近的最佳距离，既免于互相刺伤，又有彼此抵御寒冷的风雪。

心理学家做过这样一个实验：在一个大阅览室里，当里面只有一位读者时，心理学家就进去坐在他或她的旁边。被试不知道这是在做实验，很快就默默地远离到别处坐下，有人则干脆质问："你想干什么？"。实验进行了 80 次，结果证明：在一个只有两位读者的空旷的阅览室里，没有一个人能够忍受一个陌生人紧挨自己坐下。

美国社会心理学家爱德华·赫尔对人际交往的合适距离进行了研究，发现了人们之间的心理界限的具体数据：亲友关系的距离是 15 ~ 45 厘米，熟悉的人之间的距离是 45 ~ 120 厘米，一般社会关系（例如工作关系）之间的距离是 120 ~ 360 厘米，与陌生人之间的距离应在 360 厘米之上。

人际交往的空间距离不是固定不变的，它具有一定的伸缩性，这依赖于具体情境，交谈双方的关系、社会地位、文化背景等因素。这种差距是由于人们对"自我"的理解不同造成的。例如，欧洲文化中的“自我”包括皮肤、衣服以及体外几十厘米的空间，而阿拉伯文化中的“自我”则仅限于心灵，甚至把皮肤当成身外之物。因此，当一个阿拉伯人与欧洲人进行交流时，往往出现阿拉伯人步步逼近，总嫌对方过于冷淡，而欧洲人却连连后退，接受不了对方的过度亲热。同是欧洲人，交往时，法国人喜欢保持近距离，乃至呼吸也能喷到对方脸上，而英国人会感到很不习惯，步步退让，维持适合于自己的空间范围。

态良好，处事得当的人，能够准确地把握人际交往的距离。性格开朗，喜欢交往的人更愿意接近别人，也会容忍别人的靠近，他们的自我空间较小。而性格内向、孤僻自守的人宁愿把自己孤立地封闭起来，不会主动接近别人，对靠近自己的人十分敏感。他们的自我空间受到侵占的时候，容易产生不舒服和焦虑的感觉。

【心理学在这里】

人们的关系过于密切时，往往会使自己或别人受到无意的伤害；而当人们之间的关系过于疏远时，又会使人们感到冷漠无情。

避免谈论别人的隐私

每个人都有不想让大家知道的事情，这就是隐私。与人相处的过程中，要极力避免谈论别人的隐私，否则会使得你人格低下，缺乏修养，甚至破坏与他人的和睦关系。

要是别人能将自己的隐私信息告诉你，那说明你们之间的友谊肯定要超出别人一截，否则他不会将自己的秘密向你和盘托出。但是如果他发现自己的秘密被曝光，肯定认为是你出卖了他，并为以前的付出和信任感到后悔。因此，不随意泄露个人隐私是巩固人际关系的基本要求，如果做不到这一点，恐怕没有哪个人敢和你推心置腹。

有的人会认为关心别人的私事是一种关系亲密的暗示，或者是导向亲密关系的途径。事实上，有些东西是不方便与人分享的，所以在希望别人不要探视你的内心世界的同时，将心比心，你也不要用谈论私事的方式来拉近和别人的关系。

对待别人的隐私，切忌人云亦云，以讹传讹。首先你要明白，你所知道的关于别人的事情不一定确凿无疑，也许另外还有许多隐情你不了解。要是你不加思考就把所听到的片面之言宣扬出去，难免不颠倒是非，混淆黑白。

现实生活中有一种人，最喜欢把别人的隐私编得有声有色，逢人就说。要是有人向你说某人的隐私，你唯一应该做的事情，就是像保守你自己的秘密一样，不可作传声筒，并且不要深信这片面之词，更不必记在心上。

无数事实都告诉人们，不应该去主动了解别人的隐私。可是，有时候尽管我们不愿主动去打听别人的隐私，却无意间看见或听见了，这时候应该怎么办呢？最巧妙的做法，就是装聋作哑，假装没有注意到，并且让当事人也认为你根本没有注意到。

曾经有一家酒店招聘服务员，面试题目是：如果你推开客房的门，看见一位女客人正赤身裸体地待在房间内，你应该怎么办？

一般应聘者的回答都是“说：对不起，女士。然后关上房门”。但是最后得到职位的应聘者的答案是“说：对不起，先生。然后关上房门”。

除了自己对隐私的把握尺度以外，如何保护自己的隐私，应对别人的关心或者窥探也是一门艺术。比如尽量不要不把私人领域的事情带到工作中来，当有人亲切地问起“你最近怎么样”这类话题时，除了大而化之地说“还行”或者“挺好”之外，你还能怎么办？你知道对方是出于善意的关心，你也知道对方期待着你在“还行”或者“挺好”之外还能再多说点什么，以显示你们的关系比一般客套更进一步。但无论如何，这时候必须谨记，千万别把人家当成了心理医生，不会把“替别人保密”当成职业准则。

【心理学在这里】

避免谈论别人的隐私，一是不可在谈话中刺探别人的隐私，二是不可知道了别人的隐私就到处宣扬。

切勿交浅言深

有俗语说“病从口入，祸从口出”，说明说话要慎重。口语是有即时性的，也就是人们常说的“一言既出，驷马难追”，如果说错了话，即使事后解释，也难以完全挽回影响。所以说话能得到好处，是很不容易的，若是要想招致灾祸，倒是唾手可得。因此，明智的人经常是唯唯诺诺，可以不开口便三缄其口。

“逢人只说三分话，未可全抛一片心。”有人认为这是狡猾的表现，是不诚实。其实说话须看对方是什么人，对方不是可以尽言的人，说三分真话已不为少。孔子曰：“不得其人而言，谓之失言。”你说的话是关于你自己的事，对方愿意听么？彼此关系浅薄，你与之深谈，显出你没有修养；你说的话是关于对方的，但你不是他的诤友，不配与他深谈，忠言逆耳，显出你的冒昧；你说的话是关于团体的，对方的立场如何，你没有明白，对方的主张如何，你也没有明白，你偏高谈阔论，更容易轻言招祸。所以逢人只说三分话，不是不可说，而是不必说、不该说。

在同事中发展交情尤其应该慎重。因为大家长期相处，利益攸关，交友不慎将影响个人处境。

起初，同事之间大多不会显露出对公司的意见，但是俗话说得好“路遥知马力，日久见人心”，只要一起吃过几次饭，一些见识浅薄的人就很容易把自己的不满情绪倾诉给你听。对于这种人，你不应该和他有更深的交往，只需做普通同事就可以了。

假如和对方相识不久，交往一般，而对方就忙不迭地把心事一股脑地倾诉给你听，并且完全是一副苦口婆心的模样，这在表面上看来是很容易令人感动的。然而，转过头来他又向其他的人表现出了同样的姿态，说出了同样的话，这表示他完全没有诚意，绝不是一个可以进行深交的人。“交浅言深，君子所戒”，千万不要附和这种人所说的话，最好是不表示任何意见。

有些人唯恐天下不乱，经常喜欢散布和传播一些所谓的内幕消息，让别人听了以后感到忐忑不安。与这种人要保持距离，以免被其扰乱视听，或者让自己卷入某些是是非非。

事无不可对人言，是指你所做的事，并不是必须向别人宣布。说话有三种限制：人、时、地。非其人不必说；非其时，虽得其人，也不必说；得其人，得其时，而非其地，仍是不必说。非其人，你说三分真话，已是太多；得其人，而非其时，你说三分话，是给对方一个暗示，看看他的反应；得其人，得其时，而非其地，你说三分话，正可以引起他的注意，如有必要，不妨择地作长谈。这才是通达世故的人应有的交往习惯。

【心理学在这里】

害人之心不可有，防人之心不可无。只有恰到好处地把握好说话的分寸，才会在与人交往的过程中做到游刃有余，而且也不会给自己招致祸端。

做人不必强出头

每个人都希望自己有出头之日，希望自己成为人上之人。但是有句俗语讲：烦恼皆因强出头。可以说是世间生存的经验之谈。现实生活中，凡事强出头者都会得到应有的教训。

富兰克林小时候到一位长者家里去做客。没料到，他一进门，头就在门框上狠狠地撞了一下。身材高大的富兰克林疼痛难忍，不停地用手指揉着自己头上的大包，两眼瞪着那个低于正常标准的门框。出门迎接的长者看到他那副狼狈不堪的样子，忍不住笑起来：“年轻人，很痛吧？”这位长者语重心长地说，“这可是你今天来这儿的最大的收获。”

富兰克林终身难忘前辈的忠告，将“学会低头，拥有谦逊”作为自己生活的准则和座右铭，并且身体力行，后来终成大器，卓有建树。

一个人要想在世上有所作为，“低头”是少不了的。低头是为了把头抬得更高更有力。现实的社会纷纭复杂，并非想像的那么简单。暂时的低头并非卑屈，而是为了长久地抬头；一时的退让绝非是丧失原则和失去自尊，而是为了更好地前进。缩回来的拳头，打起人来才有力。只有采取这种积极而且明智的处世方法，才能审时度势，通过迂回和缓而达到目的，实现超越。对这些厚重的“门框”视而不见，傲气不敛，硬碰硬撞，结果只能是头破血流。

每一个具有上进心的人，都希望自己有一天会出人头地。既然人人都想出头，但为何要说“烦恼皆因强出头”呢？让我们从“强”字说起。这里的“强”有两个意思。第一个意思是“勉强”，也就是说，自己的能力还不够，却勉强去做某些事情。固然勉强去做也有可能获得意外的成功，但这种成功的可能性并不高，通常的结果是：失败了，折损了自己的斗志。第二个意思是“强力”，也就是说，自己虽然有足够的能力，可是客观环境却还不成熟。

不强出头，自然可以减少自己的损伤，可以和他人保持一种和谐共处的关系，也可以透过冷静的观察，掌握大环境的趋势和脉动，等到各方面条件皆已成熟时，自然便可脱颖而出！其实，人只要有能力，又能维持良好的人际关系，别人自然乐意抬他出头，因为这样一可做人情投资，享受他出头后的人情回报，二可使自己的生存因而变得单纯，免得和他长处，感受到他各种条件的压力。所以，只要你是强者，用不着你去强出风头。

大凡英雄豪杰，胸怀大志，打算干一番轰轰烈烈的事业的人，都能屈能伸。这就好比一个矮小的人，要登高墙，必须要寻找一架梯子作为登高的台阶，假如一时找不到梯子，那么，即使旁边有一个马桶，也未尝不可利用作为进身的阶梯。假如嫌它臭，就爬不到高墙上去。

【心理学在这里】

人们每天都面临无数的自我压力与竞争环境，要想摆脱出“人头地”的欲望仍旧是很难做到的。

走出孤僻的阴影

孤僻，也就是常说的“不合群”，是指不能与人保持正常关系，经常离群索居的心理状态。孤僻的人一般性格内向，主要行为表现是不愿与他人接触，待人冷漠。对周围的人常有厌烦、鄙视或戒备的心理。孤僻的人缺乏朋友之间的欢乐与友谊，交往需要得不到满足，内心感到苦闷、压抑、沮丧，感受不到人世间的温暖，看不到生活的美好，容易消沉、颓废、不合群，缺乏群体的支持，整天提心吊胆地过日子，忧心忡忡，容易出现恐怖心感。被这种消极情绪长期困扰，也会损伤身体。

孤僻的性情年幼时就会有所表现：不爱讲话，不爱与其他人接近、交往，对别人的呼喊没有反应，也不跟人打招呼。孤僻的儿童社会交往能力和行为异常，表现为对亲友无亲近感，缺乏社会交往方面的兴趣和反应，不爱与伙伴一起玩耍。

幼年的创伤经验是孤僻者产生不良习惯和消极心态的重要原因。研究表明，父母离婚、父母的粗暴对待，伙伴欺负、嘲讽等不良刺激，使儿童过早地接受了烦恼、忧虑、焦虑不安的不良体验，会使他们产生消极的心境甚至诱发心理疾病。缺乏母爱或过于严厉、粗暴的教育方式，子女得不到家庭的温暖，会变得畏缩、自卑、冷漠，过分敏感、不相信任何人，最终形成孤僻的性格。

由于缺乏必要的社会交际能力和方法，使得孤僻者在人际交往中遭到拒绝或打击，如耻笑、埋怨、训斥，使他们的自主性受到伤害，便把自己封闭起来。越不与人接触，社会交往能力就越得不到锻炼，结果就越孤僻，形成恶性循环。

行为孤僻、缺乏社会交往的人，应该正确评价和认识自己和他人。孤僻者一般都不能正确地认识自我。有的自恃比别人强，总想着自己的优点、长处，只看到别人的缺点、短处，自命不凡，认为不值得和别人交往；有的倾向于自卑，总认为自己不如人，交往中怕被别人讥讽、嘲笑、拒绝，从而把自己紧紧地包裹起来，保护着脆弱的自尊心。这两种人都需要与别人交流思想，沟通感情，一方面要正确认识孤僻的危害，敞开闭锁的心扉，追求人生的乐趣，摆脱孤僻的缠绕，另一方面正确地认识别人和自己，努力寻找自己的长处。

学习交往技巧，优化性格，是孤僻者改正不良行为方式的有效途径。可看一些有关交往的书籍，同时多参加正当、良好的交往活动，在活动中逐步培养自己开朗的性格。要敢于与别人交往，虚心听取别人的意见，同时要有与任何人成为朋友的愿望。这样，在每一次交往中都会有所收获，获得了友谊，愉悦了身心，会重树你在大家心目中的形象，有利于改变孤僻的习惯。

【心理学在这里】

孤僻者猜疑心较强，容易神经过敏，办事喜欢独来独往，但也免不了为孤独、寂寞和空虚所困扰。

虚荣会扭曲人际关系

心理学认为，虚荣心是一种被扭曲了的自尊心，是自尊心的过分表现，是一种追求虚表的性格缺陷，是人们为了取得荣誉和引起普遍注意而表现出来的一种不正常的社会情感。

人人都有自尊心，都希望得到社会的承认，这是一种正常的心理需要。自尊一般通过在谦虚、进取、真实的努力中获得。有自尊的人不掩盖缺点，不会不懂装懂，夸夸其谈，也不会把失败和不如意归咎于他人，而是可以进行深刻的批评与自我批评来改进自己。但虚荣心强的人不是通过实实在在的努力，而是利用撒谎、投机等不正常手段去渔猎名誉。

古代有个官员要到外地任职，临行前去向老师拜别。

老师说：“地方官不容易当，你要小心谨慎为好。”

官员说：“老师放心，我准备了高帽一百顶，逢人便送一顶。这样就不会有什么问题。”

老师听了很生气，当场训斥他：“吾辈为官，不可搞邪门歪道，哪有像你这样办事的！”

官员说：“老师这话很对。不过当今世上，像老师这样不喜欢戴高帽的，能有几个？”

老师听了转怒为喜，点点头说：“你这一句话倒也说得很对！”

官员辞别出来后，笑着对人说：“我的百顶高帽，如今只剩下九十九顶了。”

人人都愿意被人奉承，正直的人也往往会被一顶顶“高帽”击中，在不知不觉中因这顶“高帽”而沾沾自喜。“高帽”的隐蔽性和世人的虚荣心成就了它的盛行，而其危害性又很大，往往使你不自觉地落入了对方的圈套。

虚荣心的产生与人的“尊重需要”有关。尊重需要包括对成就、力量、权威、名誉、地位、声望的需要等方面。一个人的需要应当与自己的现实情况相符合，否则就要通过不适当的手段来获得满足，在条件不具备的情况下，达到自尊心的满足就会滋生虚荣心。因此，虚荣心是以不适当的虚假方式来保护自己自尊心的一种心理状态。它是自尊心的过分表现，是为了取得荣誉和引起普遍注意而表现出来的一种不正常的社会情感。

虚荣的深层心理就是心虚。表面上追求面子，打肿脸充胖子，内心却很空虚。表面的虚荣与内心深处的心虚总是不断地在斗争着：一方面在没有达到目的之前，为自己不如人意的现状所折磨；另一方面即使达到目的之后，也唯恐自己的真相败露而恐惧。一个人如果永远被这至少来自两方面的矛盾心理所折磨，他们的心灵总会是痛苦的，完全不会有幸福可言。

英国哲学家培根说："虚荣的人被智者所轻视，愚者所倾服，阿谀者所崇拜，而为自己的虚荣所奴役。"要想在人际关系中保持主动，就应该丢弃别人送给你的"高帽"，而要凭借实力自己争取荣誉。

【心理学在这里】

要正确对待别人对自己的评价，因为虚荣心与自尊心是联系的，自尊心又和周围的舆论密切相关。

不要用报复发泄怨恨

在社会交往中，有些人以攻击的方式对那些曾给自己带来伤害或不愉快的人发泄不满，这种情绪就是报复。报复心理是一种不健康的心理状态，它不仅会对报复对象造成这样或那样的威胁，而且有害自己的心理健康。

战国时的楚王非常宠爱一位叫郑袖的美女。郑袖不但漂亮，也非常工于心计。不久，楚王又新得到一位美女，就把郑袖冷落到了一旁。郑袖妒火中烧，于是暗暗筹定计策。她故意与新美人套近乎，告诉她楚王的一些习惯。新美人对郑袖心怀感激。郑袖对新美人说："昨天楚王到我这里来，对你赞美有加，只是稍嫌你的鼻子长的不好，你以后见了楚王可以把鼻子遮起来。"美女信以为真。不料郑袖回头却告诉楚王说："新来的美人说王有狐臭气，见面时都得掩着鼻子才行。"楚王一看果然如此，于是怒不可遏，令人砍掉美女的鼻子，赶出宫去。郑袖自然夺回了楚王的宠爱。

试想，如果这个世界上每个人都"有仇必报"的话，那么冤冤相报何时了？社会又怎么能够平静安稳？

人们总认为报复的受害者是被报复者，其实不然，最倒霉的受害者往往会是报复者本人。在报复者实施报复之前，报复者就会跌进扭曲、变态的心理深渊。报复者会花很多时间去构思、幻想和实验报复的内容。很多时候报复者完全处于阴暗的心理状态之中，他们会有自觉犯罪的心理，因此心存报复的人内心难得明朗，发霉的心久而久之便会形成一种畸形的态势。要命的是这种状态会在日常生活中显现出来。当报复心驾驭了人的灵魂时，报复者就自己为自己判了"无期徒刑"。

报复毕竟是对他人的一种伤害，每个人在产生报复的念头时务必要多考虑报复的危害性。报复行为会不会受到社会舆论的谴责，会不会触犯纪律或法律。如果良心约束不了自己，那只有用法律来束缚。

有报复心理的人一般心胸狭窄，容易受情绪影响，而且恶劣心境的作用强烈而漫长。所以，要加强自身修养，开阔心胸，提高自制能力，让自己在阳光雨露下生活。要知道，以恶治恶并不是惩恶扬善，而是对邪恶的姑息养奸。多一点宽容，根除报复心理，就能够赢得更多的朋友。

当他人给自己带来伤害或不愉快时，应该试着回想自己是否在也给别人带来过同样的伤害。如此将心比心，报复的欲念就会慢慢散去。在人际交往中，不可能没有利害冲突。当受挫折或不愉快时，不妨进行一下心理换位，将自己置身于对方境遇中，想想自己会怎么办。通过这样的换位，也许能理解对方的许多苦衷，正确看待他人给自己带来的挫折或不愉快，从而消除报复心理。

【心理学在这里】

每个人都该学会用动机和效果统一的观点去衡量人的行为，这样可以减少许多不满情绪的产生，为报复心的萌生断了后路。

第五章
身心健康的心理学

法国哲学家蒙田说："健康的价值，贵重无比。它是人类为了追求它而唯一值得付出时间、血汗、劳力、财富甚至付出生命的东西。"健康不仅仅是不生病，而是身体上、心理上和社会适应上的完好状态。可以说，心理健康是高质量生活的重要组成部分。不健康的心理则会连带引发身体不适和社会不适，使人疾病缠身。

学会放松和减压

疲劳是人的体力、精力过度消耗后的正常生理反应，是人体一种生理性预警反应，提示人们应该休息。随着疲劳的累积，人体会出现相应的生理反应，脾气变化无常，容易失望、落泪或是无缘由地兴奋，容易醉酒。一般的疲劳通过适当的休息可以在短时间内得以缓解，但是如果疲劳得不到缓解，逐渐累积造成身体过度疲劳，就会引起慢性疲劳综合征。

随着社会经济的发展，疲劳成为人们越来越难以应付的问题，似乎每个人都会被疲劳所困扰——

有位派出所的民警，忙了一天，累得都不想动了，却收到"我家里有小偷，快来”的报警短信，和事主短信联系后，立刻出警抓小偷。赶到事发地，他看到事主正站在门口等着，问清情况后却哭笑不得：原来小偷趁主人不在家翻窗行窃，没想到主人突然回来了，小偷就躲在床底下，因为太疲惫竟然打起了呼噜，结果被发现了。

民警叫醒小偷，把他带回派出所。可能是太疲劳了，开车的时候他哈欠连天。小偷居然抱怨：“别这样啊，我都知道疲惫行窃不好，难道你不知道疲惫驾车有危险吗？”

除了警察这样因为工作性质经常得不到休息的人，那些只知消耗不知保养的人，或者事业心特强以至被称为“工作狂”的人，以及有家族有早亡病史、但是自以为很健康的人，最容易患上慢性疲劳综合征。如果任由慢性疲劳综合征加重而不与治疗，最后很有可能导致早衰，甚至过劳死。

中年人身体已经开始衰老，加上参加工作的时间长，家庭、社会负担重，疲劳积累的比较多，所以比起青年人来，中年人更是慢性疲劳综合征的易感人群。所以 30 岁以上的人要认识到定期体格和心理检查的重要性，要至少每年一次接受全身检查，及早发现问题，早期诊断，早期防治。体检不能流于形式，尤其是不要忽视心理健康检查。

体育锻炼对人的健康有着非常重要的价值。体力劳动和家务劳动并非体育锻炼，绝不能代替运动。相反，体力劳动是一种不规则的体力消耗，是一种输出，而体育锻炼是一种有规则的补偿、调节，是一种积极的具有增强身心功能和强身治病功能。要保持生活起居有常，作息有规律。

很多被疲劳所困扰的人希望借助某种增强体力的药物或保健品来恢复体能，这只是被动的做法。要知道，规律的运动、均衡的饮食、适度的休闲娱乐、充分的休息、良好的人际关系、选择较好的工作环境等，才是减少疲劳倦怠的好办法。虽然使用适当补充品可以补救缺乏的营养素，但没有长期良好的饮食习惯有益于健康。

【心理学在这里】

人必须愉快地生活，必须学会和养成一种乐观通达的心理状态。所有人都要学会放松和休息，没有必要总是把自己搞得非常疲劳。

正确使用心理防卫术

当一个人在心理上受到挫折或出现困难时，常会心情不愉快，甚至痛苦焦虑。这时有许多方式可以应对，积极的方法是采取行动直接去处理问题。但是，如果在客观条件限制下，问题一时得不到解决，为了不让这些不愉快、痛苦的情绪长时间地压抑折磨自己，就要尽量避免或减轻焦虑心理的发生。

与人体生理活动具有一种保持生理、生化活动相对稳定和平衡的能力一样，心理活动也同样具有恢复与保持情绪上的平衡并保持心情安宁与稳定的机能。我们将这种个体在生活实践中学到的某些应对或适应挫折情境的心理方法称为心理防卫机制。几乎所有人都听说过《伊索寓言》中“狐狸和葡萄”的故事——

饥饿的狐狸看见葡萄架上挂着一串串晶莹剔透的葡萄，口水直流，想要摘下来吃，但又摘不到。看了一会儿，无可奈何地走了，他边走边自己安慰自己说：“这葡萄没有熟，肯定是酸的。”

心理防卫机制种类繁多，按照个人心理发育程度的成熟性可以区分为：

（一）自恋心理防卫机制。包括否定、歪曲、外射诸法，它是一个人在婴儿早期使用的心理机制。早期婴儿的心理状态是自恋的，即只照顾自己，只爱自己，不会关心他人，加之婴儿的“自我界限”尚未形成，常轻易地否定、抹杀或歪曲事实，所以这些心理机制即为自恋心理防卫机制。

（二）不成熟心理防卫机制。包括内射、退行、幻想法。

（三）神经症性心理防卫机制。是“自我”机能进一步成熟，在能逐渐分辨什么是自己的冲动、欲望，什么是现实的要求与规范之后，在处理内心挣扎时所表现出来的心理机制，如潜抑作用、隔离作用和反向作用等等。

（四）成熟的心理防卫机制。是指“自我”发展成熟之后才能表现的防御机制。其防御的方法不但比较有效，而且可以解除或处理现实困难、满足自我的欲望与本能，也能成为一般社会文化所接受。这种成熟的防卫机制包括压抑、升华、利他、幽默诸种。

此外还有合理化、转移、补偿和抵消等心理防卫机制。“酸葡萄心理”就是一种典型的“合理化作用”。

几乎每个人都会在不知不觉地使用心理防卫机制，因为在复杂的社会生活环境里，时时处处都会遇到困难与挫折。有时不能直接去处理应对，就需要依赖心理上的机制来适应。这是一种正常并且健康的心理现象，每一个人在其行为发展过程中，都会逐渐学会种种防御性反应，以便在自我受到侵袭时，随时采取自动的防卫行为。但是使用心理防卫机制过当，也会给自己和他人带来不必要的麻烦。

【心理学在这里】

心理防卫机制本身并非异常或病态心理，但是运用过分或不当，超出了适当的范围和程度，以至于阻碍个人对周围社会环境的适应，就可能导致心理疾病。

攀比增加人的烦恼

曾有一首打油诗这样写道：“世人纷纷说不齐，他骑骏马我骑驴。回头看到推车汉，比上不足下有余。”美国首富比尔·盖茨也说过：“人生来是不平等的。”既然不平等，人与人的差距在攀比之间就显而易见了。看看别人，比比自己，往往就这样比出了怨恨，比出了愁闷，失去了自己本应有的一份好心情。

理性地分析生活，人们就会发现，其实终其一生，生活对每一个人都是公平的，公正的，没有偏袒。人生是一个由起点到终点，短暂而漫长的过程，在这个过程中每个人所拥有和承受的喜怒哀乐、爱恨情仇都是一样的、相等的。这既是自然赋予生命的规律，也是生活赋予人生的规律，只不过每个人享用、消受的方式不同，这不同的方式，便演绎出不同的人生。于是，有的人先苦后甜，有的人先甜后苦；有的人大喜大悲，有起有落，有的人安顺平和无惊无险；有的人家庭不和，但官运亨通，有的人夫妻恩爱，可事业受挫，有的人财路兴旺，但人气不盛；有的人俊美娇艳，却才疏德亏；有的人智慧超群，可相貌不恭。正如古人所说："佳人而美姿容，才子而工著作，断不能永年者"。人间没有永远的赢家，也没有永远的输家，这犹如自然界中梅逊雪白，雪输梅香，长青之树无花，艳丽之花无果。

人不能总是这山望着那山高，就像"吃草的驴"这则寓言所说的——

一头驴饿了，走到一个干草垛前打算吃一些干草。它低下头刚要开始用餐，却发现旁边的另一垛干草似乎比较大。等它走到那垛干草前，回过头来看一看，发现还是原来那垛干草比较大。这头驴就这样在两垛干草之间走来走去，最后饿死了。其实呢？两垛干草原本是一样大的！

一个心理健全的人，偶尔感到不愉快、不舒畅，对一些过去的事惋惜和悲伤，这些都是正常的现象。但总的态度都应该是积极的，想得开，放得下，朝前看，从而才能从琐事的纠缠中超脱出来。如果对生活中发生的每件事都拿来和别人做个比较，既无必要，又败坏了生活的诗意。

有句俗语说："人比人，气死人。"事实上，人比人并不要紧，人比人而生气的人，往往是因为自身的性格和心理上的缺陷，使自己有了自卑心态。生活的差别无处不在，而攀比之心又是如此难以克服，这往往给人生的快乐打了不少折扣。但是，假如人们能换一种思维模式，不要专拣自己的弱项、劣势去比人家的强项、优势，比得自己一无是处，那样多累。要把眼光放低一点，学会俯视，多往下比一比，生活想必会多一份快乐，多一份满足。

【心理学在这里】

生活中有很多事情原本不需要太在意的，如果太在意的话，除了自我折磨以外，并不会产生任何积极的结果。

自恋是幼稚的表现

自恋，在某种程度上等同于自我欣赏、自我陶醉，这种自恋是健康的，是自尊、自爱和自信的源头。健康的自恋，能够区分自己的想像与现实的差别，对世界、对他人的评价都比较符合实际，能够较宽容地对待自己和他人。不健康的自恋者，他们难以区分幻想与现实，凡事凭主观想像。他们要求现实一定要达到"绝对美好"的程度，沉醉于自己的幻想。

古希腊神话故事中，有一位叫纳喀索斯的英俊少年，是自恋的始祖。一天，他在泉水边休息，看到了水中自己的倒影，便一见倾心，从此对其他的人和事再也没有任何兴趣，终日在水边看着自己的倒影不舍离去，最后憔悴而死，死后化为一朵水仙花。

健康的自恋者首先对自己有一种基本的信任，认为自己就是值得喜欢的，即使有人批评自己，也肯定是在关心爱护自己。而不健康的自恋者，则不相信自己是可爱的，总是需要通过别人的评价来证明。如果遇到批评，则一定会认为自己不好，别人是在对自己进行恶意攻击。

幼儿需要母亲的抚养和保护，在母亲的照顾中能够逐渐体会到“亲情”和“爱”。随着自我意识发育，幼儿逐渐地能够区分出母亲和自己是两个人，并且产生出这样的心理：母亲爱我，因为我可爱。这种由“母亲爱我”的现实转化而来的“我很可爱”的感受，就构成人们心中的“自恋”情感。在幼年持续得到足够母爱的孩子，长大后会对自己有信心，并敢于承认缺点和不足，有勇气面对现实，这就是健康的自恋。

而曾经一度体验到母爱，很快又失去母爱的孩子，他们对自己缺乏信心，产生不安全感、被遗弃感，感到恐惧与自卑。为了对抗这种令人难过的心理体验，他们渴望别人的爱，永不满足地寻求着他人的赞美，却不敢相信别人真的会爱他。他们所做的一切努力，都是想证明自己是可爱的。这就是病态的自恋，其内心深处常有深藏的自卑和自责心理。

自恋的人最主要的性格特征是自我中心，所以首先要解除自我中心观。在人的一生中以自我为中心的心理最为强烈的阶段是婴儿时期。由此可见，支配自恋型人格的行为心理实际上是退化到了婴儿期。因此，要转变自恋型人格，必须了解幼稚化的行为。可以把自己认为惹人厌恶的人格特征和他人的批评罗列下来，看看有多少幼稚的成分。请一位和自己亲近的人作为监督者，一旦出现强烈的自我中心主义的行为，便给予警告和提示，督促自己及时改正。通过这些努力，自我中心观是会逐渐消除。

【心理学在这里】

自恋的人要求别人一定要对自己好，却又不停地抱怨，在讨好他人的同时，却不信任他人，甚至对他人充满深深的敌意。

怎样缓解焦虑

焦虑是一种复杂的心理，它始于对某种事物的热烈期盼，形成于担心失去这些期待、希望。焦虑不只停留于内心活动，如烦躁、压抑、愁苦，还常外显为行为方式。表现为不能集中精神于工作、坐立不安、失眠或梦中惊醒等。

精神分析学派认为，焦虑的来源是精神内在冲突，包括本能冲动与现实原则，本能冲动和道德准则之间的冲突。心理防御行为使得原始冲动得不到满足或发泄，本能冲动继续积累到某一程度时，自我的控制能力失效。由于致力于激烈的内部防御工作，神经症患者在本能冲动负荷过盛的情况下，防御无效则变为焦虑，表现出坐立不安，激动，浮躁，紧张与失眠。

医学界曾经试图用撒哈拉沙鼠代替小白鼠做医学实验。因为沙鼠个体比较大，更能准确地反映出药物的特性。但是实验用的沙鼠非正常死亡率很高。

经研究，科学家发现野生沙鼠习惯于囤积草根，以备旱季。但是即使有足够的草根，它们也要拼命收集。每只沙鼠在旱季里需要吃掉2千克草根，而一般都会囤积10千克以上。大部分草根最后都腐烂了，沙鼠还要将腐烂的草根清理出洞。这种多余的劳动已经改变了沙鼠的遗传基因，使它们在不虞食物匮乏的人工饲养环境下也要到处寻找草根。但是笼子里没有那么多草根，最后沙鼠多死于极度的焦虑。

轻微焦虑的消除，主要是依靠个体自身的心理调适，当出现焦虑时，首先要意识到自己这是焦虑心理，要正视它，不要用自认为合理的其他理由来掩饰它的存在。其次要树立起消除焦虑心理的信心，充分调动主观能动性，运用注意力转移的原理，及时消除焦虑。当你的注意力转移到新的事物上去时，心理上产生的新的体验有可能驱逐和取代焦虑心理，这是一种人们常用的方法。

一旦感到有某种身体的不适，比如心跳加快、头晕，立刻对自己说“停止”。如果控制不了灾难性的想法，焦虑就会爆发。这时，要把注意力集中在与你目前的感觉无关的事情上，调动你所有的感观去注意周围环境，使自己无暇进行灾难性的推测。

焦虑发作时，患者呼吸急促，这会导致二氧化碳减少，进一步加剧头晕、四肢刺痛等身体症状。所以要想控制焦虑发作，首先要学会控制呼吸。控制呼吸的方法首先是练习腹式呼吸。保持坐姿，身体后靠，不要驼背，五指并拢，双掌放于肚脐上，把你的肺想象成一个气球，用鼻子长长地吸一口气，把气球充满气，保持 2 秒钟。这时你看到你的手被“顶起”。再用嘴呼气，给气球“放气”，看你的手是否在慢慢回落。控制呼吸不仅有“急救”的作用，还能够降低平时的焦虑水平。

【心理学在这里】

抑郁的人更倾向于认为失败在等待着他们，所以也更容易焦虑。

提高挫折抵抗力

在人漫长的一生中，遭遇挫折是在所难免的事情，学习上的困难、工作中的不顺利、同学同志之间的一时误会或摩擦、恋爱中的波折等，固然会引起不良情绪反应，但相对而言，毕竟是区区小事，影响不大。但严重的挫折，会造成强烈的情绪反应，或者引起紧张、消沉、焦虑、惆怅、沮丧、忧伤、悲观、绝望。长期下去，这些消极恶劣的情绪得不到消除或缓解，就会直接损害身心健康，使人变得消沉颓废，一蹶不振；或愤愤不平，迁怒于人；或冷漠无情，玩世不恭；或导致心理疾病，精神失常；也有的可能轻生自杀，行凶犯罪。

在心理学的概念中，挫折心理是指人们在有意识的活动中，受到了无法克服的阻碍或干扰，其需要或动机不能满足所产生的一种紧张心理和消极反应。一般说来，挫折产生的外部原因是由于非人为的环境因素造成的，内部原因是指个人的生理、心理因素等带来的阻碍和限制，成为挫折的来源。

就算在同样的挫折面前，人们的表现也会千差万别。所以，如何看待挫折，归根结底还是要看一个人对待生活的态度，是积极乐观的还是消极悲观。

有位青年画家把自己认为最满意的一幅作品拿到市场上，旁边放了一支笔，请观赏者把不足之处指点出来。晚上回家后，青年画家发现，画面上几乎所有地方都标满了指责的记号。这个结果对青年画家打击太大了，他开始怀疑自己到底有没有绘画的才能。一位老画家为了鼓励他，把青年画家的另一幅作品拿到市场上，旁边放了一支笔，请观赏者把优秀之处指点出来。到了晚上，画面上几乎所有地方都标满了赞赏的记号。

生活中的挫折既有不可避免的一面，在生活中从没有失败和挫折是不现实的。挫折既可能使人走向成熟，取得成就，也可能破坏个人的前途，关键在于对挫折怎样认识和采取什么态度。

首先，任何人都要勇于承认挫折，在挫折面前不要逃避。每个人都应懂得，一个人如果不经历困难和挫折，一生一帆风顺，就犹如温室里的花卉，经不住人生中的风霜雨雪，很容易被一时挫折所压垮，这样的人就难以成才，难以有所作为。

其次，要学会培养自己的耐挫折的能力。每个人的挫折耐受力往往不尽一致，甚至差别较大。对挫折的耐受力，虽然与遗传素质有关，但更重要的是来自于后天的教育、修养、实践、经验和锻炼。在现实生活中，每个人都可以通常自觉、有意识的锻炼，去培养提高自己对挫折的耐受力。

最后，还应该学会一些应对挫折的技巧。凡是经历过磨炼的人，每逢受到挫折时，大都有一些灵活应变、化险为夷的窍门。

【心理学在这里】

挫折对于一个生活的强者来说，无异于一剂催人奋进的兴奋剂。可以提高他的认识水平、增强他的承受力、激发他的活力。

悲观者虽生犹死

悲观，是人自觉言行不满而产生的一种不安情绪，它是一种心理上的自我指责、自我的不安全感和对未来害怕的几种心理活动的混合物。它由精神引起，但还会影响到组织器官，引起相关的一些心理及生理疾病，如焦虑、神经衰弱、气喘不接等等。

平常的人也有悲观情绪。表现为事情发生后的自我检查，总结不足，找出不足的原因，从而在以后的行动中作积极的调整。就这一点来说，人人都会有悲观，它是人类进步的校正器。但极端的悲观却是心理不健康的表现，必须进行适当调适。

有个搬运工人意外地被锁在一个冷冻车厢里，他清楚地意识到自己是在冷冻车厢里，如果出不去就会被冻死。不到20个小时，冷冻车厢被打开时人已死了。法医检验认为他是冻死的。可是，人们仔细检查了车厢，发现冷气开关并没有打开，通风装置工作也正常。那位工人确实死了，因为他确信：在冷冻的情况下是不能活命的。

一般而言，容易悲观的人是与世无争的好人。他们心地善良，洁身自好，习惯在处理事务中忍让、退缩、息事宁人，常常是生活中的弱者，生性胆小、怯懦。他们不仅对自己的言行不检“负责”，甚至对别人的过错也“负责”。明明是别人瞪了自己一眼，他也会立即觉得自己肯定做了不好的事。

人有悲观心理是正常的事情，但让悲观成为习惯却并不是件好事。人们常看到悲观的人整天愁眉苦脸，看什么都不顺眼，甚至要寻死觅活的人就是如此。遇到一点困难，生活有挫折，就说命运对他们不公，就自毁自灭，甚至于堕落，这种例子已有不少。古时有寻世外桃源的，有隐居山林的，有“看破红尘”出家的等等。而今，已无法脱离社会的这类人，就甘愿沉沦，随遇而安，不求进取。这些人是生活的弱者，是懦夫。他们不敢吃苦，贪图安逸，总是幻想着一切都是美好的，他们也只能生活在幻想中。

培养人乐观、开朗、豁达、洒脱的性格对人终身有益。大凡乐观的人常常自我感觉良好，还会时常笑容满面。要知道，“笑一笑，十年少”，这是精神情绪与健康长寿二者关系的最生动、最精辟的总结，也是古今中外的一条被验证的长寿秘方。

悲观的人当遇到情绪扭转不过来的时候，不妨暂时回避一下。打破静态体验，用动态活动转换惰性，只要一曲音乐，就会将人带到梦想的世界。如果能跟随欢乐的歌曲哼唱起来，手脚拍打起来，无疑，心灵会与音乐融化在纯净之中。同样，看场电影，散散步，和孩子玩玩，都能把人带到另一个情绪世界。这个时候，不要总是将目光盯着消极面，自怨自弃或怨天尤人。

【心理学在这里】

任何一种体育锻炼都有助于克服悲观和沮丧，经常参加体育锻炼会使人精神振奋，避免消极地生活下去。

自卑吞噬人的才能

现代社会正以惊人的速度向前发展，任何人都会不断地遭到自卑感的冲击。当以往在许多方面逊于自己的人，如今却优越地站在面前的时候，心理难免会严重地失衡，那种自卑感更是难以忍受。

自卑属于性格上的一个缺点，是一种因过多地自我否定而产生的自惭形秽的情绪体验。自卑感是一种觉得自己不如他人并因此而苦恼的感情。

个体心理学的创始人阿德勒认为，人在生活中时刻都可能产生自卑感，比如先天的、生理上的缺陷，在家庭中的地位，走上社会后人与人之间的利害冲突等，都可能让人产生不完满、不得志、比别人差的情绪。他们可能因为拿自己和周围的人进行比较而感到气馁，他们甚至还会因为同伴的怜悯、揶揄或逃避，而加深其自卑感。自卑感主要原因是来源于心理上的消极和自我暗示。

自卑的人情绪低沉，郁郁寡欢，常因害怕别人看不起自己而不愿与人往来，缺少知心朋友，甚至内疚、自责。自卑的人，缺乏自信心，优柔寡断，无竞争意识，抓不住稍纵即逝的各种机会，享受不到成功的欢愉。自卑的人，常感疲劳，心灰意懒，注意力不集中，工作效率不高，缺少生活中的乐趣。

长期被自卑感笼罩的人，大脑皮层长期处于抑制状态，抗病能力下降，不仅心理活动会失去平衡，生理上也会引起变化，最敏感的心血管系统将会受到损害，从而出现头痛、乏力、焦虑、反应迟钝、记忆力减退等病症，导致衰老加快。生理上的变化反过来又影响心理变化，加重人的自卑心理。

要摒弃自卑心理，还要做到客观地分析自己，评价自己，认识到自己也和别人一样拥有人格与尊严。有自卑心理的人往往会很在意别人的批评或是指责，要克服自卑，就不必在意旁人的贬低。要记住：只要不承认自己有自卑感，谁也没有办法使人自卑。

传说有一个王子，长的很英俊，但却是个驼背，对这个缺陷他感到很自卑。国王请了最好的雕塑师，让他按王子相貌雕了一个塑像，只是并没有驼背。王子看到塑像后，受到很大震撼。

慢慢的王国里的人民开始议论，说王子的背好像没有以前那么弯了，这让王子很高兴。没有多久奇迹就出现了，子的背果然直了。

自卑的人要热心交往，广交朋友，特别是要有意识地选择与那些性格开朗、乐观、热情、善良、尊重和关心别人的人进行交往；要有意识地加强与周围环境和人的关系，多参加集体学习、讨论、旅游、舞会等活动，使自己与别人协调一致。这样，既可开阔眼界，增长知识，又可克服自卑情绪，增强自己挫折的承受力。

自卑的人要明确奋斗目标，执著追求。一个有远大目标和理想、生活充实的人决不会自卑。要鼓励有自卑心理的人勇于实践，在实践中锻炼自己，增长才干。这样就会不断增强他们自身的能力和自信，最终摆脱自卑心理的束缚，走出自卑的阴影和误区，健康地参与学习和社会生活。

【心理学在这里】

通过深层冥想法，能充分运用潜能抑制自卑感。配合腹式呼吸，集中想想自己的长处，就拥有越多的自信。

自负显示心灵的渺小

自负心理就是盲目自大，过高地估计个人的能力，失去自知之明。自负的人难免心高气傲，有的自视过高，总爱抬高自己贬低别人，把别人看得一无是处，总认为自己比别人强很多；有的固执己见，唯我独尊，总是将自己的观点强加于人，在明知别人正确时，也不愿意改变自己的态度或接受别人的观点。自负的人也很少关心别人，与他人关系疏远。

自负的人通常有很强的嫉妒心理，因为自负大多时候是自尊心过分敏感的表现，所以这种人有很强的自尊心，看到别人取得了成就时，其嫉妒之心油然而生，极力打击别人，排斥别人，并用“酸葡萄心理”来维持自己的心理平衡。当别人失败时又幸灾乐祸。

缺乏自我认识的人最容易自负。他们缺乏自知之明，缩小自己的短处，又把自己的长处看得十分突出，对自己的能力评价过高，对别人的能力评价过低，自然就产生了自负心理。这种人往往好大喜功，取得一点小小的成绩就认为自己了不起，成功时完全归因于自己的主观努力，失败时则完全归咎于客观条件的不适合。西楚霸王项羽就是这种自负的典型——

公元前209年，24岁的项羽随叔父项梁响应陈胜、吴广起义，刺杀太守殷通举兵，独自斩杀殷通的卫兵近百人，第一次展现了他无双的武艺。在随后的巨鹿之战中，他当机立断，刺杀了拒不救援友军的主将宋义，破釜沉舟，以少胜多，打败了秦朝大军，成为各路起义军的首领。

但是项羽空有“妇人之仁、匹夫之勇”，刚愎自用和性情残暴使他失去各路诸侯和天下百姓的支持。鸿门宴上，他犹豫不决，放跑了刘邦。亚夫范增也因项羽过度猜忌而含恨病逝。灭秦之后，项羽引军入咸阳，大肆烧杀抢掠。谋臣劝他定都关中，他却偏要“衣锦还乡”。

后来，自负的项羽最终在“楚汉之争”中败下阵来，被刘邦大军团团包围。好不容易突围到乌江边，又自觉“无颜见江东父老”，自刎身亡。临死还执迷不悟，说：“此乃天亡我也，非战之罪也。”

当一个人正为自负所困扰的时候，必须努力提高自我认识。要全面的认识自我，既要看到自己的优点和长处，又要看到自己的缺点和不足，不可一叶障目，不见泰山，抓住一点不放，未免失之偏颇。认识自我不能孤立地去评价，应该放在社会中去考察，每个人生活在世上都有自己的独到之处，都有他人所不及的地方，同时又有不如人的地方，与人比较不能总拿自己的长处去比别人的不足，把别人看得一无是处。

【心理学在这里】

自负者的致命弱点是不愿意改变自己的态度或接受别人的观点，所以要学会接受别人的正确观点，通过接受别人的批评，改变固执己见、唯我独尊的形象。

自私是与世隔绝的墙

中国自古就有关于“性善”、“性恶”的争论，那么，人的本性究竟是善良的还是自私邪恶的呢？其实要回答这个问题，被佛教禅宗奉为始祖的达摩禅师有两句话说的好：“心地含诸种，普雨悉皆萌。”

作为人类的一种较为普遍的病态心理现象，自私心理也是比较正常的。每个人都有自私的时候，但无私帮助别人也是人的正常心理活动。因此，“人有过自私”和“人的本性是自私的”是两个不同的概念。一个人自私过，不等于人的本性是自私的。

自私潜藏在人的心灵深处，是人的一种本能欲望，正因为自私心理较深，它的存在与表现便常常不为个人所意识到，有的人不顾社会历史条件的要求，一味想满足自己的各种私欲，可是自己却不能意识到行为过于自私，相反在侵占别人利益时往往心安理得。也因如此，人们才将自私称为人格缺陷。

自私心理具有隐蔽性、无意识性和深层性。隐蔽性是指自私之人害怕自私本性见于人，常常以各种手段掩饰自己。无意识性是指自私心理潜藏较深，它的存在与表现就常常不为个人所意识到。深层性是指自私处于人们心灵的深处，是一种近似本能的欲望。鉴于自私心理的以上特点，当一个人身上体现出较强的自私欲望时，一定要积极的进行克制。大文豪奥斯卡·王尔德写过一个《巨人花园》的童话故事——

巨人拥有一座非常美丽的花园，孩子们总喜欢到巨人的花园里去玩耍。一次，巨人到自己的朋友家去串门，一住就是七年。他回到家，一眼就看见在花园中戏耍的孩子们。自私的巨人立刻把孩子们赶出了花园，然后沿着花园筑起一堵高高的围墙，还挂出一块告示：闲人莫入，违者重罚。

然而，失去了小孩子的花园变得不再美丽，春天不再光临，冰雪封冻了整座花园。后来，孩子们从墙上的小洞钻了进来，春天的美景又重现花园，触动了巨人的心，最后，巨人把围墙推倒，和孩子们一起在花园中游戏玩耍。

那人们能否彻底消灭自私心理呢？到目前为止，世界上还没有这种一劳永逸的良方。但是作为一种病态的社会心理，自私也是可以克服的，只要在意识到自己的自私行为时及时调适，自私心理就并非如洪水猛兽般可怕。作为自我来说，最有效的方法就是心理调适。

一个想要改正自私心态的人，不妨多做些利他行为。庄子说过："鹪鹩巢于深林，不过一枝；偃鼠饮河，不过满腹。"私心很重的人，可以从让座、借东西给他人这些小事情做起，多做好事，可在行为中纠正过去那些不正常的心态，从他人的赞许中得到利他的乐趣，使自己的灵魂得到净化。

其实，自私和无私之间仅有一线之隔。越过它，就可以感受到舍己为人的快乐。这是最大的喜悦，也是人生道路上不可或缺的一步。

【心理学在这里】

自私的人停留在狭小自我的束缚里，永远无法想像和体会助人为乐的快乐。

疑神疑鬼令人紧张

猜疑是人性的弱点之一，历来是卑鄙灵魂的伙伴，是害人害己的祸根。一个人一旦陷入猜疑的陷阱，必定处处神经过敏，事事捕风捉影，对他人失去信任，对自己也同样心生疑窦，损害正常的人际关系，影响个人的身心健康。

猜疑者整天疑心重重、无中生有，认为人人都不可信、不可交。有的人见到几个同事背着他讲话，就会怀疑是在讲他的坏话；有的人见老师对他态度略显冷淡一些，又会觉得老师对自己有了看法。成天提心吊胆，内心总有解不开的疑惑，总有摆脱不了的矛盾，活得很累。这种人心有疑惑，不愿公开，也少交心，整天闷闷不乐、郁郁寡欢。由于自我封闭，阻隔了外界信息的输入和人间真情的流入，便由怀疑别人发展到怀疑自己、怀疑自己的能力，失去信心，变得自卑、怯懦、消极、被动。《三国演义》中有这样一个故事——

曹操刺杀董卓失败后，与陈宫一起逃到世交吕伯奢家。吕伯奢见曹操到来，本想杀一头猪款待他，可是曹操因听到磨刀之声，又听说要“缚而杀之”，便大起疑心，以为要杀自己，于是不问青红皂白，拔剑误杀无辜。杀人后，曹操与陈宫急忙逃命，路遇沽酒回家的吕伯奢，曹操编了个谎话骗过吕伯奢，可还是不放心，将吕伯奢也杀了。陈宫问曹操为什么杀吕伯奢，曹操说出了那句流传千古的“至理名言”：“宁我负天下人，不教天下人负我！”

猜疑一般总是从某一假想目标开始，最后又回到假想目标，就像一个圆圈一样，越描越粗，越画越圆。现实生活中猜疑心理的产生和发展，几乎都同这种封闭性思路主宰了正常思维密切相关。

猜疑似一条无形的绳索，会捆绑人们的思路，使他们远离朋友，如果猜疑心过重的话，那么就会因一些可能根本没有或不会发生的事而忧愁烦恼、郁郁寡欢；有的因猜疑心导致狭隘心理，不能更好地与周围的人交流，其结果可能是无法结交到朋友，变得孤独寂寞。

猜疑往往是心灵闭锁者人为设置的心理屏障。只有敞开心扉，将心灵深处的猜测和疑虑公之于众，或者面对面地与被猜疑者推心置腹地交谈，让深藏在心底的疑虑来个“曝光”，增加心灵的透明度，才能求得彼此之间的了解沟通、增加相互信任、消除隔阂、排释误会、获得最大限度的消解。

一个人对他人的偏见越多，就越容易产生猜疑心理。人应抛开陈腐偏见，不要过于相信自己的印象，不要以自己头脑里固有的标准去衡量他人、推断他人。要善于用自己的眼睛去看，用自己的耳朵去听，用自己头脑去思考。必要时应调换位置，站在别人的立场上多想想。

【心理学在这里】

猜疑心与人的私欲成正比例。私欲（包括权力欲、金钱欲）越大，猜疑心理就越强。

逆反令人孤寂

逆反心理是一种十分常见的心理现象，是客观环境与主体需要不相符合时产生的一种具有强烈抵触情绪的心理活动。换句话说，逆反心理是指客体与主体需要不相符合时产生的具有强烈抵触情绪的社会态度。

在《趣味心理学》一书的前言中，心理学家普拉图诺夫故意提醒读者不要先阅读第八章第五节的故事。但是根据调查的结果显示，大多数读者采取了与告诫相反的态度，首先翻看了第八章的内容。

这种在特定条件下，其言行与当事人的主观愿望相反，产生了与常态性质相反的逆向反应，是逆反心理的典型表现。一旦这种心态构成了心理定势，就会对人的性格产生极大的影响，经常性地左右他的一举一动，成为他言行举止的一个基本特征。

逆反心理使人无法客观地、准确地认识事物的本来面目，而采取错误的方法和途径去解决所面临的问题。逆反心理经常地、反复地呈现，就构成一种狭隘的心理定势，无论何时何地都与常理背道而驰。逆反心理往往是孤陋寡闻、妄自尊大、偏激和头脑简单的产物。因此有些人有一种倾向，提到逆反心理，就认为它是坏的，甚至认为它是一种变态心理。

但是，把逆反心理说成是一种变态心理显然是错误的，因为逆反心理是人脑对一部分客观事物的正常反映，任何一个正常的社会成员都可能产生。至于评价逆反心理的好与坏，一定要视具体情况而定，抽象地谈论它的积极与消极与否是不正确的，因而是没有多大意义的。其判断标准是看某一逆反心理能否对客观事物进行正确反映。

逆反心理往往是利用了人们缺乏对多渠道解决问题的想像力。解决一个实际问题用一个办法就已足够，但在问题未解决之前却存在着几乎是无限的可能性。如果一个人的思想一旦被逆反心理控制住，那么他的视野就会变得狭隘、短视和显得愚蠢。逆反心理使人们无法进行正确的思维和判断，让思想仅仅是在“对着干”的轨道上盲目滑行。当人们冷静地进行分析的时候就会发现，他们所强烈反对的意见固然并不一定就是真理，但“对着干”起码也使他们的思维同对方同样的狭隘。因此，对怀有逆反心理的人来说，努力培养起自己的想像力是十分必要的，它有助于一个人开阔思路，从偏执的习惯中超脱出来。

提高文化素质、增长见识是克服逆反心理的根本道理。一个对生活有着广博知识的人，凭直觉就能认识到逆反心理的荒谬之处，从而采用一种更科学、更宽容的思维方式。广闻博见能使人避免固执和偏激，而逆反心理则使人在最终认识真理之前走了许多弯路，当他们醒悟过来时往往太迟了。

【心理学在这里】

宽容的思想方式和想像力是可以通过自我不断的思维训练来获得，它能激发出人们的创造力。

迷信活动使人迷

迷信，《辞海》解释为：“指相信星占、卜筮、风水、命相和鬼神等；也指盲目地信仰和崇拜，如迷信书本。”

生活中人们说的“迷信”一般是指前者，即信神信邪。从心理学上讲，它是指人们对内心中认为生命个体（或生命群体）有支配力量的神灵的畏惧和遵循状态，是人们在社会生活中遇到不可认知之物而无所适从，或遇到难以克服的挫折和障碍时所表现出来的对鬼神天命等的认同，祈求以改善自己命运的一种信仰和行为。例如有人遇到困难时，常去求神问卦、算命、抽签、测字、相面、降仙以求解脱。而后者是迷信心理的深层次原因，即对外界事物没有保持辩证的怀疑态度，不进行思考和研究，人云亦云；对自己的某些想法和做法坚信不疑，即使客观环境有了改变也不进行修正。

迷信是一种偏见与无知，是对科学的反动，是对客观世界的错误认识或虚幻的认识。每一种迷信都伴以假想威慑力的存在，这种假想的威慑力对人们的思想和行为产生十分强大的暗示、制约力量，它不让人们去进行理性的思考，只要求人们无条件地承认、服从。

迷信心理首先与人的需求有关，是因为缺乏某项事物而存在的人的主观状态。心理学家马斯洛认为，需求是行为的原始动力，人有生理、安全、社交、尊重、自我实现等层次的需求，需求指向一定的目标，当某个目标受阻时，这种需求将变得更为强烈。如果这些目标不能实现，有些人可能“病急乱投医”，去寻求鬼神的庇护。

迷信是无知愚昧的产物。缺乏知识和技能的人在生活中遭到挫折、困难时，为追求心理平衡，通常会选择迷信这种非理性方式。他们试图通过迷信寄托自己受折磨的心灵，试图通过迷信来改变自己的不幸，试图通过迷信得到好运。

迷信也与人的错误推理有关。推理是人们从因推果或由果归因的思维活动。自然界、社会中许多事物间本来就存在着因果关系与时空关系，它们的存在本是客观的，是不以人的意志为转移的。但是迷信者却以主观意识去推导或解释客观现象，将自然界的偶然巧合说成是鬼神的安排。

在现代社会中，真正信迷信的人多半是文化程度不高的人，要解除迷信，首先就要以科学的知识武装自己。很多人的迷信心理都是在经历挫折后产生的，例如身患重病、事业失败、婚恋不顺等等。这时人们在心理上都需要支持和帮助。而广泛的社会交往能够使人迅速的找到心理支持。如果问题严重，不妨请专业的心理医生帮助分析问题所在，给予心理治疗。或者加入正规的宗教团体，寻求心灵的安慰。

【心理学在这里】

迷信是一种观念也是一种行为，可以通过社会心理的暗示、感染、模仿等形式，在社会上逐渐传播开来。

完美的人不健康

完美主义是一种追求尽善尽美的极端性格，其虽能驱使人奋发向上，努力达到目标，但也因为树立标准过高，行事缺乏弹性，加上求好心切，要求无懈可击，结果反而患得患失，徒增负担压力而已。

完美主义者往往是以完美作为为人处事的衡量标准和唯一关注点，总是给自己和他人设定过高的标准，当人、事、物令他不满意时，他就会产生不良情绪，甚至厌恶和斥责。过分追求完美的人，内心深处还往往有一种不安全感和自卑感，害怕被别人拒绝或否定；为了避免不完美，他们不惜多花许多时间、气力去做事情，结果降低了自己的生活效能。

完美主义者因为做人或者做事树立的标准太高，事事要求无懈可击，就容易导致患有强迫症。反复出现强迫观念和强迫动作是强迫症的基本特征，强迫症患者总是不自觉地去强迫自己完成某一特殊的仪式动作，否则就会立刻感到焦虑或非常不适，不断唠叨没有完成这件事的心情，难以摆脱，甚至走向极端。

患有强迫症的人通常为人谨慎、墨守成规、缺乏通融和幽默感、太过理性；内心常常有明显的冲突，徘徊于服从与反抗、控制或爆发两种极端。他们常常对自己、对别人要求很高，结果总是批评别人不好，怀疑和否定自我，缺乏自信心，经常因此而无法接受自己强烈矛盾的内心冲动欲望而崩溃。这些强迫症的症状往往都是完美主义心理所致。

其实，人追求完美并没有错，应该辨证地来看待这个问题。追求完美是人类文明进步、社会持续发展的重要动力源。一个人如果没有对完美的期待，很容易导致做人做事随便马虎，得过且过。但是，若过度求全求美，以完美标准来苛求一切，这种追求带来的杀伤力，无异于自己向自己发起了一场旷日持久的战争，不只让自己陷入无穷无尽的烦恼，还会影响到周围的人和事。总是苛刻的要求，总是不满的论断，会导致朋友的疏离，亲人的隔膜，从而使自己更容易陷入自怨自艾的恶性循环。

苛求完美无异于追求痛苦，世上没有十全十美的人，没有十全十美的事物，平庸是人类的主体，平庸的人类是世界的主体，人因为接纳生活的平庸，于是感激奇迹，因为感激奇迹而热爱生活。当打破原有的思维模式，用另一种眼光看待世界时，人们会发现生活豁然开朗。

对于一些新的，富于挑战意义的工作，不作过于乐观的要求。先为自己确定一个短期的合理的目标。只要目标合理，每次总能接近或超过目标，这样下去，才能培养起成就感和自信心，在以后的学习和工作中就会取得优异的成绩。

【心理学在这里】

完美主义心理的形成一般与不恰当的教育有关。太过严格的家教会使孩子逐渐失去自我，做事机械、死板、追求完美。

学会幽默和自嘲

生活中我们总避免不了因沮丧、挫折、失败与不幸而导致的心理失衡，但具有幽默感的人善于从生活中揭示或升华其中的喜剧成分，淡化甚至驱除不利情绪，化消极为积极情绪，从不满中分享到满足的喜悦。幽默感是人类面临困境时减轻精神和心理压力的方法之一，许多研究证实，幽默有助于降低人体内皮质醇的含量，而皮质醇是一种引起紧张情绪的激素，皮质醇持续增高可使心血管功能和生理功能受损。

当一个人处境困难或陷于尴尬境地时，有时可使用幽默来化险为夷、渡过难关；或者通过幽默间接表达潜意识意图，在无伤大雅的情形中，表达意见，处理问题。我们将这种心理防卫术称之为幽默作用。幽默作用是一种高尚成熟的心理防卫机制。人格发展较成熟的人，常懂得在适当的场合，使用合适的幽默将一些原来较为困难的情况转变一下，大事化小，小事化了，免除尴尬。

美国前总统亚伯拉罕·林肯有一次与政敌道格拉斯进行公开辩论。道格拉斯用尖酸刻薄的言语指控林肯说一套做一套，“完全是个有两张脸的人”。外貌堪称丑陋的林肯回应说：“道格拉斯先生指控我有两张脸，大家说说看，如果我有另一张脸的话，我会带这张丑脸来见大家吗？”林肯的话逗得大家哄堂大笑，道格拉斯自己也跟着笑了。

笑的过程牵动膈肌上下振动与腹肌的收缩运动，对内脏各器官形成一个推压、按摩的作用，增强毛细血管功能，促使静脉、淋巴液回流加快，从而减轻了心脏负担。笑这个动作采用的是深长的腹式呼吸，对提高呼吸肌功能、增加肺活量有良好作用。笑的过程还能使大脑皮层形成一个特殊的兴奋灶，使其他区域被抑制，从而使大脑得到更好的休息。笑能牵动面部 13 块笑肌不同程度地运动，促使面部血液循环，使人容光焕发、青春永驻。

当然，幽默与自嘲绝不同于自轻自贱，要掌握并运用好它，首先要有自谦和自信心，也要自知自爱。一个人如果不能了解自己、爱惜保护自己，不重视身心健康和珍惜自己品德和荣誉，也就是不能够自爱的人，便会盲目适从，难免闹笑话，出洋相。

最后还须适应改造自身周围的环境。一个人常常是在与自身周围环境不协调受到嘲讽的。如若这样，要学会适应周围环境，即个体与环境进行良好的接触，不要做不切实际的幻想。同时，面对现实应不退缩、不逃避，努力改善周围环境，使之与自己相协调。

具备以上良好素质的人，一旦受到“嘲讽”时，便可采取幽默的心理防卫措施，以求缓冲矛盾，取得转化，保持平衡的心理状态。

【心理学在这里】

弗洛伊德说：笑话给予我们快感，是通过把一个充满能量和紧张度的有意识过程转化为一个轻松的无意识过程。

合理宣泄情绪

有些人在遇到挫折和打击时，产生的消极情绪没有得到及时释放，反而把它深深埋在心里。当这种负面情绪越积越多时，就容易产生沉重的压抑情绪。如果人长时间处于压抑情绪下，连脸色都会变得阴沉难看，脾气古怪暴躁，难以接近。

人是有感情的动物，多数心理疾病患者都在情绪上有困扰。因此，情绪的调适与心理健康关系最为密切。在正常的情绪下，情绪反应是由适当的原因引起的，且该原因并为当事者本人所觉知，并且情绪反应的强度应和引起它的情境相称。当引起情绪的因素消失之后，情绪反应会视情况而逐渐平复。正常的情绪反应，不论是积极的还是消极的，都有助于个体的行为适应。

所谓不良情绪是指两种情形：过于强烈的情绪反应和持久性的消极情绪。人的情绪主要受皮层下中枢支配，当这一部分活动过强时，大脑皮层的高级心智活动，如推理、辨别等将受到抑制，使认识范围缩小，不能正确评价自己行动的意义及后果，自制力降低，引起正常行为的瓦解，并使工作和学习效率降低，甚至诱发病变。这就是过于强烈的情绪反应的危害。

另一种不利的情形是情绪的持久性反应。当人在焦虑、忧愁、悲伤、惊恐、愤怒、痛苦时，会发生一系列生理变化，这是正常现象，当情绪反应终了时，生理方面又将恢复平静。通常此类变化为时短暂，没有什么不良的影响，但若情绪作用的时间延续下去，生理方面的变化也将延长。久而久之，就会通过神经机制和化学机制引起心血管系统、消化系统、泌尿生殖系统、呼吸系统、内分泌系统等各种躯体疾病。

情绪既然是健全心理中不可缺少的一面，我们对正常的情绪就不能过多压抑，而要加以宣泄。当情绪发作时，人体内潜藏着一股能量，须借助情绪的发泄来加以释放，否则积聚起来，将有害身心。

体育锻炼能让人在运动中无形中疏解压力。同时，我们也可以走进大自然，让大自然的魅力和纯洁来净化自己的心灵。艺术活动对人神经系统和内分泌系统都有积极的冲击力，能够使人精神上容易产生一种无法用言语表达的欢快感。

有压抑情绪的人大多不愿意把自己遇到的事情向别人述说，

他们独自承担着因为打击所带来的伤害。这样的自我压抑出了使精神状态变得糟糕外，还会导致个人走向自闭和孤独。假如能够把痛苦说出来，即使别人不能给你指导，但是你的心里会感到舒服得多。朋友和亲人就是你的靠山，他们不会嘲笑和鄙视你，他们希望你活的快乐而不是被压抑包围。

【心理学在这里】

在各种不良性格反应导致癌症的统计中，情绪压抑不得释放的人最容易患肺癌。也就是说，肺癌病人病前情感释放能力，明显要低于正常人。

愤怒等于自杀

愤怒是人类最危险的情绪之一。引起发怒的因素很多，使人愤怒的最大原因，也许是感觉到有什么威胁着自己，或是忽视了自己的存在，伤害到人的自尊。这时的愤怒是一种保护性的情绪。当人们心存不满时，如果他认为表现出愤怒才能让自己感受到掌握情境、有控制感的话，他必定会将愤怒情绪外化。

强烈的愤怒情绪在抑郁状态下是司空见惯的，而且经常与挫折感、阻力、威胁、被忽视、被苛责相关联，从某种角度而言，愤怒是防御性的，盛怒的外表下常常有一颗脆弱的心。自信的人由于较少受威胁，因此很少发怒。

世间万事，危害健康最甚者，莫过于生气。诸如咆哮如雷的“怒气”，暗自忧伤的“闷气”，牢骚满腹的“怨气”，有口难辩的“冤枉气”等。如果“气不顺”，必将破坏机体平衡，导致各部分器官功能紊乱，从而诱发各种疾病。

在愤怒情绪的调动下，肾上腺分泌出皮质醇、肾上腺素和其他紧张型荷尔蒙，同时心速加快，血压上升，呼吸短促而浅。肌肉紧张，大脑出于高度警觉状态。心脏输入四肢的血量增多，消化和免疫系统几乎完全关闭。

愤怒造成的典型紧张反应使人体处于战斗或逃避的精神状态中。这种生理上的战备状态可能对身体造成无法估量的损害。由于大脑内负责传输的化学物质神经传递素在数秒之内消失，压力荷尔蒙残留在血流内。如果其含量长期居高不下，就可能导致冠状动脉中动脉硬化物质的形成，增加血栓的可能，抑制免疫功能，并使中风和心脏病突发的可能性成倍增加。

生活中遇到能引起人发怒的刺激时，应力求避开，眼不见，心不烦。这是自我保护性的制怒方法。当愤怒的情绪无法避免时，既不要压抑，也不要让怒火爆发，而应当学会把愤怒的能力向外发泄，以适当的方式表达出来。

当愤怒来临时，应当保持冷静，克制住对刺激物的瞬间情绪反应，强迫自己从 1 默念到 100，直到心情能平静下来。

然后试着问问自己：“这使我受到伤害了吗？他是有意刺激我的吗？情况真的严重到需要暴跳如雷吗？”盛怒之下，根本无法回答这些问题，但是这些问题值得我们来思考。很多时候，让我们发怒的其实不是什么大事，而是一些鸡毛蒜皮的小事。当我们思考了这些问题后，我们才知道接下来该如何去做。

当情绪得到控制后，深呼吸几次，就可以表达自己的感受了。把自己的不满情绪表达出来，别人会了解你是如何想的，如何感受的。承认自己的愤怒，然后管理好它，以适当的言语和行动表达出来，才是善待自己和他人。

【心理学在这里】

人们的愤怒情绪大多数是由于沟通不畅造成的。有时候并非环境本身使人生气，而是因为对环境缺乏了解，从而采取了一种愤怒的反应。

最大的危险是空虚

空虚是指百无聊赖、闲散寂寞的消极心态，是心理不充实的表现。空虚是一种社会病，它的存在极为普遍。当社会失去精神支柱或社会价值多元化导致某些人无所适从时，或者个人价值被抹杀时，就极易出现这种病态心理。

从心理学的角度看，空虚是一种消极情绪，这是它最重要的一个特点。被空虚所乘机侵袭的人，无一例外地是那些对理想和前途失去信心，对生命的意义没有正确认识的人。

空虚通常发生在这样两种情景之中：一种是物质条件优越，无需为生活烦恼和忙碌，习惯并满足与享受，看不到也不愿看到人生的真实意义，没有也不想有积极的生活目的；另一种是心比天高，对人们通常向往的目标不屑追求，而自己向往的目标又无法达到而难以追求，结果变成无所追求。

曾经有一名自称刚从新西兰回国的22岁大学生，在某网络论坛上发表了“出租自己”的帖子，引起了许多网友的注意。帖子称：“本人欲将自己出租，只要不违背法律的要求都在考虑范围之内！陪聊，陪逛，陪吃……价格面议。”发帖人说“出租自己”只因为“太无聊”。

空虚与寂寞、孤独是有所不同的。寂寞、孤独对于人并不总是消极的，有时甚至标志着一个人独具个性。而空虚却只能消磨人的斗志，侵蚀人的灵魂，使人的生命毫无价值。空虚者或是消极失望，以冷漠的态度对待生活，或是毫无朝气。为了摆脱空虚，他们或抽烟喝酒，打架斗殴，或无目的地游荡，沉迷于某种游戏，妨碍了正常的社会行为，之后却仍是一片茫然，无谓地消磨了大好时光。空虚带给人的只有百害而无一利。

“空虚感”是最无以名状而且捉摸不定的，它让人束手无策，常常是越想克服这种虚无，就越发深陷其中。这时如果能把注意力放在一些实事上，就可以有效地驱走空虚感。

人生可以看作由需要和满足构成的循环运动。追求“需要”是艰难的，但动力和充实相伴而行；达到“满足”是幸福的，但空虚和无聊会随之而来。人生的欲望需要是多种多样的，对每一种“需要”的追求，都会产生活力。对于空虚者，需要做的是确立新的追求，从空虚中彻底走出来，重新开始一种新的生活。一旦有了新的目标和新的乐趣，就会完全摆脱那种“无意义”的空虚感。

空虚的产生主要源于对理想、信仰及追求的迷失，所以树立崇高的理想、建立明确的人生目标就成为消除空虚的最有力的武器。当然，这个过程并不是一蹴而就的，但当你坚定地向着自己的人生目标努力前进时，空虚就会悄悄地离你而去。

【心理学在这里】

心灵空虚的人缺乏做出决定或根据自己做出的决定去行动的能力，意志薄弱，易受暗示及环境的摆布。

抑郁是“心灵感冒”

抑郁是一种非常普遍的病态情绪，很容易化解，但是如果得不到有效的调适，后果可能会非常严重，甚至致命。这种状况和感冒非常类似，因此心理学界把抑郁情绪称为“心灵感冒”。抑郁并不专属任何特定人群，并有可能发生在任何人身上。

心境低落是抑郁主要表现。抑郁的人常常不由自主地感到空虚，为一些小事感到苦闷、愁眉不展；觉得生活没有价值和意义，对周围的一切都失去兴趣，整天无精打采。抑郁的表现是多方面的，但归结起来，主要表现为心境低落、思维迟缓、意志减退的症状。

抑郁经常是由于社会心理因素诱发的，如夫妻的争吵、离异、亲人的分别、意外的伤残、工作困难、人际关系的紧张等等。另外，患严重躯体疾病的患者经常对疾病或是死亡持担心、焦虑的态度，以致心情苦闷、沮丧、抑郁，从而诱发抑郁。如果生活比较顺利，抑郁的发生率就会明显下降。

容易感到抑郁的原因也可能是基因引起的，与心理因素和外在环境相互影响，在很多病例中，大脑显像技术指出，抑郁者负责情绪、思考、睡眠、食欲和行为调节的中枢神经回路无法正常运作，而必要的神经传送素也失去平衡。一般认为血清素和肾上腺素都扮演着导致抑郁的关键角色，这两种化学元素都会影响一个人的情绪。

抑郁者并不完全是心胸狭窄，遇事爱钻牛角尖的人，它也不能说明一个人的品质低劣或意志薄弱。治疗抑郁的关键就在于能清楚地确认并承认自己的抑郁。当很多人患上了抑郁症的时候往往还不曾发觉，他们也就长期笼罩在抑郁的阴影中无力自拔，不能积极调整自己的心态，从而给生活带来了严重的影响。

心情不快却闷着不说会闷出病来，有了苦闷应学会向人倾诉的方法。能把心中的苦处倾诉给知心人并能得到安慰甚至获得计谋的人，心胸自然会像打开了一扇门。即使面对不很知心的人，学会把心中的委屈不软不硬地倾诉给他，也常能得到心境立即阴转晴之效。

对于严重的抑郁症患者，根据不同患者的需求，采用抗抑郁剂药物治疗、精神疗法或综合治疗，都会有不同的效果。约有50%～60%的抑郁症患者可以通过药物治疗获得控制和缓解。但是某些抑郁症患者在服用某些抗抑郁药物后会产生危险的自杀念头，所以服用药物一定要在医生的监护下而不能自行服药，在服用药物的过程中有任何不适要随时和医生联系，以免造成无法挽回的后果，对于早期和轻度的抑郁症患者完全不必使用抑郁药物，而应该采用心理治疗或者环境疗法。

【心理学在这里】

褪黑素会使人萎靡不振，而光照能有效地抑制褪黑素的分泌，所以抑郁者不能总是待在屋里，而应尽可能地到户外晒太阳。

行动是治愈恐惧的良药

恐惧是人生命情感中难解的症结之一。面对自然界和人类社会，生命的进程从来都不是一帆风顺、平安无事的，总会遭到各种各样、意想不到的挫折、失败和痛苦。当一个人预料将会有某种不良后果产生或受到威胁时，就会产生这种不愉快情绪，并为此紧张不安、忧虑、烦恼、担心、恐惧，程度从轻微的忧虑一直到惊慌失措。

恐惧是一种非正常情绪状态，它是由于人本身经历的扭曲或伤害引起的。显然，恐惧的形成源于无知，源于对已经历或未经历的事的不认识。最容易感到恐惧的是儿童，因为他们的认知水平和情绪调控能力都不完善，因此最容易产生恐惧感。儿童在习惯的情境中已形成适应性的知觉模式，有一定的对会方法，而当情境变化时，本已掌握的对付方法就会失效，使儿童感到焦虑和不安，从而产生恐惧心理。

1920 年，早期行为主义心理学的代表人物约翰·华生进行了心理学史上著名的一次实验。该实验揭示了在一个婴儿身上是如何形成对恐惧的条件反应的。实验对象的是名叫阿尔伯特的9个月大的小男孩，他害怕钢轨敲响的声音，而不怕老鼠。华生用钢轨敲响的声音和老鼠配对出现，使阿尔伯特对老鼠形成了完全的恐惧条件反应，甚至泛化到兔子、狗、皮大衣、绒毛玩具娃娃等一切毛茸茸的东西上面。

不同年龄段的人对于恐惧的对象也是有所区别。一般来说，心理越成熟，恐惧感的来源越抽象。幼童多对动物、陌生的物体或突然失去身体支持等感到恐惧。随着年龄的增长，活动范围的扩大，便对想象中的一些动物、黑暗及有伤害性的威胁感到恐惧，且年龄越大，其主观想象的、预料的危险引起的恐惧越多。

勇敢的思想和坚定的信心是治疗恐惧的良药，所有的恐惧在某种程度上都与人的软弱感和无助感有关，因为此时人的思想意识和力量是分离的。要消除恐惧感，就要勇敢地面对引起恐惧的事物，学会控制、调节自己的恐惧情绪。

心理治疗中的行为疗法可以有效地消除恐惧情绪，其基本原则是交互抑制，即每次在引发恐惧的刺激物出现的同时，让人做出抑制恐惧的反应，恐惧感就会削弱，并最终切断刺激物同焦虑反应间的联系。

当恐惧感袭来时，身体会分泌过盛的肾上腺素，而当你活动时，会消耗肾上腺素。因此，你感到恐惧时不要坐着不动，而应当起身走动，才能消耗肾上腺素。若你无法走动，不妨试着收缩及放松各部位肌肉。收缩大腿肌肉，然后迅速放松。这种一紧一松的肌肉运动也能消耗肾上腺素。

【心理学在这里】

恐惧源于无知，比如儿童害怕雷电，但是懂得雷电形成原理的成年人只会被雷声“震惊”，而不会产生恐惧。

生活要张弛有度

紧张，是外部条件加于机体的刺激超出了机体的相应反应能力而引起心理不平衡。紧张情绪一方面受到自主神经系统的控制，另一方面又通过激素的分泌影响生理状态。

一个人处在极度紧张状态时，往往会表现出惊慌、恐惧、愤怒、或者苦闷、忧愁、焦虑等情绪。这种情况也叫做紧张反应，常伴有植物神经系统的变化、行为改变和心理活动异常等。当紧张消除后，这些症状自动消失，机体又恢复到原来状态。

人的紧张情绪反应有警报反应、抵抗反应和衰竭阶段三个阶段。适度的紧张对人的身心健康是无害的。这时，人的肾上腺素分泌增加，心跳加快，大脑和相关的器官组织供血量增加，新陈代谢旺盛，机体免疫系统处于应激状态，可以提高人的免疫功能。如果人体的紧张反应持续到第三阶段，则会对人体造成严重的伤害。

高度紧张可引起人的中枢神经系统产生强烈的反应。当下丘脑受到紧张情绪的刺激后，通过脑垂体刺激肾上腺促使糖皮质素分泌大量增高，大大降低机体免疫系统的功能，削弱机体对疾病的抵抗力，以致使人患病。持续过度的紧张不仅导致抑郁，而且导致高血压、溃疡病、结肠炎、糖尿病、中风以及心脏病发作等疾病。研究表明，高紧张者冠心病患病率显著高于低紧张者，冠心病人中有91%从事强烈而持久的紧张工作，而健康人只有20%从事紧张的工作。

要避免紧张，首先要注意避开紧张源。当我们产生紧张的情绪体验时，可以采取回避或躲开紧张源的方式，以减少紧张和由它所带来的不适感。

当紧张的情绪反应已经出现时，有效的调适方法应该是坦然面对和接受自己的紧张。你应该想到自己的紧张是正常的，很多人在某种情境下可能比你更紧张。不要与这种不安的情绪对抗，而是体验它、接受它。要训练自己像局外人一样观察自己的心理，注意不要陷入到里边去，不要让紧张的情绪完全控制住你，而要正视并接受这种紧张的情绪，坦然从容地应对，有条不紊地做自己的该做的事情。

在紧张时，可以做一些放松身心的活动，用身体的放松对抗精神的紧张。比如活动一下身体的一些大关节和肌肉，做的时候速度要均匀缓慢，动作不需要有一定的格式，只要感到关节放开，肌肉松弛就行了。将注意力集中到一些日常物品上。比如，看着一朵花、一点烛光，细心观察它的细微之处。闭上眼睛，着意去想象一些恬静美好的景物。还可以做一些与当前具体事项无关的自己比较喜爱的活动，比如游泳、洗热水澡、逛街购物、听音乐、看电视等。

【心理学在这里】

心理与身体的紧张是相互关联的，所以在心理紧张的时候一定要注意保持身体的放松，如何有可能的话，不妨躺下来，紧张的心情就会立刻缓解。

偶尔做个“厚脸皮”

过于敏感的心理，就是感情脆弱，承受能力差，微小的刺激，比如一句平常的话、一个平常的小动作、一个平常的眼神，就能引起严重的不安全感，好像要发生什么大事而紧张不安，或者感到自己受到伤害，心中充满极度委屈的情绪。

敏感的人生活在情感过于充沛的海洋里，敏感的神经随时都可以被调动起来，因为周围发生的一切都会在心里留下深深的痕迹。过度敏感的人的弱点在于他们缺乏自信心，总是在寻找抱怨的理由。结果是，即使别人发自内心的赞扬也不足以让他们往好处去想。

敏感心理容易产生内向性行为问题，也就是心理学所讲的非社会行为。行为的结果更多的是对自己的否定和伤害。如退缩、孤独不合群，猜疑报复和敌视、抑郁、自责、自虐。在知道了自身的弱点或知道别人已经了解了自身的弱点后，往往会不知所措，陷入自我责备的痛苦中，整日彷徨不安，也有人在别人有意或无意地谈及自己的痛点时，会情绪反应剧烈。

《红楼梦》中的林黛玉，由于父母先后过世，只能过着寄人篱下的生活，变得越来越变得多愁善感。有一次，史湘云说唱小旦的戏子和黛玉容貌相像，她当时没有发作，回到屋里就生闷气，还向前来安慰的贾宝玉发脾气：“我原是给你们取笑的，拿我比戏子取笑。”

宝玉道辩解道：“我并没有比你，我并没笑，为什么恼我呢？”

她就说：“你还要比？你还要笑？你不比不笑，比人比了笑了的还厉害呢！”

害得宝玉尴尬不已，无言以对。

过度敏感的人都有一种自贬自责的倾向，一个小小的挫折都往心里去，随即开始怀疑自己的全部。于是，所有外界的批评都是有道理的，一切都是自己的错。其实，搞清楚敏感的根源之后，再遇到不愉快的事情，稍微进行一下自我反省就可以了，并不需要对自己进行全面检讨，继而全面否定。

我们需要及时调节和克服敏感心理，学会从善意的角度看待别人的做法和事物，走出敏感带来的阴影。要想从根本上解决敏感心理，提高修养是关键。胸怀要宽广一些，学会关心别人和体谅别人。有意识地训练自己的心理承受能力，养成良好的意志品质。

世界上不被误会的人是没有的，关键是我们要有消除误会的能力与办法。所以如果可能的话，最好同你“怀疑”的对象开诚布公地谈一谈，以便弄清真相，解除误会。

过度敏感的人可能会更快地意识到问题，而不会对周边事物视而不见。如果对周边事物有什么异常感觉，那这些感觉对你的进步和成熟便是起了建设性的作用了。一旦克服了过度敏感的心理，对生活的适应能力就会更强。

【心理学在这里】

过度敏感往往是心理不成熟的表现。过于敏感的人终日生活在“防御”状态之下，只会使自己疲惫不堪。

人应当是独立自主的

独立、自主、自立是衡量一个人心理成熟水平的重要指标。假如有人真的可以一辈子依靠别人，那么他的生命也是不完全的、价值不高的，因为他没有用自己的头脑去思考、没有用自己的双手去创造。他可能拥有成熟的身体，却具有极其幼稚的心理。因此，克服依赖性，走向独立，是达到心理成熟的必要条件。

依赖心理源于个人发展的早期。幼年时期儿童离开父母就不能生存，在儿童印象中，保护他、养育他、满足他一切需要的父母是万能的。如果父母过分溺爱，鼓励子女依赖父母，不让他们有长大和自立的机会，在子女的心目中就会逐渐产生对父母或权威的依赖心理，成年以后依然不能自主，形成依赖心理。这样的年轻人，显然不可能在生活上自立自强，在事业上有所作为。这里，有必要重温一下小仲马的故事——

小仲马写作之初，寄出的稿件连连石沉大海，父亲大仲马对他说:“你寄稿时给编辑先生附上一封信，说‘我是大仲马的儿子’，也许情况就会好多了。”可小仲马不但坚决拒绝以父亲的盛名作自己事业的敲门砖，而且不露声色地给自己取了十几个笔名，以免编辑把他和父亲联系起来。经过坚韧不拔的努力，他终于取得了成功——《茶花女》一炮打响，成为传世之作。

可以想象，假如小仲马当年依靠父亲的名气从事创作，或许能发表一些作品，却断然不会创作出如此不朽之作。

依赖性过强的人，首先表现出缺乏独立的意识，作判断、决定总要依靠别人的头脑，而不是依靠自己的头脑。其次还表现为在行动上几乎完全依靠别人的指导、督促，或者让别人代替自己去行动。如果再进一步，不仅是积极的行为依赖他人，而且将情感、需求也依附于他人，那么就是依赖型人格障碍。有的依赖型人格障碍患者仅仅表现为情感上的依赖，他们总是无意识地倾向于以别人的看法来评价自己，为讨好他人甘愿做低下的或自己不愿做的事，害怕被他人忽视。

依赖型人格的依赖行为已成为一种习惯，首先必须破除这种不良习惯，才能消除依赖心理的影响。依赖行为并不是轻易可以消除的，一旦形成习惯，患者会发现要自己决定每件事毕竟很难，可能会不知不觉地回到老路上去。为防止这种现象的发生，简单的方法是找一个自己最依赖的人作为治疗的监督者。

依赖型的人缺乏自信，自我意识十分低下，这与童年期的不良教育在心中留下的自卑痕迹有关。把可能的相关事件整理出来，加以认知重构。这样可以增加勇气，逐渐改变事事依赖他人的弱点。

【心理学在这里】

只是简单地破除了依赖的习惯，而不从根本上找原因，依赖行为也可能复发。

懒惰使人生锈

普通人都喜欢舒适，能站着拿到东西绝对不会跳起来，能坐着拿到东西绝对不会站起来，能躺着拿到东西绝对不会坐起来。可是舒适又是个极坏的东西，它是滋生慵懒的温床。懒惰是一种心理上的厌倦情绪，它的表现形式多种多样，包括极端的懒散状态和轻微的忧郁不决。生气、羞怯、嫉妒、嫌恶等都会引起懒惰，使人无法按照自己的愿望进行活动。

汉字的“懒”和“惰”都是“竖心旁”，换句话说，懒惰是一种心理状态，首先归咎于“心懒”，反映的是一个人脆弱的意志品质和不求进取的精神状态。懒惰的人常有明日复明日的思想，明知道这件事应该今天完成却总期待着能够明日去做。思想的懒惰必然导致行动上的懒惰。懒惰的人大多是没有好下场的，比如这个人人皆知的故事——

从前有个懒汉，很懒很懒，家里大大小小的事都由他妻子做。有一天他妻子要出远门了，于是做了张很大的饼，用绳子挂在他胸前。那人就躺在床上什么也不干，饿了就咬几口饼。但是后来离嘴巴最近的饼已经吃没了，那人就是懒啊，把手抬起来一下也不愿意，于是几天后他妻子回来，发现他已经饿死了，胸前还挂着个吃了一个“月牙”的饼。

健康有赖于神经系统保持一定的紧张性，所以懒惰最大的危害是使思维迟钝。人的大脑也遵循用进废退的法则，勤于用脑的人，能使大脑增加释放脑啡肽等特殊生化物质，脑内的核糖核酸含量比一般人平均水平要高 10% ~ 20%。核糖核酸能促进脑垂体分泌神经激素，它对促进记忆和智力的发展具有重要作用。懒惰的人由于大脑功能得不到充分发挥，脑啡肽及核糖核酸等生物活性物质的释放和水平降低。长期下去，大脑功能就会呈渐进性退化，思维逐渐迟钝，分析和判断能力也随之下降。

懒散者四肢不勤活动甚少，长此以往，机体得不到锻炼，体力消耗减少，热能的“收入”大于“支出”，身体就会逐渐发胖，以至罹患多种疾病。体力活动少，身体各器官系统的功能会产生适应性下降。因此，懒散必然会使机体素质下降，使人未老先衰。

当懒汉又想偷懒时，不要只是自责“我又偷懒了”，而要反问自己：“我为什么做这件事呢？”克服懒惰的最好方法就是勤奋工作。一旦养成恒定的勤劳习惯，往往就会拥有一个稳定的愉快心情。因为意念与行为协调统一，所以恶劣的情绪便没有潜入的机会，更没有盘踞的空间。一个进入勤劳状态的人，心灵中就不会有长久驻足的慵懒。所以，克服懒惰最直接、最有效的方法就是使自己忙碌起来。

【心理学在这里】

懒惰可以像病毒一样快速传播。如果一个群体中有一个人被“感染”了懒惰，那么其他人很快就会产生希望“放松一下”的感觉。

冲动是魔鬼

冲动是指由外界刺激引起的、突然爆发的、缺乏理智而带有盲目性、对后果缺乏清醒认识的行为缺陷。冲动靠激情推动，带有强烈的情绪色彩。其行为因缺乏意识能动调节作用，因而常表现为感情用事，鲁莽行事，既不对行为的目的做清醒的思考，也不对实施行为的可能性做实事求是的分析，更不对行为的消极和不良后果做理性的评估和认识，结果往往后悔莫及，甚至铸成大错，遗憾终身。生活中这样的事例屡见不鲜——

有一对新人，相识仅仅1个月，而且刚刚到了合法的结婚年龄，就决定登记结婚。他们从结婚登记处出来，到婚纱店拍照。女方选了一款价格高达1万元的“特价婚纱套餐”，男方觉得太贵，认为拍婚纱照只是个形式，并在影楼的工作人员面前把新婚妻子数落了一番。两人越吵越凶，从影楼出来，直接到婚姻登记处办理了离婚手续。

其实冲动之下随意结婚、离婚的危害并不严重，更严重的是那些一时冲动伤人、自杀的案例。最近几年来，科学研究已经把冲动和更高的吸烟、酗酒以及滥用药物的风险联系到了一起。那些自杀的人能在测试冲动程度的测验中得很高分数，饮食紊乱的青少年人也能得高分。富有攻击性、强迫自己赌博，严重的性格紊乱和注意力不集中也全都和一个人的冲动程度有关联。

心理学家认为，率性而为可以是对循规蹈矩生活的健康反抗，或者是被压抑的渴望的表现，但是更容易引起不加考虑地行动或者作出反应的冲动心理已经表现成为一种“瘟疫”。

冲动很多时候仅仅是一种行为表现，如果冲动之后立刻后悔，就会给人带来额外的焦虑，引发更多的心理问题。

悔恨不仅是对往事的关注，也是由于过去某件事产生的现时惰性。人生没有回头路，当认识到做错了事、走错了路的时候，应该做的是及时地改正错误、调整方向，而不是为错误而不断地懊悔。而有的人经常后悔，而且经常经历相似的后悔，他们的失误往往不是新的失误，而是不停地重复旧的失误。他们的后悔仅仅停留在肤浅的情绪水平，没能深深地触及认知结构，没能很好地剖析失误的原因和吸取发人深省的教训。

冲动是人类进行心理改造的最基本对象之一。对待冲动一方面要节制自己的奢望，要创造条件满足自己的合理需求；一方面要加强自我修养，自觉地接受社会控制。一味地忍耐不能真正消除冲动的威胁，应该在怒气爆发之前利用自我的控制力，在内心将这种恶性的情绪转化到良性的轨道上来。

【心理学在这里】

人应该是理智的奴隶、情感的主人。一个人如果简单地为情感所左右，就等于否认了自身应具有的理智价值。

第六章
爱情中的心理学

爱情，这个人类古老而又新鲜的话题，仿佛是一个人类永远都无法揭开的迷。它是人类最高级的一种情感。由于研究对象的复杂及科学发展的局限，爱情心理思想是零散地依附在其他学科中发展，直到20世纪初人们才开始对爱情进行专门研究，并逐渐形成体系。不过这些研究成果似乎没有什么用处，因为爱情到来的时候，谁还管什么心理学！

爱从哪里来

研究和观察表明，男子和女子的性欲是爱情的动力和内在本质。这是繁衍后代的本能。

英国著名心理学家霭理士在他的《性心理学》一书中写道:“恋爱的发展过程可以说是双重的。第一重的发展是由于性本能向全身释放……第二重的发展是由于性的冲动和其他性质多少相连的心理因素发生了混合。”

虽然性欲是爱情的原始动力，但不是绝对动力。如果只承认性欲的绝对作用，实际上是把爱情庸俗化、片面化，将人视为普通的生物。作为文艺复兴时期最璀璨的明星之一的莎士比亚，在长诗《维纳斯与阿都尼》中这样描写爱情和欲望的区别——

爱，使人舒畅，就好像雨后的太阳；欲的后果，却像艳阳之后的暴风雨。爱，就像春天，永远使人温暖、清新；欲像冬天，夏天还未完，就急急忙忙的来。爱永不使人馋；欲却像老饕，饱胀而死。爱即是真理；欲却永远在编织谎言。

德国著名精神分析学家弗洛姆认为：爱情的起因是人们对孤独的焦虑；爱情意味着给予、关心、责任、尊敬和了解；爱是一种意志行为，是一种把自己的生命同另一个生命紧紧维系在一起的决策行为；爱一个人不仅仅是一种强烈的感情，还是一种决策、一种鉴赏力、一种诺言和一种以生命相托付的行为。爱是一种主动的能力，是一种可以使人突破那些隔阂屏障的能力，是一种把自己和他人联合起来的能力。爱是给予不是接纳。爱的本质就是为某种东西付出劳动，使某种东西成长。爱情没有尊敬就会变成支配和占有。尊敬不是畏惧，是客观地观察一个人并能发现这个人的独特个性，并让这种个性自由成长。给予、关心、责任和尊敬都必须在了解的基础之上；爱一个人必须深入地了解，全面了解的唯一办法是爱的行动。

人类的爱情还有一个特点，就是人可以把爱的感受储存在大脑里。年轻时代轰轰烈烈的爱情，当老了的时候回想起来，仍会感到心里美滋滋的。意识的作用能使爱情在某种程度上摆脱肉体的束缚，更多地表现为精神的依恋。

总之，爱情的动力既包括性欲本能，也包括相互的关心、思念、尊敬、给予、了解、赞美、责任等多种精神因素。这些因素的综合作用使我们自古至今都不知疲倦地渴望和寻求自己的另一半。

纯真的爱情，可以使恋爱中的男女心情舒畅，情绪饱满。心理学研究表明，人处在这样一种良好的心境之中，心理功能的协调会大大地增强，可防止各类因心理因素而引起的疾病。而男女之间纯真的爱情生活，会有助于提高人的心理功能，促进人的生理功能的协调和发展，提高人体的抗病能力。但是恋爱的心理问题也是十分复杂的。尤其是在恋爱过程中出现挫折时，会出现情绪波动、意志消沉、悲观失望。

消除恋爱过程中影响人身心健康的不利因素，首先要树立起正确的恋爱观，培养理智感、社会责任感和道德感，学会掌握和调节自己的情绪，冷静客观地认识自己和别人、社会和家庭。这样就能经得起恋爱中的各种挫折和失败，从容地面对人生。

【心理学在这里】

恋人之间也会出现价值观、道德观的差异，也会产生心理冲突，如果没有得到及时解决，就会产生对恋爱关系的困惑、苦恼。

男人女人大不同

世界上有两种人：男人和女人。正因为人分两性，所以爱情才成为永恒的话题。而且男性和女性的差异是如此巨大，使得爱情常常不仅成为永恒的话题，还成为永恒的麻烦。

两性的心理差异首先表现在认知能力上。认知能力是最基本的心理能力，正是认知能力的差异使得两性心理差异表现得非常显著。有这样一个小笑话——

有爱劳动的妻子常常把家具挪来挪去，有时候，一个星期内就要把房间重新捣腾一番。一天夜里，丈夫听到有人敲前门，便迷迷糊糊地从床上跳起来，跑进漆黑的起居室，“咚”的一声撞到墙上。巨大的声响将他妻子从睡梦中惊醒，她听到丈夫在喊叫：“亲爱的，你又把大门放到什么地方去了！”

在一堆混乱的物品中快速地找到她想要一件小东西，是女性特有的能力。而男性则主要依靠习惯和逻辑思维，这也难怪这位丈夫要碰壁了。

据研究，从八九岁开始，男孩在看图计算、走迷宫等空间知觉能力方面，无论速度还是精确性，开始比女孩表现出明显的优势。感官方面，男女在触觉、嗅觉和痛觉的灵敏性方面不相上下，对声音的辨别、定位及颜色色调的知觉上女性优于男性，而男性视觉上则比女性灵敏。记忆方面，女性机械记忆、短时记忆优于男性，而男性的理解记忆、长时记忆优于女性。而在思维方面，男女发展总体平衡，但发展速度及水平随年龄阶段而不同，开始的时候女孩思维发展略优于男孩，而且差异逐渐加大。青春期以后，男孩思维发展速度，迅速赶上并超过女孩。男性擅长抽象思维，而女性擅长形象思维。

其实刚出生时，男女之间是没有心理的性别差异的。随着成长，心理差异逐渐表现出来，以性别偏好为最初的形式。大约在两岁左右，男女儿童开始表现出对玩具和游戏的不同偏好；4 岁左右，表现得更为明显和稳定。如男孩爱好运动类游戏和汽车、建筑材料等玩具，女孩则喜欢坐着的游戏、扮演家庭成员角色及与之相关的玩具；4 ~ 6 岁期间，儿童开始表现出性别定型行为。研究表明，男女心理的发展速度和水平是不完全一致的。出生到青春发育期这一段时间，女孩的心理发展较超前；从青春发育期开始，男女心理发展状况总体趋平，当然性别特征和性别差异是明显的。

需要注意的是，男女心理差异是先天遗传因素和后天环境、教育因素相互作用的结果，而后天环境和教育因素对男女心理差异的形成起决定性作用，可以扩大、缩小甚至泯灭先天遗传因素的影响。由于男女的社会地位、家庭分工不同，又存在许多传统观念和偏见，使人们在给男女儿童选择玩具、取名字、服饰打扮、养育方式上有所区别，从而影响了人的性别定型。

【心理学在这里】

心理能力的差异使得两性心理差异表现得非常显著。

男女如何表达感情

你见过这样一封情书吗——

“亲爱的，我想念你！想念你那金色的鬈发，浅蓝色的眼睛，高高的颧骨，还有你左手上的伤疤以及 1.65 米的身高。”

毫无疑问，只有男人才写得出这样令人哭笑不得的情书，而且这个男人一定是在警察局里专门写通缉令的。

男人和女人都会感受到爱情，但是在表达感情时却有着很大的差异。女性的情感表达常表现出委婉、含蓄、含糊、暧昧等特点，偏好掩饰自己的真实情感。比如让她们对人或事给出一个“好”或“坏”的评价时，往往得不到其明确答复，遇到非常喜欢的，不说喜欢；对自己讨厌的，也不说讨厌。其实这样可以留给自己很大的选择余地。当被男性追求时，女性更会暧昧有加。这样可以增加自己的神秘感和吸引力，让男性更大胆、热烈地追求自己并考验他的真心。其实，女性有时候自己摸不透自己，也不知道自己到底是什么人，常常没有明确的目的与目标而是依靠感觉来生活。这是女性情感表达暧昧的另一个原因。

而男性在情感表达上喜欢直截了当，不喜欢兜圈子。对人或事的“好”“坏”，他们不掩饰自己的真实情感，会做出明确的决断，不会含糊其辞。

可以说，情感问题上的男女差异非常明显，表现为：女性情感易变，男子相对稳定；男性情感多停留在表面，易冲动，女性则容易深入体验；男性情感粗犷，女性情感细腻；男性对愤怒、惊恐感受强烈，女性则对悲伤、忧愁体会更深刻；女性的感情主观色彩较重，男性则较为理性、客观；某种情感在女性之间会迅速传播，在男性之间则非常迟缓；女性个人情感具有弥漫性，男性情感较集中；男性心胸较开阔，情绪问题少，女性心胸则较狭窄，情绪问题多；女性言行感情色彩重，男性言行感情色彩轻。

女性往往有较多的朋友，尤其是与同性朋友之间能长久保持较亲密的联系；而男性则较少有长期亲密联系的朋友。他们除了握手之外，似乎不再需要任何进一步的接触。对此，心理学家认为，小女孩可以手拉手一起上学，受了委屈互相安慰，养成了亲密接触的习惯；而男孩从小就被教导要坚强、独立、自己的事情自己做，否则可能会被别人说没出息。

另外一个突出的两性差异是：女性疑心通常比男性重，尤其表现在对配偶的信任问题上。有个市长热线的接线生讲了这样一件事——

那天我接到一个电话，但我重复了好多遍“你好，这里是市政府”，都没有回音。

最后，才有一个很紧张的女人声音说：“这儿真是市政府吗？”

我说：“是的，您有什么事吗？”

又停了一会，那个女人声音温和地说：“我没什么事，我只是在我丈夫的口袋里发现了这个电话号码而已。”

心理学家认为，妻子经常怀疑和害怕丈夫有外遇，这是因为在她们心目中，男人总想逃避家庭的责任，一想到把终生托付给男人时，就会不寒而栗、倍加防范。

【心理学在这里】

女性的情感表达含蓄、暧昧，而男性在情感表达上直截了当。

为什么女人爱唠叨

美好的爱情也需要沟通，但是这种沟通也常常麻烦无比。最常见的麻烦是，男人常常觉得女人太唠叨，而女人一点都不觉得自己唠叨，她们认为是男人对她们漠不关心。

男人们编了各种各样的笑话来讽刺女人的唠叨，比如——

“要我说，哥伦布肯定没老婆。要不，他什么大陆也发现不了。”

“那是为什么？”

“哥伦布如果有老婆的话，在出海前，她一定会问哥伦布：你上哪儿去？为什么去？有什么事吗？和谁一起去？去多少时间？为什么……”

语言是沟通的最主要的媒介，之所以男人总是嫌女人唠叨，而女人总是嫌男人冷淡，正是因为他们的语言能力存在差异。

语言运用作为一种社会行为，存在着性别差异。两性的言语差异表现在语音、用语和交谈三个方面。语音方面，女性发音的绝对音高高于男性，比男性更娇柔，语音听觉比男性更敏感；男性发音比女性含混，“底气”比女性更足。用语方面，女性颜色词语的掌握能力强于男性，比男性更喜欢使用情感词，比男性更善于使用委婉语。交谈方面，女性说话比男性含蓄，与男性相比不喜欢左右话题，言辞比男性更温文尔雅；男女交谈的兴奋点不同，男性更多地将注意力集中在谈话内容上，而女性将注意力集中在交谈过程本身。

言语差异受两性心理发展特点的影响。在青春发育期以前，女性在理解人际关系、形成义务感和责任感等方面比男性成熟得早，心理年龄比男性要大1岁左右，因此语言礼貌友好、热情洋溢、字斟句酌；而男性常常傲慢自负、盛气凌人。开始青春发育后，男性对异性反应较强烈，但比较粗心，不太注重细节，形成了气粗声大、言语有力、直来直往、敢说敢道的语言特点。

虽然两性在言语方面存在很多差异，但是心理学研究发现，单纯从说话多少来判断，女人并不比男人更唠叨。心理学家收集了美国及墨西哥400名大学生日常交谈的系统化录音，这些学生每天交谈时都进行录音，为期2～10天。结果发现，女人平均每天讲16215字，男人也不逊色，每天平均15669字，仅仅比女人少3.4%。

那么，为什么男人会感觉女人说话唠叨呢？是因为女性的谈话一般是张口即出，通常没有经过大脑的宏观思考，于是说出的话往往显得冗长，要不就是不时地在重复，要不就是突然改变话题。而男性间的交谈则不是，他们谈话时总要先完全弄清楚对方的谈话思路，然后才有所回应。用一个心理学的名词来说，女性说话的特征是没有“回馈”。她们不会等到确认对方所说的内容之后再考虑自己该说什么，而男人想说话却插不上嘴。

【心理学在这里】

女人并不比男人更唠叨，但是男人就是有这样的“感觉”。

男性的心理禁区

阿晶的丈夫和她的同事小熊是同窗好友，两家人很是亲密。一天，办公室里在闲聊，大家都夸小熊是“模范丈夫”，阿晶半开玩笑地说：“是不是打老婆也算是模范丈夫的一条标准？前几天他老婆还跑到我家来避难呢！”此话一出，小熊立刻恼羞成怒，大叫：“胡说八道！”一整天都紧绷着脸。

回到家，阿晶又对着丈夫发起了牢骚：“人家小熊都升科长了，你呢？你就是这样不争气，害得我遭人白眼！”

“你真是不讲道理！胡搅蛮缠……”丈夫显得很难忍受，拍着桌子大声责骂阿晶。

阿晶在一天里遭到两个男人指责，主要原因就是她不小心触犯了男人的心理禁区。人们在内心深处往往有一个心理禁区。男人虽然比女人坚强，但他们也有脆弱的一面。有些话题，他们是最不愿谈及或提起的。

对大多数男人来说，不被别人认为是失败者已算是“成功”，在这里，成功不是用取胜而只是以“不失败”来衡量。之所以满足于“不失败”，那是因为多数男人内心承认真正的成功者是屈指可数的。谈论他的失败，难免有时令他恼羞成怒。男人天生竞争欲强，并且从不愿服输。许多男人常常会妒忌另一个男人的成功。特别是一个女人在他面前赞赏另一个男人的成就，会使他认为你是有意贬低他。

不要“教”男人怎样做，让他感觉你在颐指气使。也许你是出于好心，但他可能会以为你怀疑他心智的成熟度或者看不起他今天的成就。在男人看来，让女友教他怎样工作、怎样举止简直是对自己能力的极端不信任，甚至引申到你对于他现在职位、收入的不满。而女人们真实的想法只是想跟男人交流一下处世的方法哪种更能见效，并没有质疑男人的能力的意思。

男人最讨厌女人问诸如“你以前的女朋友比我漂亮吗”这种八卦问题，如果再从你的姐妹口中隐约听到什么传言，那就不要怪他怒发冲冠了。男人是很难面对自己以往失败的恋情的，而你却要逼他讲自己失败的经历，是很残忍的。而他在潜意识里总是希望自己能胜过你的前男友，虽然在你隐约提到的时候，感觉不到他的好奇，但事实上他是相当在乎的。

不要干涉男人的爱好和品位。他喜欢穿着幼稚的球衣在球场踢球可能是你无法忍受的爱好，但这却是他最引以为荣的特长项目。你把你认为过时的衬衫清空，但那却是他穿着最舒服的东西。你认为自己给他买的时装高贵典雅，却被他嗤之以鼻为“庸俗物质”。男人对女人的品位，和女人认为的品位往往是两回事，这没什么好奇怪的。不要强迫他改变自己的爱好。有的时候，他们也仅仅是嘴上不愿意承认你是正确的罢了。

虽然好面子的男人有着诸多的禁区，但并不意味着你就不能抒发一下自己的不满。女士们要是懂得男人的心理，就可以避免误闯男人的“雷区”。

【心理学在这里】

男人虽然看起来比女人坚强，但他们也有极为脆弱的一面。

初恋的特点

爱情作为一种复杂的情感，是有其发展过程的。在最开始，人会受被倾慕对象的仪表、风度、气质、谈吐、品格、才能等肉体和精神的魅力深深吸引，而进入迷醉的阶段。此时，总有一种从未有过的捉摸不透的亲近欲和冲动。

然后，因为“我”被对方陶醉了，就会拼命地在对方面前自我显示，引起对方的注意，向对方进言，以微妙的眼神和动作向对方示意。但是，他（她）对我是否有意？他（她）看得上我吗？于是，就进入反复地评价这种“爱”的可能性的怀疑期。为了判断对方是否也爱“我”，就需要作必要的试探，经过几番试探，确定了对方的态度，“疑我”期才宣告结束。

如果对方对自己并没有爱的感觉，人就会进入失恋的阶段，一段爱情就此结束。但是如果对方也在爱着自己，即可进入“非我”阶段。这时，主动的一方多是举止失控，声音颤抖，面色紧张，一切都不像平时的“我”了，故称之为“非我”。“非我”是爱情的重要阶段，显示了人的爱情已经进入了精神层面。

初恋是恋爱的起步，是精神性最强的恋爱。美国心理学家霍尔形象地把初恋中人的情绪比喻为“疾风怒涛”，分析一下，初恋者容易产生四种心理状态：

神秘感。男女初恋时，对什么是恋爱知道不多，直观感觉是神秘的，仿佛对方是一扇通往人类另一部分的“门”，异性的差异、表露的差异，使得“两人世界”充满神秘的意蕴。又因为恋人的关系不够稳定。双方都希望保密。这不仅因为初恋结局不确定，也同本能的羞怯感也有关系。

兴奋感。初恋能调动人的内在力量。有些平时沉默寡言的青年一旦恋爱，也会变得快活起来，脸上常露笑容，喜气洋洋的。此时“情人眼里出西施”的心理效应不可低估。有的人只顾陶醉，被兴奋迷惑了头脑，匆匆许下终身，就有可能给爱情蒙上阴影。

急切感。双方都想一下子全面了解对方，诸如对方什么性格，什么爱好，什么气质，等等。同时迫切地想知道自己在对方心目中的地位、评价、看法。

冲动感。仿佛“两人世界”突然出现了从未有过的新天地，惊喜之余大半有冲动的欲望。不仅相见和肌肤相触时会燃烧热烈的激情，手发抖，心跳加速，而且一想到恋人便会热血沸腾。这时，说话、做事缺少理智考虑，任凭感情驰骋。

初恋是爱的始点，有试验的性质，因此在点燃爱情之火时，要有所节制。不要把“一见钟情”当作“天时地利”的缘分，不要把首先进入自己爱的视野里的人当作十全十美的偶像，不要在没经过考察之前就早早决定未来的走向。恋爱是一种心灵的融合，并非是相貌的匹配，只有心灵相通，才能使爱永不枯竭。

【心理学在这里】

初恋以后的恋爱，在心理上或多或少都会受到初恋的影响，而变得理智起来。

情人眼里出西施

人们都说恋爱的人智商为0。的确，爱情让男女之间相互美化、互相吸引，双方都感到顺眼和舒服，这就是所谓的“情人眼里出西施”。

热恋中的男女对异性美的审视，既针对其外在体貌特征美，也针对其内在心灵美。心灵美可以弥补外表美的不足，正如托尔斯泰所说的：“人不是因为美丽才可爱，而是因为可爱才美丽。”审美错觉其实是很有意义的，它使人发掘出恋爱对象身上更深层的美以补偿某种不足，可以推动爱情的发生与发展。有时，这种力量会让局外人非常不解——

1936年12月12日，英国国王爱德华八世放弃了仅仅继承了325天的王位，他这么做，是为了迎娶生于美国并两次离婚的41岁平民女子沃丽丝·沃菲尔德。由于沃丽丝曾经支持纳粹德国，所以英国举国上下反对这场婚事，首相鲍德温甚至以内阁集体辞职相要挟。但陷入爱情泥潭无法自拔的爱德华八世却态度坚决，宁可放弃王位，也要与心上人在一起。

要说“不爱江山爱美人”也是佳话，可是沃丽并没有漂亮的容貌她和众多追逐王子的美女不可同日而语。但是他们夫妻琴瑟和谐，甜蜜地度过了35个春秋。

人的价值观、人生观是产生审美错觉的内在原因。正常人总是向往美好的事物，并且往往把善良、真诚与美联系在一起。美丽的外貌容易引起人们对真、善的联想，从而产生好感，这是一种自然的心理反应；真、善的内在本质也容易引起人们对美的思考，从而产生美感，这是正常的心理效应。但无论对真、善的理解还是对美的欣赏，都离不开正确的价值观、人生观的引导。没有正确的价值观、人生观，就不会达到真、善、美的审美统一，就无法架起连通内在美与外在美的桥梁，甚至内心连对美好事物的追求和向往都没有。

恋爱中的心理错觉，按其反映对象可以分为对自己和对别人的两类情况。就对自己而言，它常发生在下列情况时：当自己某一两方面的条件比较好的时候，会自恃择偶条件优越，对未来的配偶进行过分的挑剔。当自己被多个异性同时追求，尤其是在异性的热烈颂扬面前，有可能飘飘然起来，从而出现自我评价过高倾向。当自己对某一异性产生同情或感激之情时，对自己内在感情的审度也会走样。这种心理也可能表现在对恋人的评价上，它的表现同自我评价大致相仿。

对于纯粹意义上的精神爱恋，这种审美的迁移或许是无可厚非的，但是如果以婚姻为目标，这种以偏概全的心理就会酿成很大的心理危机。所以人们应该正视自己和自己周围的世界，理性地看待和处理自己的爱情。

【心理学在这里】

处于初恋中的青少年，由于心理发育还不够成熟，常常不能冷静、客观地审视对方，见其优点而不见其缺点，甚至把缺点也看成了优点。这就是“早恋”的最大危害。

异性之间的友谊

著名的爱情心理学家基·瓦西列夫说：“如果一个男人集中的全是男性的特征，就会因枯燥单调而令人生厌。男人具体存在于不同性别特征的搭配之中，这使他们的性格更加丰富多彩了，更表现出男性的魅力。女人当然也是如此。”所以他号召：让我们在日益扩大的异性交往中丰富自己吧！

有不少人认为，男女之间不可能建立起像同性朋友之间那样的亲密无间的纯洁的友谊关系。这种看法是不对的。认为异性间的友爱必然要发展成为性爱，或者必然与性爱纠缠不清，是缺乏依据的偏见。

心理学研究表明，异性之间不但可以存在友谊，而且这种友谊具有同性友谊所不具有的互补性。性别差异之下异性友谊，既可以是对个性不足的一种互补，也可以是对心理、情感和思维的互励互慰。性别差异本身就是人生的一种多彩，有助于人的冷静化、理性化，单一的同性交往，远不如多向的异性交往更能丰富人的个性。心理学研究表明，社会中的个人，交往范围越广泛，和周围生活的联系越多样，他的各方面社会关系就越深入，精神世界就越丰富，个性发展就越全面。尽管同性间的个性也存在着差异，但如果只和同性人交往，人的个性发展往往很狭隘，因为这种差异远不如异性间的个性差异明显和有意义。

异性友谊是一种美好的境界。男性的阳刚气质和女性的阴柔感情，是某种心理现象的互补，促使双方之间有互相接触和了解的欲望，当这种欲望付诸行动时，往往会产生友谊，结为朋友，并可能发展为爱情。许多人的爱情往往起始于男女的友谊，很多人分不清爱情和友谊的界限，是因为爱情与友谊有一些共同点。

与爱情不同的是，友谊是不具有排他性的，异性朋友的约会从来不会故意选择特定的，尤其是避开他人的地点。而恋人在一起时总想避开朋友和熟人。因为人与动物在性欲上的一个显著区别是人类在情爱上有一种社会羞涩感，这是人类文明的标志，同时也是检验爱情与友谊的重要尺度之一。

纯真的异性友谊是人类美好心灵的闪光和陶冶，是一杯甜美的酒，是一首生动的歌。它比爱情、婚姻更芬芳，比同性友谊更醇香。恋爱、婚姻的空间比较狭小，往往本能地带有自私性；同性朋友的趣味比较单调，而且难免有利害关系。异性友谊则是一种轻松、宽容、温馨的情感，让人能够对生活的乐趣和美好多几分体会。

当然，异性友谊与爱情之间的界限是模糊的。对于单身的异性朋友来说，友谊升温为爱情，也是值得庆贺的事情。

【心理学在这里】

排他性是区别友情还是爱情的主要标志。关系再好的异性朋友，也应该保留各自的隐私。

落花有意，流水无情

单相思，是以一厢情愿的倾慕与热爱为特点的畸形爱情，甚至知道对方不爱自己，也还要一味追求。英国心理学家佛曼斯特研究发现，在男女青年中，60%的人几乎都“单相思”过别人一次，而20%的“多情种子”，每年则可能“单相思”他人2～3次。法国文豪维克多·雨果的巨著《巴黎圣母院》就描写了几段离奇的单恋——

心地善良的圣母院敲钟人卡西莫多爱上了吉卜赛女郎爱丝美拉达，但是他丑陋的容貌把爱丝美拉达吓坏了；人面兽心的圣母院副主教弗罗洛也爱上了爱丝美拉达，但是限于清规戒律，他不能如愿，最后由爱生恨，把爱丝美拉达迫害致死；而爱丝美拉达喜欢高大英俊的侍卫队长浮比斯，但浮比斯只贪恋她的美貌，为了得到财富和领地，他又追求百合花公主，拒绝为蒙冤的爱丝美拉达洗脱罪名。

有的单恋是由于误会造成的，是一种“恋爱错觉”，又称过敏性恋爱，就是自以为异性爱上自己的主观感觉。它的产生主要是受对方的言谈举止的迷惑和自身的各种主观体验。人们容易产生“恋爱错觉”，还因为有一种“求证效应”的心理在作怪。人们对某个事物产生了某种看法或想法，于是有意无意地寻找这一事物上的某些表现来证明自己看法或想法的正确。这种心理就是求证效应，它往往使人对事物产生错觉，于是神魂颠倒，想入非非。

如果被恋的一方对方并不知道单恋的存在，就叫无感单恋。无感单恋多是幻想型的。无感单恋带有偏执性的成分，有些严重的可划归精神分裂症。比如有个病人，认定一个名演员爱上了他，看到画报上她的微笑，就说人家对他调情。生活中的无感单恋多是发生在性格内向的人身上，他们对单恋对象，抱着高不可攀的畏惧心理，把对方想得神圣非凡，大有可望而不可即之势，因此，只能将深情隐隐地藏在心里，形成一种痛苦的自我折磨，造成心理失调。

如果被恋对象了解恋情存在，但是拒绝接受，则是有感单恋。有感单恋是严重的心理抑郁，是痛苦不堪的。个别有感单恋者，自作多情，误认为对方爱过自己，或一厢情愿，自我满足地宣扬对方爱自己，一旦知道对方根本不爱自己，爱情的建立成为不可能，也可能表现为向对方发泄。但这毕竟是少数，且这种人多伴有较强的神经质。

单恋是一种自我感觉中的虚幻恋爱。单恋的人一定要承认、正视这个事实。冷静、客观地分析自己的境遇，及时地退出感情的纠葛是最明智的选择。对感情不加控制，往往会使人失去理智。单恋者其实已经陷入感情的漩涡。如果不及时抽身，将会越陷越深，最终毁了自己。

【心理学在这里】

陷入单恋的痴迷状态之后，如果能够换个环境，就可以减少许多无意的回忆，减少许多触景生情的联想。

情窦初开话“早恋”

恋爱本身是无害的，但在心理还不成熟，缺乏教育和引导的情况下过早的“恋爱”是有害的，至少对青少年的成长会弊大于利。尽管陷入“早恋”状态的中学生会认为自己对爱情是认真的、严肃的，不是“闹着玩儿的”，但是他们对什么叫真正的爱情以及爱情所包含的社会责任和义务却一无所知或知之甚少。

青春期的少年，道德观念还不完善，不大懂得在异性交往中如何自制及尊重对方，不大清楚自己的异性交往活动会导致什么严重后果，以致情感一冲动就忘乎所以，造成许许多多的社会问题。

并且由于“早恋”具有朦胧性、冲动性和不稳定性的特点，一旦失恋，会导致严重的失落感和不正常心态，对“早恋”者的心理产生旷日持久的消极影响，甚至会给“早恋”者成年后的爱情生活造成某种驱不散、抹不去的阴影。

对于被“早恋”问题困扰着的家长和老师，如何正确解决“早恋”引发的心理问题和社会问题，给他们的教育理念和教育方法提出了更高的要求。对中学生“早恋”的教育必须有一个正确的态度，而正确的态度来源于对“早恋”的正确认识和甄别。

在这方面，家长和老师要特别注意，不要将中学生的正常异性交往等同于“早恋”。当中学生进入青春期后，自然而然会产生对异性的好奇、向往，并以各种理由接近异性同学。这是中学生心理发展上的一种正常现象。然而，有些家长、老师出于对中学生的关心，总担心这种交往会导致“早恋”，怕他们误入歧途，于是一味地压制男女同学之间的正常交往。相反，压制或抑制中学生的正常异性交往，不仅会影响学生健全人格的发展，为其今后的成长和性别体验设下障碍，而且可能使他们将相互之间的交往隐藏起来，使家长和老师防不胜防。

有些家长和老师视“早恋”如洪水猛兽，一旦发现即采用打骂、限制交往、关禁闭等方式严厉禁止，其结果反而会对孩子造成更为严重的心理伤害，甚至导致孩子的逆反心理。对待孩子的“早恋”，应该进行耐心地规劝和教育。

首先，要用“冷处理”的办法让其冷静下来。因为中学生的感情一旦被异性所吸引，就容易在认识上将对方偶像化，在情感上将“早恋”神圣化，以至在行为上表现出明显的激情性。

在应对的过程中，家长还可以结合自己的亲身经历让孩子懂得什么是真正的爱情，以后怎样去追求真正的爱情，并让他们明白，人类的性成熟不仅表现在是否已具备了生殖机能，而且还体现在人格、精神等各个方面。还可以借助心理辅导中的换位思考法，教会孩子自我解脱的方法。

【心理学在这里】

8 ～ 12 岁的少男少女处于“排斥期”，会自然地把两性交往看成是很难为情的事情，不过接下来就会立刻进入“早恋”的危险期。

失恋不是世界末日

失恋是恋爱过程中最严重的心理危机之一。因为失恋而引起各种心理障碍，甚至采取各种偏激的行为，如怨恨、报复或悲观失望、忧郁自杀等，是造成心理疾病和严重心理创伤的主要因素。

心理成熟的成年男女有着较为健全成熟的理性能力和意志能力，也具有比较稳定的情感表达方式，所以失恋之后，一般仍能镇定自若，将创伤深埋在心底，会比较冷静地面对现实、调适心理，继续自己的人生之路。对于曾经深爱的人，他们大多也能报以宽容和理解，不会成为敌人。

而心理还不成熟青少年，对爱情缺乏长远的考虑和准备，最容易在感情的深海之中迷失。而且青少年的情感虽然纯真却显得稚嫩，很易受挫折，而一旦遭受失恋的打击，就很可能极度痛苦而不能自拔。也可能因为失恋而产生报复心理，给自己和对方都刻上了深深的心理伤痕。

在恋爱过程中，一般男性比女性更容易掉进情网，往往敢于率先表白自己的情感，有的甚至才与女性接触不久，便产生了爱慕之情，进而大胆地追求。男子在恋爱过程中，心情较为急躁，喜欢速战速决，总希望在短期内取得成功。所以一旦恋爱过程中亮起了红灯，不是如自己所愿去发展，内心总是接受不了。男性的自尊心比较强，对于失恋，或许表面上看不出他的痛苦，但实际上失恋对于男性的打击实际上是巨大的，有时也许会摧垮他的人生信念，使他丧失生活的勇气。

与男性相比，女性的情感显得温柔而细腻，滋润于甜蜜爱情中的女性，比起容易性冲动的恋人，更愿陶醉于如云般的飘忽与似雾般的朦胧幻想之中，更喜欢品味感情的真谛。可想而知，失恋的现实对于女性同样残酷无情。它会揉碎少女甜美的梦境，吞噬姑娘纯真、空明的情感世界，给她们带来毁灭性的打击。

失恋的心理波动有可能是长期的，如果不能很好的解决失恋带来的心理冲击，就可能对今后的生活带来不利的影响。

失恋后，不要将新旧恋人做比较，要收起回顾的眼神，转过身来向前看。把过去抛得越干净，将来就越可能幸福。拿过去来折磨自己也折磨后来人，是非常不负责任的行为。如果所深爱的人拥有你所欣赏的优点和特质，热恋中要做自己，不要把其性情习惯“内化”到你自己的人格与生活里。虽然失恋了，但相似的人仍会对你有吸引力，要注意不要立刻去找个那样的人替代前恋人。

失恋后要仔细检讨自己的不足之处，想想自己有哪些缺点。要适度地改变自己，使自己成长。成长之后的你，以后在拥有爱情时就不会再犯同样的不利于培养感情的错误了。不过，找自己的不足之处时要把握分寸，不要陷入自卑的泥潭。

【心理学在这里】

多与普通异性朋友交往，不仅可以学习如何与异性相处，还可以培养自己对异性的判断力。

择偶心理面面观

求偶动物的本能，一般的动物，雌性希望雄性更强壮，能保护自己；而雄性则希望雌性有更好的生育能力。作为万物之灵的人类，择偶心理则更为复杂。

男性择偶大都很在意对方的外在形象，即着重对方的性吸引和体吸引。若感觉不好，往往就不愿再了解下去。男性还会倾向于温柔贤惠的女性。具体来说，就是在夫妻关系上，对丈夫温柔体贴；在待人接物上，温文尔雅；在对待长幼上，贤淑大度。温柔贤惠的女性，尽管可能缺少一些爱恋激情，大多数男性还是比较喜欢。

既然男性喜欢追求体貌美丽、感情纯真、温柔贤惠又性感的女性，自然倾向于和年龄较小的女性做爱人。一般说来，年龄较小的女性对男性的爱有较强的依恋性，而男子又最易被年轻女子所吸引和征服，两者相辅相成，会爱得比较持久。

总的来说，男性的择偶条件较少且较为宽松，多是要求女性长得漂亮、温柔，择偶的感情和审美色彩比较浓厚；男性的择偶条件比较现实、易变。比如，自身条件差的男青年虽然也希望找一个年轻美貌的女子，但更倾向于找一个和自己般配的女性。男性对女人的才学不那么看重，但是也没有哪一个男人会喜欢一个没什么学识的老婆。最后，男性一般不大适应强悍的女性，比较愿意找一位各方面条件不如自己的女性。

女性择偶条件比较具体，除了外在形象之外，她们往往还会考虑到个人品行、经济收入、社会地位、家庭状况等其他相关条件，因而不会一口回绝男方，而愿意进行试探性的接触。如果其他条件不错，很可能就走到了一起。

女性找男朋友的时候就考虑到了结婚及结婚之后的生活，所以更多考虑和关注现实问题尤其是经济方面。因此，许多女性择偶时坐享其成的心理突出。许多女性不是想如何靠自己的双手去创造财富，那样她们会觉得太累，总想走捷径，而最好的捷径就是嫁给一个富有的男人。女性对金钱的欲望往往通过结婚这种形式体现出来。

女性择偶时的理性色彩比较重，对男性的个性、气质、才华、品行等内在素质比对他的容貌、身材更感兴趣。女性希望她的恋人具有才华出众、个性开朗、幽默、风趣、诚实、有事业心、刚强等优点。女性喜欢可以信赖和依靠男性，喜欢能在精神、情感和心理上给她抚慰的男子汉。

虽然择偶是个人的私事，只要不违反法律和社会公德，任何择偶标准都是可以被接受的，但是心理学家仍然认为，有些择偶心理是片面的，容易使人在婚恋中误入歧途，比如轻信“一见钟情”，有恋母（恋父）情结，或者择偶时缺乏主见。

【心理学在这里】

良好的择偶心理应该是在平等的基础上追求精神的满足，注重对方的思想感情、道德品质和性格爱好，追求彼此心灵上的沟通和感情融洽。

婚姻不是爱的坟墓

当恋人们带着美妙多姿的想象和天真烂漫的愿望，步入婚姻殿堂时，发现在白色婚纱的炫目光影背后，不再有罗曼蒂克的情调，要面对的是平凡、单调、琐碎的家庭生活。由天马行空到脚踏实地，理想与现实的极大落差，让恋人们陷入了迷茫与困惑之中，使他们产生了适应不良症。

恋爱时，情人们尽情享受两人世界的欢乐，可以海阔天空，任意驰骋。结婚后，法律的约束、家庭的牵连，双方共同挑起负担家庭的重任，与恋爱期间相比，活动的空间时间、活动的方式方法都有了极大限制，所以有“婚姻是爱情的坟墓”之说。

在一项心理特征调查中，研究者发现女性对婚姻的失望程度普遍高于男性。比如，认为“婚姻是爱情的坟墓”的女性比男性多1倍，认为婚后生活由婚前浪漫变得平淡无味的女性同样比男性多1倍，而感觉爱人在婚后由完美变得平庸的女性则是男性的3倍。这表明，女性在婚前期望值和对婚姻的理想化程度高于男性，因此失望程度自然也高于男性。

然而从客观方面来说，男性在婚前期望值和对婚姻的理想化程度都比女性低，对维护婚姻的热情也要低。换句话说，对于婚后适应不良，如果女性是“庸人自扰”的话，那么男性就是“罪魁祸首”。虽然在同一调查中，表明90%的男性对爱情专一，80%男性关心妻子遇到的困难，70%有事同妻子商量，69%生活上关心妻子，56%能注意妻子感情需要，52%主动干家务，41%比较节省，38%经常鼓励和安慰妻子，但有感情转移或第三者介入的男性所占比例是女性的5.5倍，喜新厌旧者为女性的3.6倍，不主动干家务者为女性的3倍，自私、遇到困难抱怨妻子、不注意配偶感情需要、有事独断专行、花钱大手大脚者为女性的2倍。

致力于婚姻领域的心理学家指出，热恋中的男女可谓是天生的表演艺术家。双方为了取悦对方，都竭力表现自己的长处和可爱之处，对自己的不足与缺陷多加注意。然而结婚后，两人长相厮守，不再会有恋爱约会时的激动心情，也就不太注意衣着与仪表的修饰。而且，恋爱时那种表演欲随着岁月的流逝而淡薄、消亡，缺陷、弱点、不足甚至丑恶的一面逐渐有所暴露。所以，当结婚后的男女仍然用恋人的眼光去看待妻子或丈夫，用恋人的心态去感受妻子或丈夫，用恋爱的自由天地去要求繁琐的家庭生活时，问题就产生了。

因此，要维护婚姻的稳定，就要求男女双方扮演好自己在婚姻中的角色，同时学会彼此适应，诸如文化素养的高低、情趣爱好的不同、衣食住行的差异等，都需要彼此在改变中适应，在适应中改变。

【心理学在这里】

陷入家庭矛盾中的新人要充分理解对方的心理需求，既不要肆意争吵，更不能进行“冷战”。

让恋人乐于接受不满

恋人之间发生了不满或不愉快的事，如不能很好的化解就会影响双方的感情，这时一方应该主动地用至理真情去感化对方。用心理学来说，情人之间的感情是最微妙而复杂的，他们的心理活动与变化与是最强烈、最灵敏的，当双方的恋情发生了波折时，双方的情绪也是剑拔弩张，这时，就需要一方冷静下来，把这种情绪控制在萌芽状态。

化解恋人的情绪，需要用合情合理的话语，把自己的心掏给对方，做一次倾心的交谈。尽管对方会认为是小题大做，但过后仔细一想，会认识到自己的不对，从心理上愿意接受你对她的不满，从感情上更加珍惜你对对方的一片真情。

恋爱时，有些感情热烈的男孩子往往难以控制自己的情感，目光或举止会有意无意地流露出某种企盼。聪明的女友该怎样对待这种“过分”的表示呢？大声地斥责容易伤害对方的感情，任其所为又并非己愿。那么，用“愤怒”的目光注视他，或者拉下面孔做出一副冷漠的神情，定能让他知道你内心的不满，继而不敢再随随便便。

当女人心情不好时，最需要的就是男人的爱。当女人感觉到有人在背后支持她，她的心情容易因此而慢慢转好，双方即可渡过短暂的低潮。当女友心情不好时，男方一定要用适当的语句给予安慰，千万不能口不择言，让对方有火上加油的感觉。尤其是当女方担心男方不够爱自己时，她可能会问很多问题，有的是关于他们之间的关系，有的则是关于他的感觉。这时候，不需要为这些问题寻求理智的答案，因为她只是想确定一些事实罢了。

比如她说："你觉得我胖吗？"

男友绝对不能回答："是啊，你是没有模特儿的身材，可是模特儿都是饿出来的。"

而是应该说："我觉得你很美，而且我喜欢这样的你。"然后给她一个拥抱。

当女友心烦意乱时她会开始抱怨她的生活。男人这时只要倾听她的抱怨，别拒绝她，等她说完她所必须做的事后，男人别帮她寻求解决方案，她需要的是赞美。

如果她说："我没时间出去，我有好多事要做。"

这时，男友不能说："那就别做这么多事，你应该好好休息。"

而是应该说："你真的有好多事要做。"然后，体谅地听她细说每一件事。听她说完后，主动问她是否需要帮忙。

相恋时双方的感情总是美好的。在不伤害对方感情的前提下，让对方接受自己的"不满"，并且让对方知道，你是在爱他（她）而不是在"恨"他（她）。这时发现对方缺点并及时地促其改正，也许会破坏一时的甜蜜气氛，但这却能让双方更默契。

【心理学在这里】

为了让恋人接受自己的意见，就要采用一些含蓄的表达方式，将自己对他(她)的感情融合的其中，多表现出自己的爱心与关怀，就能使其乐于接受你对她（他）的不满。

红杏出墙危害多

所谓婚外恋，是指婚姻关系中的一方同与配偶以外的异性发生情爱与性关系的行为。在现实的社会生活中，这种现象并不少见，而且还有日益增长的势头。婚外恋问题不仅直接关系着家庭中婚姻关系的稳定，也直接影响到社会整体的文化道德观念。从交往形式上看，婚外恋一般包括两种情况：一种是婚外性行为，另一种是没有性行为关系，只存在着一种“柏拉图”式的精神恋爱。如果从时间上分，婚外恋既有短暂的，也有长期的。

对于婚外性行为的评价，人们较为一致地把它当作一种不道德行为而予以谴责。但对于精神恋爱，很多人的认识上就存在一定的分歧，认为当事人不发生性关系，不算婚外恋行为。其实从人类爱情的基本结构上看就十分清楚，爱情是由性爱和情爱两个基本部分构成，无论是性爱还是情爱，它们都具有强烈的排他性。从理论上讲，真正的人类的爱情，只能发生在一对异性之间，而不可能同时存在于一个人与两个异性之间，如果夫妻间一方与婚外的异性发生爱情关系，其结果必然是降低对配偶的情爱与性爱，或干脆排斥配偶对自己的爱情。因此，无论是婚外性行为还是精神恋，无论是暂时的，还是长期的，对配偶的伤害和对家庭稳定的破坏作用都是一样的。

婚姻的感情基础不牢是产生婚外恋的首要原因。随着社会的发展、生活水平的提高和人们对生活需求观念的更新，以及价值观的改变，意识中的那种对婚姻生活的不满足感，越来越强烈地表现出来。于是，原先维系男女之间爱情的链条断裂并导致情感逐步淡化。如果夫妻双方的关系不能进行有效的调适，不能重建并更新夫妻间的爱情，就可能在双方或一方中产生移情别恋的动机，一旦遇到合适的异性，就很自然地导致婚外恋。

婚外恋问题作为人类两性间的关系问题，当然有其生理的依据，但更主要的是一种心理行为。从社会的角度来评价婚外恋，是对婚姻体制构成了严重的威胁，具有明显的反道德性质。但是作为人的情感关系中的特殊现象，它又具有强烈的感情迸发力。如果对婚外恋行为作一个较为宽容的判断的话，那么可以说它是当代家庭生活中的具有悲剧性的一幕，它的出现曾使多少幸福的家庭解体，无论当事者处理得如何，对社会、对个人、对子女安宁的生活都是一种不小的危害。

爱情的发展是无止境的，理想的夫妻应是随着岁月的增长，夫妻之情不断深化，夫妻感情越巩固，第三者就无地可插足，夫妻感情不和是第三者插足的良好时机，有些夫妻结婚后，忽视感情的培养，感情易淡弱，为第三者插足提供了条件。

【心理学在这里】

孤独感常是促成外遇的主要原因，如果夫妻间缺乏亲切友好的感情交流，一方或双方便会感到孤独，以致主动寻找外遇。

网恋是否可靠

现在，互联网正以前所未有的深度和广度飞速发展，它改变了人们很多的生活习惯。上网聊天是一种对传统的人际关系的革命。网络将人与人之间的距离大大缩短了，无论天涯海角我们都能自由地沟通。网上聊天已经成了年轻人的新生活方式，而网恋也不可避免地出现了。

网络是匿名的，使人在网上可以自由自在地宣泄自己的情感，并不用担心自己的真实身份。网络提供了这样一种宽松的环境，使人们将自己心中的不快向一个完全陌生的人诉说，从而获得一种心理满足。网络从技术上保证了虚拟社会的间接性和纯精神性，给人们创造了一个封闭的情感空间，使他们能够脱离现实进行一种纯精神的恋爱。网络爱情的双方重视的是心灵的默契、精神的相通，并且那种互相猜测、揣摸的感觉比在现实中有意思得多、神秘得多，那种感觉可以令人痴迷而满足。

随着时间的推移，这种感觉会在人内心不断滋长、膨胀。人会开始臆想网上情人的模样，她会不由自主地把所有异性的优点都集中在对方身上。而网络的超越阶层、地域，超越物质以及虚拟性的特点，为爱情超越现实功利束缚提供了空间。

但是，网络有它的另一面。在这个完全虚拟的世界里，他或者她可能扮演着完全不同的角色，甚至连性别都是虚拟的。所以，网络上的两个“恋人”，与其说是通过网络来沟通，还不如说是通过想像来美化对方。由于他们缺乏现实生活的接触，主要靠自己的想像来把自己的“爱人”美化。在这种情况下，网恋就变得格外的美丽，因为这个美丽的“网恋情人”是根据自己的想像和需要一手创造的，是自己在编写着一个美丽动人的爱情故事。如果仅仅把网络看作是一个虚拟的世界，那么可能就没有那么多的遗憾了，但是人类的情感不可能就完全满足于网络的虚拟模式，它终究有回到现实中来的那一天，这时问题就出现了。网恋一旦延伸到现实生活中，网络所有的特性就解体，起源于网络的爱情的延续就必须按照现实生活的价值观和规律来进行。网恋之所以美丽，就在于它是在网上，但是它又不可能一直停留在网上，一旦它回到现实生活中来，一切的想像一切的美丽就随即被打破了。

到目前为止，人们对网恋的评价还没有一个统一的看法。但可以肯定的是，如果不能认清网恋的虚拟性、间接性和易变性等特点，甚至将虚拟世界的情感交流和体验带到现实生活中，必然会产生矛盾和冲突，对心理和人格产生强烈的冲击。要避免网恋出现负面冲击的主要方法，在于正确认识网络的优势和局限，正确地把握自我。

【心理学在这里】

网恋既超越了现实功利的束缚，又能带给人纯精神的爱情体验，所以具有强烈的心理吸引力。

三角恋爱

爱情一般是出现在两个人之间的感情，但是有时也会表现为一个人同时爱着两个异性或两个人同时爱着一个异性。这就是俗称的“三角恋爱”。三角恋是一种异常的爱情关系，但是却是十分常见的。

一个人同时有两个求爱者确实是幸福的，同时也表明此人是很有吸引力的，此时也就有人因为不是自己同时去爱两个人就没有了更多的顾虑，认为反正又不是结婚，大家玩玩而已。殊不知，别人可是当回事的，特别是一些男性没有更多的戒备心理，更不知道还有一个隐藏着的“情敌”，就可能会误将一些信息或行为一概理解成是对方接受爱的表示，从而在定势思维下加大进攻强度、加大投入力度，结果越陷越深，而到头来却是鸡飞蛋打。所以这种玩玩而已的想法是在玩弄别人感情，是不道德的。一个不懂尊重别人感情的人，也是一个不珍惜自己感情生活的人，万万不可如此。

同时被两个人追求是正常的，但同时都接受则是不正常的，这时应该不要因为成为多人追求的对象而冲昏头脑，应当冷静下来，作一次理智的思考，全方位比较两个异性在性格、观念、能力、外在条件等方面的情况，尽早采取决定选择一个相对更理想的，作为自己的恋爱对象。

如果两个人同时站在一条起跑线上追求一个异性，怎样对待这场竞争呢？现代社会，竞争意识是一个重要课题，我们认为在三角爱情中也不排除竞争心理的存在。爱情的表现是为了取得对方的爱，而实质上是实现自我、发现自我、暴露自我价值的过程。征服了对方的心，感到喜悦、充实，感到实现了前所未有的人生价值，就是把爱情比做战斗也不为过，但这应该是理智的战斗、高尚的战斗。任何庸俗的伎俩都是卑劣行为，是不可采取的。

任何竞争都有成功和失败。作为成功者，只要你是用光明正大的努力取得了对方的青睐，你可以为新的幸福而喜悦。但要注意，你若对失败者行为态度不当，会加剧失败者的心灵创伤，甚至会导致本身爱情的毁灭。根据相关机构对历年来发生的因恋爱斗殴致伤事件的调查，约有 40% 是由于成功者的言行不当而激化造成的，有的当众羞辱爱情失败的一方，有的故意在对方面前做出亲昵的动作。成功者的一方应该表现出更多的宽容，多想想自己如果处于失恋境地会有怎样的心理苦闷，这在心理学上叫做“角色互换”。

作为失败的一方，必然经受巨大的心灵痛苦过程。面对这种心灵的冲击，积极地进行心理防御是很重要的。要克服爱情挫折，首先要正确认识爱情的失败，只有对挫折有了合理的解释才能从根本上战胜挫折。

【心理学在这里】

没有一个人会同时深深地、忘我地、热烈地爱着两或三个人。

那必然会导致心理动荡，使人面临困难的抉择。

单身者的心理动因

现代社会中，“单身贵族”越来越多，从好的方面来看，是因为人们有了互相选择的机会。不像封建社会中，婚姻遵从父母之命，媒妁之言，当事人根本没有互相挑选的权利，虽然造就不少怨偶，不过由于男尊女卑的传统，所以怨归怨，表面上倒也维持了几千年的相安无事。而当今机会越多，就制造了更多单身贵族。

心理定势是造就大龄单身者的主要原因。单身者的心理定势有两个方面：择偶条件的定势和自我意识的定势。男女青年在正式择偶前，心目中往往早就勾勒出了一个较为鲜明的异性形象，也就是常说的“梦中情人”。少数青年更会不顾自己的客观实际情况，以空想、幻想和不切实际的想法来选择恋人，并且对实现这一择偶目标给予了很高的期望，而且不愿意实事求是地调整择偶标准，以致他们坐失很多良好的择偶机会，让青春年华白白流逝，而失掉了人生择偶的最佳年龄。

由于两性的心理差异和社会文化的限制，大龄单身状态对女性所产生的心理负面影响要比男性大得多。大龄单身男性，尤其是专注于事业、经济条件不是很差的人，往往被尊称为“钻石王老五”。而大龄单身女性，无论其客观条件如何优越，也会被视为嫁不出去的“老姑娘”。加上女性比男性更容易形成完美主义心理，所以择偶的困难都会更大，产生的心理影响也会更为严重。

一般来说，女性在 30 岁以后仍未确立恋爱对象，她就会越来越怕别人向她提及婚恋之事，表现出心理防卫反应中的“隔离”反应，凡涉及到自己婚恋的，她或用其他话岔开，避免别人谈及这个题目，或是搪塞过去，让人不便再问。当然，那些坚信结婚是自讨苦吃的独身主义者，是没有这种心理防卫反应的。

由隔离心理发展到封闭心理也是一个规律。封闭是一种消极、颓废的心理反应，她们开始独立行动，不与女友，特别是不与处于恋爱中的女友合群。对火热的现实生活失去了兴趣，喜欢离群索居。她们往往变得清高、孤芳自赏和超脱现实。

单身大龄女性要学会正确处理自己的心理危机，适时寻找合适的伴侣。当然，也不要仓促行事，草率嫁人。而关心她们的亲朋好友，要掌握她们的心理共性和个性，密切地观察她们的心理倾向，注意她们的隔离、封闭和迁怒等心理障碍反应，在取得她们的信任之后，再诚挚地予以对症下药的开导，并将合适的人选引进到她们生活圈中，水到渠成地解决她们的婚恋问题。

【心理学在这里】

女性通常认为男女之爱应该由男方持主动态度，于是便采取等待之势，结果由于不能主动追求，又不能及时地把爱的信息传递给中意的男人，而失去了择偶的机会。

恋爱谨防嫉妒心

爱情具有强烈的排他性，如果你的恋人反对你同其他异性接触和交往，正是反映他（她）对你的爱的程度。相反，如果毫无嫉妒心，那么也许你们之间的关系还只是喜欢水平的友谊，而不是爱情。所以从这层意义上说，对爱情而言，嫉妒心是有一定的积极意义的，就连莎士比亚也曾经把嫉妒视为爱情的卫道士。

虽说嫉妒心有一定积极意义，但更为常见的还是消极作用。它不仅会使人失去理智，也会似瘟神一般让更多的人敬而远之，最终两个人会被折磨得精疲力竭，爱情进展必然会受到影响，爱情的质量也会大打折扣，至于两人能否携手走到婚姻的殿堂，则只能听天由命了。因此，当务之急是立即改掉它，消灭这种过头的嫉妒。

嫉妒心理在恋爱中的表现多种多样，归纳起来有两种不同的性质：自然性嫉妒和变态性嫉妒。自然性嫉妒人皆有之，其出发点和归宿都是爱情。而变态性嫉妒具有猜疑、敌意和报复的特征，有很大的危害。古书《酉阳杂俎》中有个著名的关于嫉妒的故事——

刘伯玉的妻子嫉妒心很强。刘伯玉曾经称赞曹植在《洛神赋》中所写洛神的美丽，妻子听到后，气愤地说："君何得以水神美而欲轻我？我死，何愁不为水神？"然后投水自杀。于是后人将她投水的地方称为"妒妇津"，相传女子在此过河时不能盛装华服，否则就会风浪大作。

作为男性，对爱情的忠贞行为，是消除妻子猜疑的最有效的方法。丈夫一定要检点自己的作风，用自己的行动，加强妻子对自己的信任。同样，作为妻子，在交往异性时，也要注意分寸，把双方的感情严格地控制在友谊的范围内，表现得自然大方，风度高雅，这样就会减少丈夫起疑心的客观因素。

男性一般不愿意主动提出自己的猜疑，所以妻子应该控制住自己的感情，选择一个适当时机，心平气和地劝说丈夫把对自己的怀疑和盘托出。如果丈夫不肯谈，或是吞吞吐吐，妻子就要耐心开导丈夫，使丈夫解除思想顾虑。根据丈夫提出的疑点，妻子要详尽地把情况讲清楚，就可以消除误会。

而女性的感情会比较冲动，稍有猜疑就会付诸行动，不仅使丈夫陷入家庭的小圈子里，而且也妨碍了丈夫的正常工作和社交。同时，由于凭空编造莫须有的“第三者”，往往会伤害他人，造成严重的后果。妻子爱“吃醋”确实给丈夫带来一些麻烦，但应从积极方面考虑，毕竟还是真心爱丈夫，怕失去丈夫。

夫妻之间产生误会、猜疑，往往由于缺乏感情上的交流所致。如果双方能够注意保持热烈的感情，经常谈心，任何猜疑、误会都难于产生。

【心理学在这里】

变态性嫉妒一般都是从占有心理中产生的。越是把爱情当作私有品，就越是要求对方成为自己的附庸，从而会产生各种各样的莫名嫉妒。

同性恋是怎么回事

一般而言，爱情是男女两性之间的事，但是也有例外，那就是令许多人迷惑不解、令部分人谈虎色变、令少数人痛苦不堪的同性恋。同性恋是一种性取向，那些对同性产生爱情、性欲或恋慕的人，就称为同性恋者。

研究历史，我们可以发现古代有不少同性恋的现象。通常认为同性性关系在古希腊是很普遍的，一个成年男子会有一个未成年男子同伴，年长的会成为“爱者”，而较年轻的成为“被爱者”。受到欲望和尊敬的驱使，爱者会无私地奉献所有被爱者要求的用于繁荣社会的教育。中国古代也有一些同性恋的记载，甚至险些出了一位“男皇后”——

南北朝时期，南陈的世祖文皇帝陈蒨，是开国皇帝陈霸先的侄子。在担任吴兴太守的时候，他遇到了会稽山阴人韩子高。《陈书·韩子高传》记载，他“年十六，为总角，容貌美丽，状似妇人”，陈蒨非常喜欢他，两人朝夕不离。陈蒨曾对韩子高说：“人家说我有帝王相。果真如此，到时我便册封你为皇后。”当然，陈蒨后来登上皇帝宝座的时候，由于群臣反对，并没有封韩子高为皇后，而是不断升他的官，最后封为伯爵，担任右卫将军，负责首都的防卫。陈蒨临死之前，是韩子高在病榻上服侍医药。陈蒨死后，因为韩子高手握重兵，后来的皇帝就设计把他杀了。

从古至今，类似于同性恋的例子数不胜数，今天也有许多名人公开了自己的同性恋身份。但是由于同性恋是不能生育的，看起来违背了自然的规律，所以在很长的一段时间里都被视为最恶，甚至被判处死刑。随着社会的进步，同性恋慢慢摆脱了“罪犯”的身份，又被挂上了“病人”的标签。

研究发现，同性恋可见于各种年龄段，而且存在于各个种族、各个阶级、各个民族和各种宗教信仰的人们当中。同性恋产生的原因至今尚无肯定的学说，一般认为有可能是天生的，因为同性恋者在单卵双生子中远比双卵双生子中多见，而且男同性恋可能是母系遗传的。也有的人认为性腺分泌不平衡是导致同性恋的原因。还有一些同性恋现象是后天形成的，如果正常的性心理发展得到不良的家庭或环境影响，成熟的异性恋驱力被阻滞或者歪曲，就会使人的性取向产生偏离。

随着研究的深入，心理学家已经不再把同性恋视为心理异常，2001 年出版的《中国精神障碍分类与诊断标准（第三版）》也不再把同性恋定义为一种病态心理。但是大多数人会对同性恋产生很自然的“不舒服”的感觉，所以社会对同性恋仍然存在很多敌意和偏见。这就导致了同性恋者容易产生社会不适应，从而爆发心理疾病。

【心理学在这里】

许多人在青春发育期及青年时代，会有短暂时期表现出同性恋，但是几乎所有具有这种体验的人，以后都变成完全的异性恋。

第七章
和睦家庭的心理学

家庭，是构成人类社会的最小的单位，也是一种真正属于自己的生活方式。良好的家庭环境是幸福生活的保障，而失去了家庭的呵护，虽然有可能使人变得更坚强，但却是人生中无法抚平的伤痕。家不仅仅是一幢房子，它是漂泊者的避风港，是心灵的驿站。

为什么有人恐惧结婚

在电影《落跑新娘》中，著名影星朱莉娅·罗伯茨扮演的年轻女子玛姬一直希望能有属于自己的家庭，但是却又害怕婚姻。她曾经有三次在婚礼上临阵脱逃的经历。走上红地毯时，玛姬总是穿着球鞋，似乎随时都准备着逃跑。

害怕结婚的心态通常在两个阶段集中出现。第一次出现是在两人开始谈婚论嫁的阶段，尤其是没有主动提出结婚的一方，对婚姻持久性会产生怀疑和恐惧。第二个阶段是结婚的前一个月至前一个星期出现的恐惧、紧张、焦虑等症状，这时产生恐惧感的原因是对婚后生活困难程度的扩大的焦虑。

恐婚的女性普遍是理想主义者，她们所期待的是一种完美的生活，对“婚礼”这种仪式的向往远远超过对婚姻本身的向往。

而对于婚姻，她们或许根本没有想过是怎么回事。也就是说，她所谓的想结婚，只是想得到“婚礼”这样一种仪式，而不是之后的婚姻生活，一旦提到婚姻生活，她往往会呈现恐慌的心态。一般情况下，女性担心的是婚后最初的家庭生活，其中包括对新的家庭成员关系的处理和协调，或者因为不会做家务而担心对方挑剔自己。

男性对婚姻的焦虑主要是对自己能否承担起家庭重担的能力持怀疑态度，主要考虑的是自己在家庭中的责任。在考虑过婚后的经济责任、家务负担、爱人的忠诚等之后，他们宁愿用其他形式和女友同居，却闭口不谈婚嫁。

年轻人心理年龄不成熟是造成对婚姻恐惧的关键性因素。婚姻，看上去是两个人的行为，同时也是一种社会行为，需要承担一定的社会责任和社会程序。心理学家认为，现代年轻人在接受高层次教育的同时，整个“人生”也随着往后推移。当他们从学校毕业后在接触社会很短的时间内又立即进入了婚龄。由于接触社会时间不长，心理方面还没有成熟，面临婚姻大事会更加束手无策。

另外，现代人特别容易将自我放在一个特别的位置上，以自我为中心的现象明显。他们认为，谈恋爱的感觉很轻松，何必要用一纸婚书把两个人绑在一起呢？结婚太麻烦了，还是做恋人比较好，合则聚，不合则散，没有心理负担，因此他们始终对婚姻持观望态度。

美国明尼苏达大学的心理学教授大卫·奥尔森指出，害怕结婚的现象在全世界都能找到。因此，有越来越多的恋人，特别是第一次结婚的人，选择在结婚前接受专业心理医生的辅导。在美国，有70%的年轻人会在结婚前接受8～10小时的培训，包括各种婚姻的技巧，如何解决冲突，如何预防一方控制另一方的自由等。这种训练不仅有效地解除了新婚者的焦虑心理，对于缩短婚后双方的心理适应期也会有很好的效果。

【心理学在这里】

婚姻本来是一件喜事，所以对婚姻的恐惧完全可以列为一种恐怖性神经症。

试婚有哪些利弊

“试婚”指的是男女双方不受法律约束，带有一定试验性质的同居行为。这个概念是1894年由美国青少年犯罪问题专家本·林塞法官提出的。大多数赞成试婚的人认为，试婚有助于充分了解对方的性格、兴趣、生活习惯，使将来婚姻更加稳定；如果试婚双方都是朝着今后幸福婚姻的方向努力，都有着强烈的责任感和理智的话，那么试婚也可能作为一种恋爱向婚姻过渡的阶段。

其实中国古时就有先同居、后结婚的婚姻缔结形式。敦煌文献中唐代的《优先婚前同居书》便足可说明这种风俗的存在。试婚期间男到女家，与未婚妻同床而眠，但只能背靠背，可以认为是试验对方是否忠贞的办法，这与北美印地安人和芬兰某些地区实行的“床昵”风俗颇为接近：未婚夫妻和衣同床，不得性交。

人们常把婚姻比作鞋子，舒服不舒服，只有自己知道。既然所有买鞋子的人，都会在鞋店里试一试才决定是否购买，那么试婚的心态也就不难理解了。然而婚后夫妻关系是否和谐、感情是否能够保鲜、生活是否稳定，短暂的试婚期实际上是不可能做出全面检验的——

晓佳是一名公司职员，公司的同事阿文对她产生了好感，两个人很快到了谈婚论嫁的阶段。阿文听说试婚能增加彼此的感情、减少婚后的矛盾，就劝晓佳先和他同居，说试婚是有现代意识的人所做的一种婚前准备，对婚后生活很有好处。晓佳听信了他的话。

然而，试婚一段时间后，晓佳逐渐发现阿文是个大男子主义者，不尊重她的人格。晓佳想离开他，可是街坊邻居、公司上下都知道了他们的同居关系，陷于痛苦和压力之下的晓佳已经无法自拔。她十分后悔搞什么试婚，如果没有同居，会毫不犹豫地和他分手，可现在她感觉已经晚了。

据调查发现，试婚者一般对“婚姻是爱情的坟墓”的格言深信不疑。有些人特别强调自己的独立性，虽然也希望婚姻家庭是一个美丽的花园，但又不喜欢其成为套在脖子上的枷锁，使自己失去自我。还有些人从小生长在一个缺乏爱的家庭，目睹父母或周围人的不幸婚姻，从而对婚姻产生一种莫名的恐惧感，但又渴望能拥有温馨幸福的家庭。因此，为了看彼此是否能长久相处，进行试婚。

与正式离婚相比，试婚破裂给人带来的心理冲击比较小。而且对试婚的积极性越高，试婚不成功所造成的心理负担会越低，但是可能加剧对婚姻的不适应。如果试婚行为是出于情侣的理性选择，那么对于每一对要选择试婚的青年男女来说，就要付出更多的理智、更多的责任感，坚决摒除将婚姻视为游戏的心态，以防为试婚失败付出难以承受的代价。

【心理学在这里】

试婚并非道德堕落的表现。但需要提醒的是，无论男女对于试婚，都要慎之又慎，不要拿自己的幸福做赌注。

婆媳不和男人解

婚姻将给人带来新的生活和新的亲属关系。在新的家庭成员中婆媳关系似乎是最容易出现问题的，直接影响到整个家庭关系的和睦融洽与否。婆媳关系一旦发生矛盾，不仅会使整个家庭的人际关系出现紧张，甚至会使媳妇的娘家人都卷入进来。所以，处理好婆媳关系特别重要。

每个已婚的男人都有这样的苦衷：在婆媳之间左右为难。母亲看着自己一手养大的儿子结婚后小两口亲亲热热，唯老婆命是从，“娶了媳妇忘了娘”，心里肯定不是滋味。反之，男人结婚后，整天还是围着老妈转来转去，妻子肯定不满：什么意思，干脆和你妈过好了，干吗还结婚。如何处理婆媳之间的矛盾，可以说是已婚男人的一大心病。然而，忽略被夹在中间的那个男人，而把焦点集中在“婆媳”两个字上，是我们面对婆媳关系时最常犯的错误。

家庭是传递爱的载体，从父母传给孩子，再由孩子向下传递。不过，家庭中居第一位的，不应是亲子关系，而是夫妻关系。要想营造一个健康的家庭系统，必须将夫妻关系置于家庭中最重要的位置。如果夫妻关系是家庭核心，那么这个家庭就会稳如磐石。从这个角度来说，婆媳关系不良往往是“继发性”的，也就是说，其根源在婆婆与自己的丈夫关系不良，于是将主要情感倾注在儿子身上，难以割舍儿子走出家门，最终不免吃起儿媳妇的醋来。

其实，在新家庭中，如果有一个糟糕的婆媳关系，那么一般可以推断，在婆婆以前的那个“新家庭”中，也可能有一个糟糕的婆媳关系。而那个糟糕的婆媳关系，让婆婆与其儿子建立了非常密切的关系。对这个婆婆而言，儿子，而不是丈夫，是她最亲密的人，是她最割舍不下的人。于是，当儿子要离开她去找一个爱人，并建立一个自己的新家庭时，作为婆婆，她会觉得自己失去了生命中最重要的人，所以，她会有意无意地阻止儿子与媳妇建立最密切的关系。而儿子，他以前就知道，他是母亲心目中最重要的人，对于母亲而言，他比父亲还要重要。以前，他为此而自得，现在，他要“回报”母亲。于是，他也不忍心“背叛”母亲而与妻子建立最亲密的关系。于是，多年的媳妇熬成婆，再去“欺负”媳妇。婆媳关系不良就成了“遗传病”。

因此，对于已经成为“夹心饼干”的男性来说，不要总是想着自己的委屈，而应该明白，自己是联结妻子和母亲的枢纽，也是妻子和母亲争夺的对象，也是化解这场冲突的根本所在。当他只是一味逃避责任，希望做“好好先生”并尽可能满足双方的要求的时候，这场冲突就会不可避免地继续下去。

【心理学在这里】

婆婆自己过去也作过媳妇，她对长期建立起来的主妇位置即将被媳妇所代替而感到愤愤不平。这种危机意识也是造成婆媳交往出现障碍的潜在因素。

夫妻间需要“爱屋及乌”

爱情与婚姻最大的区别，就是所要面对的对象不同。爱，可以只爱一个人，可以营造温馨的二人世界。但是结婚就不同了，在迈入个新的家门之时，你会突然发现三姑六婆莫名其妙地多了不止一倍，把他们认清楚至少需要三个月的时间。一群与你毫无血缘关系的人因为你的嫁娶而进入了你的生活，成为了你生活中不可忽略的一部分。所以，要想保持婚姻生活的幸福，就要保持爱屋及乌的心态，与姻亲和睦相处。

话说有两个好朋友在酒吧喝酒聊天，其中一人抱怨道：“听我说，朋友，我遇到了不幸。昨天，我妻子同我吵了架，怒气冲冲地摔了一下门就走了，并声明说，她将同她母亲生活在一起。你替我想想，这是誓言呢，还是威胁？”

“誓言和威胁？这两者有什么区别吗？”

“区别太大了！如果是誓言，意味着我的妻子一定回娘家去住。倘若是威胁，那意味着岳母将搬到我家来住！”

在日常生活中，要学会巧妙地表达你对这群“陌生人”的爱意与尊敬。比如，适当地赠送礼物给他们。相处久了，这些亲朋好友就会因为你的来到，觉得自己多了一份体贴和照应。与人交往，要做到真诚相处，互相帮助，绝不能做拆台的事。拆台不但破坏别人，也会害了自己，人为地造成家庭关系紧张。

心理学家发现，家庭背景差异是引发家庭矛盾的重要原因之一。家庭背景差异，背后是价值观的差异。其实，婚姻是否稳定，主要取决于夫妻间的对等性，比如智力、个人健康、学历等，当然也包括家庭背景差异，但它在对等性中只占很小的一部分，而两个人的心理、价值观、处理家庭关系的方式等差异对婚姻的影响更大。

不过任何两个人都不可能在财富、家庭、价值观、心理等方面达到完全对等，因此每一个婚姻都很难避免矛盾的出现。恋人在婚前就应该创造条件去认识和熟悉对方的家人，学会和他们相处。磨合中，也能拉近恋人、家人对这个婚姻的期望和要求，减少日后矛盾的发生。当婚姻矛盾出现时，不能逃避和退让，敞开心灵沟通，是最好的解决办法。无论对爱人还是双方家人都要学会理解和体贴，不要强迫别人按自己的意愿行事。

在所有姻亲关系中，对家庭和睦影响最大的是与对方父母的关系。对于他们要像对待自己的亲生父母一样，就能促进家庭的和谐。你可以时常与爱人父母闲谈，在与他们所谈论的话题中，你可以了解到他们所感兴趣的事物，清楚他们的习惯和价值观，从而增强你与他们的熟稔程度。

【心理学在这里】

婚姻不仅使你成为一个新的家庭的一员，同时也使你成为对方家庭的一员。只有将心比心，换位思考，妥善处理，灵活协调周边关系，方有家的安宁。

夫妻也要留有空间

在很长的一段时间里，女性在社会中只能作为男性的附庸。随着社会的发展，这种现象以及基本上得到了根除。不过现代女性越来越不满足于家庭里的角色，其中有些人认为“矫枉必须过正”。于是，不少妻子自觉不自觉地扮演起“妻管严”的角色。其实即使在旧社会，“怕老婆”和“妻管严”的现象也是屡见不鲜的。古代有这样一个笑话——

某县令十分怕老婆，很想知道是不是男人都一样，于是集合所有下属，命令：“怕老婆站左边，不怕老婆的站右边。”之后一阵骚动，大部分人都去左边，只有一人站在右边。县令很高兴，因为终于有个不怕老婆的人了，于是赞赏他：“你不怕老婆，真为我们男人争气。”没想到这个下属说：“禀告老爷，卑职并非不怕老婆。只是老婆严令：人多的地方不要去！”

“妻管严”是一种利己主义的产物，它不过是“大男子主义”的翻版。在“妻管严”的家庭中，缺乏温暖，空气窒息，对家庭危害极大。这种家庭失去了本应有的民主、和谐、温暖、友爱的和睦气氛，经常处在对一些小事的是是非非矛盾之中，夫妻间也造成一种人为的隔阂。很多男人乐意做模范丈夫，但并不甘受“妻管严”，对“妻管严”心生厌恶，经常在他人或感情比较接近的女性面前，诉说自己的悲哀和不幸，以引起异性的同情，寻找新的精神寄托。结果就可能会发生婚外恋，导致夫妻离异。

夫妻生活中，相互的控制无处不在，很多的争吵都是控制与反控制的结果，让夫妻不断地较劲、伤害甚至冷战。

必须明白这样一个道理：爱一个人，不是把一切都交给你控制，让事情只像你所希望的那样发生。爱情的权利，不在于对方必须回报爱；爱情的意义不在于保证你一定可以得到照顾。害怕黑夜的女人，仍然需要准备独自面对黑夜。爱不可以交换爱，付出是自愿，得到是幸运。付出金钱可以得到某种东西，付出爱却不等于你可以得到爱。爱是双方的，只要两相情愿、互作多情，不管是和睦还是折磨，不管是不是幸福的爱，都是爱。爱的权利就是都自愿为对方多做些事情，你不能比这要求更多。

消除“妻管严”这一家庭弊病，丈夫就要做到以诚待妻，克服自卑的心理，除了充分肯定妻子在家庭中的功劳外，还要经常善意地指出她的弱点、毛病，并用自己的实际行动教育、感化妻子，共同改变这种弊病。而作为妻子一定要有自知之明。事实上，女性的自尊和独立，并非一定要打倒男子，实行“大女子主义才”能取得，因为那不是平等。真正的平等要靠友爱互信来取得。

【心理学在这里】

爱的奇妙感觉往往使我们形成错觉和偏颇的信念，而喜欢想当然地强加于人。

两口子吵架有技巧

夫妻是一家，但总是独立的两个人，因为生活琐事，也难免闹矛盾。有一项调查表明，造成婚姻破裂的一个重要原因是夫妻争吵过多。长时间的争吵，伤害了对方的感情，触犯了对方的自尊心，逐步失去婚姻存在的必要条件。

减少夫妻争吵的上策是预防，把矛盾解决在萌芽之中。俗话说：居家过日子，没有马勺不碰锅沿儿的，夫妻绝对避免吵架是很难的，问题的关键是如何及时做好争吵后的和好工作，以挽救婚姻，以防陷入无休止的夫妻大战之中。

著名心理学家乔伊斯·勃拉泽斯根据他多年为公众解答各种有关婚姻问题的经验，提出了一份“夫妻吵架守则”，供夫妻双方如不幸真的发生争吵时参考。主要内容为——

争吵时应限定一个主题，不要把不满意全端出来；

绝对不允许动手打击对方；

不要在众人面前互相指责或责难对方；

不应该提出终止婚姻关系。

首先，任何争吵都要速战速决。一旦发生争执，双方必须清楚：速战速决对缓和矛盾，消除紧张气氛极为有利。如果你是有道理的，你的速决显示你的胸襟和涵养。如果你是理亏的，你的快速停战，表明了你有悔过之心，对方极可能会知趣地收场。尽快结束吵架，对尽快和好有好处。在此特别提醒丈夫们，你们是结束争吵的关键。在婚姻问题专家中流传着这样一句话：每次争吵的最后一句话都是妻子说的，如果丈夫再多说一句，那就是另一场争吵的开始。

美国著名婚姻心理学家欧尼尔在论述婚姻的时候，说过一段广为流传的话："解决夫妻冲突，永远不要努力去赢。如果你们中一个想赢，那么另一个只能输，否则冲突无法结束。然而，夫妻冲突中有一个输了，实际上也就是两个人都输，因为有胜负的冲突，总会把这种胜负渗到双方的深层感情中去。所以，要打赢亲密的对象，唯一的办法就是两个人都赢。"这段话很有道理，有些夫妻无休止的吵架，就是为了争胜负。这样做就大错特错了。

有的夫妻互相赌气，出现互不说话的"冷战"状态。要尽快和好，开局是要有一方主动说话。先说话的也并不是掉价，反倒显示出你的大度和主动和好的态度。有时即使没有合适的话题，也要没话找话说。这样做，僵局会很快打破，感情会比较快地修复。

争吵后，各自要冷静地思考一番，想一想为什么引起了夫妻间的争执，自己有没有错，怎样和好等等。围绕这些问题，自己冷静思考一下，认真总结经验教训，防止以后再犯。如果自己确实错了，要主动向对方作个检讨，伸出感情之手。

【心理学在这里】

微笑在人与人之间有着非常的魅力。争吵过后，在适当的时候给对方一个发自内心的、真挚的微笑，往往会收到意想不到的效果。

坚决反对家庭暴力

家庭暴力，是指发生在家庭成员之间的，以殴打、捆绑、禁闭、残害或者其他手段对家庭成员从身体、精神、性等方面进行伤害和摧残的行为。

家庭暴力是一种社会和生物因素共同作用的现象，而暴力本身更趋向生物性，因为它毕竟是一种野蛮的行为。自人类组成家庭以来，就伴随家庭暴力的发生。在家庭暴力中，受害者多半为妇女和儿童。尽管引起暴力的因素很多，但心理因素起着极为重要的作用。可以说，家庭暴力的实施者至少在当时就存在心理障碍。

家庭暴力是一个全球性的问题。在世界各国，家庭中虐待妻子的现象都十分常见。家庭暴力严重影响、破坏了家庭这个社会组成细胞。一个经常发生家庭暴力的，必然影响夫妻感情。当妻子无法受其丈夫的暴力时，以选择离婚、离家出走、甚至以暴抗暴等途径摆脱遭受的暴力，致使家庭破裂、毁灭——

2003年6月30日，贵州镇远县羊场镇的杨石匠七窍出血死在床上。警方调查发现，凶手正是他的妻子小芳。

原来杨石匠是个好吃懒做、嗜酒如命的人，而且酒后性情暴戾，经常惹是生非，与邻里关系不好，动辄打骂家人。特别是小芳，常被打骂、虐待，一年前还被打折了腿，32岁的年纪看上去却像是40多岁的人。丈夫干活挣的钱全部用去换酒喝了，家里揭不开锅，两个儿子也先后辍学。12年的屈辱终于使小芳忍无可忍，就把剧毒农药甲胺磷倒进丈夫的酒中……

经常发生家庭暴力的家庭，对孩子的身心健康有着严重的影响。特别是直接对孩子施暴时，更容易使孩子的情绪产生恐惧、焦虑、厌世的心理，轻者影响孩子的情绪，他们自卑、孤独，影响学习和生活，严重者使孩子们离家出走，荒废学业，甚至还走上犯罪的道路。

许多人提出疑问：为什么这些受虐的妇女还要继续留在充满暴力的家庭里？答案是她们的自信心被暴力摧毁了。有调查表明，被动接受和麻木不仁是受虐妻子的典型特征。妇女挨打一般要经过三个阶段：挨打时，她们感到吃惊，竭力躲闪；然后感到恐惧，竭力讨好丈夫；最后感到抑郁，躲到一边自责。

有时，夫妻双方因为产生矛盾，所以漠不关心对方，将语言交流降到最低限度，这称为“家庭冷暴力”，实际上是一种精神虐待。这种暴力一般表现在夫妻之间矛盾虽不诉诸武力，但却通过暗示的威胁、言语的攻击，在经济上和性方面进行控制。彼此有意用精神折磨来摧残对方，使婚姻处于一种长期的不正常状态。这种精神上的折磨和摧残，甚至比肉体伤害更可怕。

【心理学在这里】

人们对家庭暴力的错误认识有：家庭暴力现象是少数现象、家庭暴力是私事、文化素质高的人不会虐待家人，等等。

平衡家庭与事业

家庭与事业，是一个人生活的两极。如果不能平衡好家庭与事业的关系，自然会给生活带来麻烦。

妻子或是丈夫，只是人在社会中“扮演”的一个角色。此外，人还需要“扮演”许多角色，比如一个自食其力的工作者，这个角色甚至比“妻子”或是“丈夫”的角色更重要。因为对于绝大多数人而言，事业是维持自身存在的保障。没有工作的失业者，或者仰人鼻息的寄食者是很难在社会立足的，而不结婚则未必能引起别人的非议。

所以，事业往往会对家庭和睦产生重要的影响，这个影响很多时候是由于不恰当地将对待事业的心态错误地移植到家庭问题上而形成的。当事业与家庭发生冲突时，只要学会多费一点心思，少算一点得失，即便不能鱼与熊掌兼得，在家庭与事业之间也总会找到一个平衡点——

据说有一次，英国女王和丈夫吵架。丈夫独自回到卧室，闭门不出。女王回卧室时，只好敲门。

丈夫在里边问："谁在敲门？"

女王傲然回答："我是统领伟大帝国的英国女王伊丽莎白二世。"

没想到里边既不开门，又无声息。她只好再次敲门。

里边又问："谁在敲门？"

女王回答："我是维多利亚。"

里边还是没有动静。女王只得再次敲门。

里边再问："谁？"

这一次女王学乖了，柔声回答："亲爱的，我是你的妻子。"

门开了。

俗话说"男主外，女主内"，顾及事业而忽视家庭的大多数是男性。作为家中主要的经济支柱，少做一些家务并不是什么值得谴责的事情。但是要切记不要忽视对妻子的爱，其实只需一次表白，或者一件小礼物，就足以完成任务了。而作为妻子，对于丈夫应当予以充分的理解和支持。日本社会学家武村键一曾经阐述过关于家庭与妻子的论点："我们把家和妻子称作航空母舰，丈夫是战斗机，需要在这个平台上休整。虽然这个作战平台从未陪伴战斗机上过前线。"要提醒自己：每个成功的男人背后都有一个女人，丈夫的成功也就是你的成功。如果这种情况对于他的成功是必要的，那就需要你说服自己接受这种情况了。

随着社会发展的日新月异，女性从家庭中解放出来，职业女性甚至“女强人”越来越多地涌现了出来。但是，当你踏入家门，一定要放下傲气凌人的架子，千万不要把在工作岗位上的霸气带到家里来。要知道，即使丈夫的事业不如你，也是你的“合伙人”，而不是下属。在家中，你要主动尽到一个家庭主妇的责任，即使因为工作太忙，无暇顾家，也要耐心地和丈夫说清，得到丈夫真诚的谅解和支持。对丈夫为家所付出的辛劳要感激，切忌挑剔。

【心理学在这里】

要学会将家庭与事业隔离开来，特别是阻止坏情绪的蔓延，不要让家庭纠纷影响工作，也不能把工作中的烦恼迁怒到家人身上。

家庭财政分歧

历史学家认为家庭是以男女间的经济分工为基础而形成的，家庭是一个经济体。这样一来家庭的存在就与金钱、财富密不可分了，许多家庭纠纷也是因为“钱”而形成的。

人们常说“贫贱夫妻百事哀”，那么是不是“富贵夫妻万事顺”呢？幸福的人生有时是要靠金钱来造就，但是金钱也同样能够造就人生的不幸。幸福无法用金钱买到，它是蕴藏在男女内心深处的一种珍贵的感情。这种感情可以在任何时候、任何地方都能感觉得到。它与金钱没有必然的联系。真正的幸福，只有当你真实地认识到人生的价值时，才能体会到，用金钱买来的爱情不会长久，用诚挚感情培植的爱情花朵才会永开不败。

在有些人的心目中，金钱似乎是一种罪恶之物，“男人有钱就变坏，女人变坏就有钱”的偏见根深蒂固地存在于某些人的思想之中。不少妻子在家里千方百计搜刮丈夫的钱，在家里争夺财权。这样的婚姻即使不会走向破裂，也必然不会幸福——

有个丈夫气呼呼地朝妻子说：“不知是哪个小家伙偷拿了我钱包里的钱。”

妻子不以为然：“你怎么可以怀疑自己的孩子，也许拿钱的不是他们，而是我。”

丈夫斩钉截铁地说：“绝不会是你，因为钱包并没有被拿空！”

专家发现，对于怎样花钱拥有同等决定权的夫妻，一般来说婚姻比较和谐。换句话说，经济权力均等（即使双方收入不太可能相等）是婚姻幸福的关键。如果夫妻双方的金钱观念有差异，在没有及时沟通、相互了解的情况下，危机自会不可避免地爆发。

金钱理念在婚姻生活中起着重要作用，对夫妻间的冲突影响重大。一个人的金钱理念关系着他本人感觉幸福与否，关系着他为人处世的态度。有的人属于满足型，为自己设定一个合理的目标，努力达成或者超过它之后，便会对所拥有的生活心满意足。有的人则属于永不知足型，无论自己设定了何种目标，无论有没有达成，都不会感觉满足。而这些具有相反金钱理念的人如果相结合，就意味着婚姻中无尽的麻烦。

每个家庭最好拥有一笔固定的储蓄。财务专家曾经说过，如果一个家庭能够节省全家收入的10%，即使在物价上涨的情况下，过不了几年也就可以获得经济上的舒适。在瞬息万变的世界中，有时难免会遇到什么意外，急需大笔金钱。所以每个家庭至少要存下一至三个月的收入，用于紧急事件，以免到时手忙脚乱。在现代商品意识浓厚的社会里，每一位家庭成员都应会赚、会花，更应会攒钱。凡事都是由小及大，有朝一日回过头看看你的积蓄，也许会令你大吃一惊。

【心理学在这里】

金钱并没有错，错的是人们过高地估计了它的地位和力量。

应该由谁来当家

从管理学的角度来讲，家庭也是一个有机的团队，其目的是满足家庭成员的物质需求，使家庭成员心理上安定、情感上满足。在这个团队中必然有决策者、管理者和执行者的分工。如果分工不明，当然会影响生活的幸福。

有这样一个小笑话——

新婚燕尔，夫妻二人开始安排婚后的生活。

妻子说："为了我们的生活甜甜蜜蜜，以后家里所有的大事都由你来决定，而所有的小事都听我的安排，怎么样？"

丈夫问："那么，具体地讲，哪些小事听你的安排呢？"

妻子说："我决定应该申请什么样的工作，应该住在什么样的房子里，应该买什么样的家具，应该到哪里度假，以及诸如此类的小事。"

丈夫又问："那么哪些大事由我来决定呢？"

妻子说："你决定谁来当总统，是否应该减免贫穷国家的债务，是否应该废除死刑，要不要反对原子弹，等等。"

在传统文化中，家庭中想当然的是丈夫做主，但是这种状况已经被现代社会的文明观念所摒弃。不过，还是有些男子爱逞威风，在这种场合都会吹嘘自己在家里是"说话算数"的。还有些人因为在工作中有某种抱负实现不了，或总是受人指使时，心里总不平衡，强烈的欲求不满会使得他一定要寻找到一个机会来发挥自己的"才干"，家庭必然成为其首选目标。如果连这个欲望都无法满足，心中就会充满怨恨。

其实，家庭是一个需要共同协作才能良好运转的人群集合，只有科学的家庭管理才是生活和睦的保障。应用管理心理学的研究成果，家庭管理应该遵循三个原则。

首先是系统性原则，就是要注意家庭生活的多样性、整体性和各部分之间的关联性。根据系统性原则，家庭生活在物质方面和精神方面不可偏颇，既不能只顾吃喝玩乐，忘却社会的责任和精神上的追求，又不能只干工作而不顾家庭生活和子女教育。不仅如此，还要兼顾家庭中每一成员的需求满足，否则就会有人生出被家庭抛弃的感觉，影响心理健康。

效益性原则就是要从最少的人力、物力、财力投人中获得最佳的情感功能、最优的经济效益或最大的使用价值。

最重要的是民主性原则。在家庭生活中，每个家庭成员都有一种习惯性的分工，但每个家庭成员都有管理家庭的权利和义务。家庭成员的平等和相互尊重是家庭成员协调配合搞好家庭管理的前提。民主不仅作为一种风尚存在于家庭生活之中，还要转变为一定的程序作为家庭管理中决策的工具。对于家庭的重要事件，诸如大数目的经济往来、重要的家庭社交活动，应该在家庭中认真商讨取得一致意见后再行动。

【心理学在这里】

管理得当的家庭也会给子女良好的社会化教育，使他们能够迅速成长为适应社会生活的“社会人”。

再婚不要背包袱

离婚是人生中的不幸事件，再婚者如果又一次离婚，心理打击一定相当大。然而有关统计资料显示，再婚夫妻的离婚率高于初婚夫妻。原因是多方面，但最根本的原因在于再婚者受离婚的心灵创伤、固有的生活习惯和传统道德观念的影响而存在种种不良心理，致使产生夫妻感情隔阂，最终再度离婚。

有的再婚者原配夫妻感情深厚，一方因故死亡。此类再婚者再婚后会时常流露出对原配偶的思念之情，最易引起再婚配偶的痛苦与嫉恨，不利于再婚生活的幸福。有些丈夫或妻子看到爱人有触景生情怀念前人的情况，就认为在爱人的心目中，自己的地位还不及她（他）的先夫或先妻，由此对爱人表现出不满。这种做法并不妥当，结果往往适得其反。正确的做法应该是互相体谅与照顾。无可否认，爱情应该是专一的；但专一的爱情并不意味着要彻底清除已经逝去的爱情在对方心中留下的痕迹。

再婚夫妻中的一方或双方已经有过一次婚姻，在进行外部比较的同时，还有内部比较。不能说这种比较不正常，关键是怎么比较。如果是用原配偶的优点与现配偶的缺点相比较，那就进入了一个误区。特别是当双方闹矛盾时，这种不公平的比较心理就越发膨胀，使人表现得处处挑剔与不满，会恶化其情绪，扩大同现配偶间业已存在的矛盾。

再婚夫妻应当积极地、全面地评价对方、了解对方，认识对方优点，帮助其克服缺点，不要进行有损感情的比较，更不要说容易伤害对方的话。伤害了对方的同时，也使自己对重建的家庭失望，容易导致婚姻的再度破裂。

子女问题也是再婚夫妻产生矛盾的重要诱因。再婚夫妻容易在自私心理的作用下各自偏袒自己的亲生子女，所以正确处理和亲生子女及继子女之间的关系，是关系到再婚生活是否幸福的关键问题。

离异者再婚时适当考虑儿女的感受是必要的，但不要因为孩子而冷淡了夫妻感情。孩子毕竟会长大成人，建立自己的家庭生活，而夫妻则是终身的伴侣。摆正孩子在自己生活中的位置，可以减弱因再婚而产生的对孩子的负疚心理。只要再婚配偶和自己的子女能够和睦相处，并且自己的子女没有因再婚而出现明显的身心异常，那么就不必对子女感到愧疚。不要期望继子女对自己像对亲生父母一样感情深厚，要理解和支持孩子看望他们的亲生父亲或母亲。

俗话说："黎明的回笼觉，半路的好夫妻。"再婚者有着丰富的婚姻经验，只要遵循正确的道路，就会克服初婚者不易克服的障碍，创造出更为美好的生活。

【心理学在这里】

重新评价自己在前家庭中的表现，找出曾经的误区，不断地完善充实自己，有助于提高二次婚姻的质量。

填平两代人之间的沟壑

由于生活环境的变化，两代人之间在价值观念、心理观念、生活习惯等方面必然存在差异。代沟是随着孩子年龄的增长、自我意识的增强而渐渐地显露出来的。心理学研究表明，10 岁之前是对父母的崇拜期，20 岁之前是对父母的轻视期，30 岁之前变为对父母的理解期，40 岁之前则是对父母的深爱期。10 ~ 20 岁的青少年最易与父母发生代沟。两代人之间在各方面表现出不和，主要是由于年龄和阅历的差异而引起的心理差异造成的。有个人回忆在一生中不同的时候，父亲在自己心目中的形象——

7岁的时候，我觉得爸爸真了不起，什么都懂。

14岁的时候，感觉爸爸好像有时候说的不对。

20岁时，我确信爸爸有点儿落伍了，他的理论与时代格格不入。

到了25岁，我感到那个老头子简直是一无所知外加陈腐不堪。

35岁生日那天，我对妻子说：如果爸爸当年像我这样老练，他今天肯定是个百万富翁了。

45岁时，我偶尔发现我或许该和老头儿商量商量，也许他能帮我出主意。

真可惜，我55岁的时候爸爸去世了，说实在话，他的看法相当高明。

现在我已经60岁了，我可怜的爸爸，你简直是位无所不知的学者！遗憾的是我了解您太晚了。

在家庭亲子关系中，还有一种“两期相遇”现象，即孩子到达青春期的时间和父母到达更年期的时间接近。青春期和更年期都是人的心理发生根本性变化的不稳定期，心理波动性大，人容易急躁。“两期相遇”加剧了家庭中两代人的心理和行为冲突。

“代沟”虽然是一种难免的矛盾，但绝不是不可逾越的鸿沟，因为子女与父母之间没有根本的利害冲突，所以其“跨度”是可以调节的，而且缩小它是完全可能的。关键是矛盾双方常能保持必要的沟通。从子女的角度来讲，当你和父母缺少共同语言的时候，尤其需要对父母的理解、尊重与沟通。父母毕竟有丰富的处世经验，他们看待问题更全面、更客观。

父母也应该多找孩子谈谈心。交谈是可以使双方互相沟通的，只有沟通了才能相互理解。但是，交谈必须建立在双方平等的基础上，父母可以朋友的身份与孩子交谈，不能用封建家长式的态度，居高临下地训斥孩子，那样只能使彼此间的距离感增强。父母的价值观和孩子的价值观是不同的，父母认为对的事情或许正是孩子不屑一顾的，因此千万别执著地按自己的标准要求子女。

请家长不要抱太高的希望、不要指望代沟能彻底填平，那是不可能的事情。况且，代沟也有着积极的一面，它是社会前进的一种形式。当然，如果能通过双方的努力，使两代人和睦相处，那是最好不过的了。

【心理学在这里】

“青年人相信许多假东西，而老年人怀疑许多真东西。”这句话形象地描述了两代人在心理上的差异。

隔代抚养弊端多

现代社会中，年轻的父母因为工作繁忙，常常将孩子交给祖辈抚养。因为老人有育儿经验及血缘亲情，能更好地照顾孩子，同时让老人因为抚养孩子有事可做，而内心充实，可谓一举两得。隔代抚养主要出现在农村夫妇两人都外出打工的家庭和城市双职工的家庭。据调查，目前我国约20%的独生子女是由其祖辈抚养着的。

孩子由祖辈抚养有多种好处，但隔代抚养也有不利之处。较之父母抚养，隔代抚养更易养成孩子任性、自私、为所欲为的性格。老人都比较慈善，再加上孩子大都是独生子女，祖辈倍加关爱，什么事都迁就孩子。而在这种溺爱、袒护的环境中成长起来的儿童，极易形成任性、自私、为所欲为的性格。这实际上给孩子培植下了诱发心理问题的病灶。

现代心理学研究表明，孩子对父母的情感需求，是其他任何感情所不能取代的。即使孩子的爷爷奶奶、外婆外公将自己全部感情投到孩子身上，也是无法取代父母之爱的。孩子缺少血肉相连的父母之爱，极可能使孩子因情感缺乏而产生情感和人格上的偏差，导致产生诸如心理和行为障碍、对人对物缺乏爱心、易产生暴力倾向和行为等问题。隔代抚养也会影响父母与子女间的关系，有时甚至是终生的。等到家长察觉到问题，意图按自己的意愿教育孩子的时候，最好的教育时机已经失去了。

隔代抚养最严重的危害在于，这种抚养方式极可能导致儿童心理变异，产生诸多心理问题和疾病。从心理学角度来看，隔代抚养一般会导致以下几种心理问题：

首先，老年人思想很容易固定化，行为模式化，往往表现出固执、偏激、怪异的想法与言行。这极不利于孩子的性格培养，可能导致孩子产生怪异的心理和行为，引起人格的偏离和暴力倾向加剧。

其次，老年人抚养孩子，常常是过分地关心和溺爱，包办孩子的一切事情，使孩子没有机会做自己的事情。长期下去，会使孩子缺乏独立性、自信心和果断力，产生依赖心理和受挫力差的毛病。这使孩子在成长中，稍微受挫就一蹶不振，产生心理与行为的障碍。

第三，老年人大都喜欢安静而不喜欢运动与外出，极有可能使孩子的视野狭小，使孩子缺乏应有的活力和活泼，不利于养成孩子开阔的胸怀，活泼、宽容的性格。这样的孩子长大后，为人心胸狭小，不善与人交际，容易产生社交恐惧症。

所以，父母们不管有多么忙，都应尽量自己亲自抚养孩子，将孩子放在自己家里养育。

【心理学在这里】

孩子长期处于老年人的生活空间和氛围中，耳濡目染老年人的语言和行为，这对于模仿力极强的孩子来说，极有可能加速孩子的成人化，或更严重地造成孩子心理老年化。

重视独生子女养成

由于推行了计划生育政策，我国出现了一个庞大的独生子女的群体，独生子女有一个显著的特点就是没有兄弟姐妹。过去在兄弟姐妹之间可以完成经验的交流、爱心的培养，今天变得困难了，这对我们的教育提出了挑战。

一般而言，因为家庭养育能力的集中，独生子女的智力水平和身体素质都比较好，一般都比较自信、活泼、开朗、富有较强的创造力。但独生子女的缺点也很明显，比如自制力较差、过分依赖他人；生活没有规律、心理素质脆弱；以自我为中心，缺乏责任感；没有科学的生活规律和学习习惯；勤俭节约意识不强；缺乏实践、锻炼的机会；自理能力较差，不爱做家务等等，都是目前独生子女中普遍存在的问题。

目前，家长对独生子女的教育存在五大障碍：

（一）环境障碍。包括人伦环境和家庭环境。一些家长过度溺爱孩子，致其滋长自我中心、自私、爱发脾气、不服管教等心理缺陷。溺爱和娇惯放纵几乎成了独生子女家长有通病。

（二）心理障碍。独生子女在家里只能与成人、长辈为伍，如果引导不得法，极易养成孤独、自娱自乐、孤芳自赏等心理素质或成人化。

（三）性格障碍。家庭教育失策，会损伤独生子女的心理发育，从而造成性格障碍。常见的性格缺陷有“任性”、“爱发脾气”、“不尊敬师长”和不容易“团结合作”等。

（四）智育障碍。家长给孩子过度加压，造成孩子智力和身心疲惫，产生厌学、弃学甚至反社会性，孩子没有了童年的乐趣，心理压力巨大，损害了孩子的健康成长

（五）生活自理能力障碍。独生子女生活在祖辈溺爱娇宠、父母包办代替、学校不敢放手的环境里，促使独生子女动手的机会丧失，生活自理能力下降，依赖性强，不能与人分享，对人没有礼貌。这些不良习气严重阻碍了独生子女的社会化进程，阻碍了孩子的健康成长。

因此，对于独生子女，首先要有意识地加强伙伴教育，鼓励孩子参与群体活动。针对孩子的性格，家长可以适当地让孩子“抛

头露面”，多与其他人尤其是陌生人打交道。这有利于让孩子克服羞怯、恐惧心理，学习人与人之间的相处之道。其实孩子择友的过程，也是孩子学习成长的过程。

家长要接纳孩子的伙伴，比如欢迎孩子的伙伴到家中做客。不必太在意孩子们在一起时对家中清洁与秩序的“破坏”。给孩子一些空间，让他们一起说说“悄悄话”、搞些“小秘密”。当然适当的监控也在所难免。毕竟孩子年龄尚幼，自制自控的能力相对薄弱。密切注意孩子的交往状况、预防同伴交往带来的不良影响也相当必要。

【心理学在这里】

“只生一个”的国情与个体渴求尽可能繁衍多个后代的本能存在着矛盾，使独生子女的家长普遍患上“过度关注症”。

望子成龙不如顺其自然

家长们望子成龙是情理之中的事，但要把握尺度，不要对孩子期望过高、要求过严。期望过高会使孩子生活在强大的心理压力之下，甚至产生心理焦虑，不利于健康成长。

我国著名教育家陶行知先生说过：“教育孩子莫做人上人，莫做人外人，要做人中人。”所谓“做人中人”，就是要在平凡的生活中体验人生的价值，成为一个真正的人。想想，如果家长们都只想让自己的孩子当大官、当科学家、当董事长、当总经理、当博士等等的话，孩子们会肩负多么重的担子。如果他们美好的梦想在现实面前破碎的时候，将会承受怎样的心理落差呢？所以，父母应该保持顺其自然的心态，全面衡量子女的能力，给予适当的期望，并根据期望采取积极的教育方式，将更有利于孩子的学习和身心发展。

在这方面，孟子的母亲是一个好榜样。她不是强迫孩子去学习，而是把他放到合时的环境中，让孩子在耳濡目染中主动学习——

孟子一家开始的时候住在墓地旁边，他就和邻居的小孩一起学着大人跪拜，玩起办理丧事的游戏。孟子的妈妈看到了，就带着孟子搬到市集旁边去住。到了市集，孟子又和邻居的小孩学起商人做生意的样子。孟子的妈妈知道了，说：这个地方也不适合我的孩子居住。于是，他们又搬到了学堂附近。孟子时常到学堂听老师念书，也开始喜欢读书。这个时候，孟子的妈妈说：这才是我儿子应该住的地方呀！

不良的教育心态很容易导致不良的教育方式。对于“严父”，多数表现为粗暴打骂，坚持“不打不成器”的“真理”，认为孩子是自己的，打骂孩子是对孩子负责。殊不知，粗暴对待孩子不仅削弱了父母在孩子心中的威望，还可能使孩子产生不良心理，如憎恨父母、崇尚暴力或胆怯，对儿童身心健康发展十分不利。而“慈母”们教育孩子时则喜欢唠叨，这样最容易产生逆反心理。其实，当孩子认为自己并不是被强迫地接受某些观点时，父母的意见反而容易被采纳。

望子成龙，有的时候是家长补偿心理的表现。他们把自己未曾实现的梦想托付给孩子来实现，把自己曾受的屈辱交给孩子去还回，都喜欢把自身的意愿强加于孩子。这些家长们可曾想过孩子的感受？孩子虽然是你生的，但他不是你的附属物，而是一个具有独立人格的人，需要别人的尊重，会有自己的梦想。独断专行之下培养出来的孩子，要么抵触心理特别严重，要么依赖心理过强，缺乏独立决断的能力，很容易在复杂的社会环境中迷失自己、受到伤害。因此，作为家长，要改正这种不好的教育方式。

【心理学在这里】

成功的教育应该使学生在没有意识到受教育的情况下，却受到毕生难忘的教育。而这种潜移默化过程中受到的教育往往具有滴水穿石的作用。

家庭教育要有一致性

家庭是青少年成长的基本单元，父母是子女成长的第一任老师。父母与子女朝夕相处，其言行教诲、品行榜样都对子女产生直接且持久的影响。

但是，教育心理学家经常能够发现，在一个家庭中，青少年往往会受到不同的家庭成员所给予的不同的，甚至是自相矛盾的教育。主要表现在父母之间对同一问题的不同态度，例如严父慈母型或严母慈父型。此外，祖父母、外祖父母对孙辈过分的宠爱，与父母严格的教育也产生了矛盾。

有些家长教育方式朝令夕改，昨天要求的和今天的不一样，而明天的要求又和今天的不一样；公开教育与背后教育不一致，在公开场合考虑影响和面子从严要求，而在背后却放任自流，得过且过，甚至进行错误的教育；溺爱孩子，对学校的教育和严格要求不配合，乃至表现出不满和对立的情绪。有的家长言教与身教不一致，要求孩子严格，可自己做的却是另外一回事。

由于部分家长错误的教育理念，对不同的青少年期待不一致：对男孩子期待过高，而对女孩子则期待过低；对兄姊疏忽大意，对弟妹的亲热溺爱。家长们还在吃、穿、用上较注重，而忽视对青少年的思想教育和智力开发，极其重视青少年的升学而偏废对他们进行德育教育和体育锻炼。

引起家庭教育不一致的原因很多，其主要原因是家长们对家庭教育规律和教育方法了解得太少，掌握得太少，而且往往又自以为是，以为自己的教育方式是最好的，所以都想让子女听从自己的意见。

对孩子的教育，父母双方都有责任与权利，但并不等于一方可以干预另一方的决定。而且尽管父母都有可能认为自己的方式是正确的，但究竟是否完全正确，或谁的更正确，却是一个难以回答的问题。即使双方在基本点上的认识一致，遇到有些具体问题也可能产生分歧，这时家长应该先进行协调，不要在孩子面前争论，否则会使教育效果背道而驰。

教育要从了解孩子开始，加强与孩子的感情交流，建立良好的家庭人际关系，增强孩子的自信心。了解，就是要懂得孩子的性格、兴趣、爱好以及心里想什么，平时主要做什么，平时交往的是怎样的人。

事实上，青少年在 18 岁以前，无论在法律上、经济上还是智慧上都是依靠父母的，孩子和父母事实上是不平等的。孩子能否有判断能力去独立做决定，取决于其成熟性。孩子越小，父母越需要帮助孩子做决定。但是也不要忽视孩子在家庭中的作用，在家庭中应该有他们发表意见的一席之地，而不能说“小孩子懂什么”。同时，要学会鼓励自己的孩子，让孩子对自己充满信心，无论成功与失败都说出鼓励的话。

【心理学在这里】

良好的建设家庭需要民主化，即让家庭中的每一个成员的权利和地位得到尊重。

应对叛逆的青春期

青少年正处在身心发育成长的不稳定时期，大脑发育成熟并趋于健全，脑机能越来越发达，思维的判断、分析作用越来越明显，思维范围越来越广泛和丰富，特别是思维方式、思维视角已超出童年期简单和单一化的正向思维，向着逆向思维、多向思维和发散思维等方面发展。尤其是在接触社会文化和教育过程中，青少年渐渐学会并掌握了逆向思维的方法。正是青少年思维的发展和逆向思维的形成、掌握，为逆反心理的产生提供了心理基础和可能。因此，人的逆反心理在青少年时期呈上升状态。

青少年学生的逆反心理是正常心理，也是问题心理；有消极性，也有积极性。逆反心理在青少年学生的成长道路上逆反心理是必然存在的，它是一种正常的心理形态，如能加以正确地利用和引导，能够收到良好的教育效果。但是逆反心理也给家庭教育、学校教育带来了一系列问题，是一个急需解决的心理问题。当逆反心理得不到合理调节就会呈现消极作用，使家庭教育、学校教育不能顺利进行，进而转化为矛盾——

17 岁的衣灵是高二学生。一年前，她与学校里一名男生“早恋”，遭到双方父母强烈反对。衣灵的母亲更是打算把女儿转到别的学校读书。

就在她着手为女儿办理转学手续时，一个意外的情况发生了。衣灵与那名男生双双失踪，学校不知道他们的下落，双方家长更是蒙在鼓里。由于深知女儿性格叛逆，母亲立即想到这两个孩子可能是“私奔”了。羞愤之余，她只好聘请了私家侦探查找女儿的下落。

私家侦探调查出衣灵的新手机号码，并用科学仪器对手机号码进行定位，最终在一家小旅社里找到了两个人。原来，他们赌气离家出走后，白天在小饭店打工赚钱，晚上住在一起，俨然一对小情侣。

教育者要了解、顺应青少年生理、心理成长的规律，适当给他们提供探索实践的机会，不要以过来人的身份告诫他们而阻止其好奇心。青少年在实践中虽然走了弯路，但其成长经验远比家长的说教强上百倍

成人要与青少年平等相处，不要用命令、训斥的口气，不要用粗暴和强制的方法管教他们，要真诚地做他们的知心朋友。特别是当他们提出的一些要求、见解时，不要搪塞了事，使自己在孩子心目中丧失信赖度，阻塞心灵交流的通道。

当然，青少年也应该尽量理解父母和老师，要学着从积极的意义上去理解父母的啰嗦、老师的批评都是善意的。要经常提醒自己虚心接受老师父母的教育，遇事要尽力克制自己。

【心理学在这里】

青少年处于社会角色的过渡期，其独立意识和自我意识日益增强，迫切希望摆脱成人的监护。正是由于他们感到或担心外界无视自己的独立存在，才产生了与外界对立的情感。

警惕人生“多事之秋”

如果把人的一生比作一年，那么中年就好像人生中的秋天。秋天是收获的季节，正预示着中年人生活富足的状态。这时，人的智力水平、经济状况、健康程度刚好达到了平衡，使人可以充分地享受人生的乐趣。

但是，中年也可能成为“多事之秋”，其中最容易出现的事，

就是更年期。电影《谁说我不在乎》，就把一个被更年期破坏的幸福家庭描写得唯妙唯肖——

谢雨婷是一位下岗的工程师，在准备拿结婚证去领取“模范夫妻”奖品的时候，发现自己的结婚证找不着了，好事的同事故意取笑她，没想到无意之间令谢雨婷深受刺激。她在家里“掘地三尺”寻找着结婚证，把丈夫顾明和女儿小文整得彻夜不眠。随着“战争”的逐步升级，顾明终于忍无可忍，开始寻找各种各样的借口逃避。

小文在朋友小丁的帮助下，找贩子做了一个假的结婚证，却不知道爸爸妈妈当年的结婚证跟十几年后的现在完全不一样。谢雨婷勃然大怒，认为是顾明在有意欺骗她。一个有着很高文化素质的女性为什么会变成这样？小文一语道破天机：“妈妈到了更年期了。”

更年期是人体老化过程中的一个重要时期。一般发生于50岁左右，提前可至39岁，也有延迟至58岁。有部分人因为身体机能的衰老，开始出现植物性神经功能紊乱的一系列症状，医学上称之为更年期综合症。

理论上，男性与女性都会受到更年期的困扰，但是男性由于类固醇激素的减少不如女性明显，相比之下更年期症状比较轻微，而女性表现出的症状较重，时间也较长。据相关统计资料表明，我国每年因更年期综合症引发重大疾病的女性高达800万人，对身心健康、夫妻感情及家庭幸福带来了不利影响，因此，正确认识和调适更年期综合症对于每一个家庭都有重要的意义。

易怒、发脾气是更年期到来的前兆。女性在这些现象出现之时就该提醒自己要注意经常进行自我心理调整。对不良情绪有效地化解，正是更年期综合症的良好预防药。

缓解更年期综合症可以选择适当的药物进行治疗。由于更年期的产生是女性体内性激素水平下降所致，所以更年期症状明显时，可以在妇科医生的指导下实施激素替代疗法，补充体内的雌激素水平。当然用药切忌盲目，如果担心药品所产生的副作用，可以适量补充能增加雌激素的食物，如乌骨鸡、花粉、蜂蜜等。

虽然男性更年期综合症对个人、家庭和社会的威胁不像女性更年期综合症那么严重，但是因为男性更年期容易被忽视，经常被误诊为“神经衰弱”，所以也要引起男性的重视，适时予以调适和治疗。

【心理学在这里】

更年期综合症通常有外向型和内向型之分。外向型更年期综合症多表现为爱发脾气，摔东西。内向型则多表现为忧郁、多疑，严重的有轻生的想法，所以比外向型更加危险。

要发挥余热退而不休

现代人的寿命普遍延长，产生了不少“灰发中年族”。但是他们到了一定年龄，就要离开工作岗位。于是有不少退休的老年人，由于适应不了突然改变的生活模式，出现退休综合征。

所谓退休综合征，是指离退休者告别工作岗位回归家庭后的一段时间内，因工作习惯、生活规律、周围环境、人际交往、社会地位、工资福利、权力范围等一系列相关因素发生变化，从而产生的较为强烈的不适之感，出现身心症状。患者情绪低落，抑郁忧闷，觉得活着失去了意义，进而产生了空虚感、无用感。

退休后的闲暇时光的增多，使人易沉湎于往事的回忆，产生“无可奈何花落去”的遗憾。久而久之，也会使心情抑郁、性格孤僻。退休后远离同事和朋友，熟人老友相继作古，老来失伴，儿女离家，这些都会使人感到凄凉悲切、忧郁孤独。而怀旧感和寂寞感都会加重退休综合征。

因此，企业和社区可以开展一些即将退休人员的生活指导和咨询工作，帮助即将退休人员做好角色改变的心理准备，以应付日后遇到的新环境。同时，即将退休的人员自己也应有充分的自我心理准备，在心理上行动上接受迫在眉睫的现实，以积极乐观的态度对待退休。

更有不少老年人在离开原来的工作岗位后，退而不休，转入其他的行业工作，开始他们人生的第二春。比如曾在大学任教的美籍华人沈清修先生，就这样描述他的退休生活——

6年前，我辞去工作多年的大学教职，提前退休，无须再为教务操心，的确是无事一身轻，日子过得很悠闲。可是多年来习惯忙碌的我，如今长期闲散，多少有些不自在。也许是机缘巧合，我偶然得知纽约市政府正在小区规划一个新的市立图书馆，于是次日便造访邻近的另一个市立图书馆，拜见了该馆馆长，向他诚恳地表白我想到图书馆工作的意愿。虽然我缺乏与图书馆相关的专业知识和实际经验，但是我只是希望能为大众及社区服务，不在乎报酬多寡，于是便从义工做起，大约一年后正式成为图书馆的职员。后来新的市立图书馆竣工，我很幸运地转到新图书馆工作。转眼间，我在图书馆任职已近两年，我越来越喜爱这个文化气息浓厚的工作环境，也很庆幸自己当初做了这个选择。

其实早在即将退休之前，人的心理就会产生变化。等到退休者已经建立了一套与自己的文化经济背景、个人性格特点相适应的退休生活模式，就能轻松自如地去应付环境，完成了退休的心理调适，成功地适应了退休生活，得以安度晚年。

【心理学在这里】

失落感是引发退休综合征的主要原因。社会角色的变化、人际关系的改变、无所事事的清闲、一些愿望的落空和遗憾等，都会干扰情绪而影响心理平衡，而产生失落感。

常回家看看

人类千百年来一直过着群居生活，是不喜欢孤独的，对于孤独甚至会达到恐惧的程度。长期的孤独感会严重地影响人们的身心健康。而随着社会的发展，老年人越来越容易受到孤独的侵扰。

比如，随着住房条件逐步改善，越来越多的老人与子女分开居住。同时，高龄老年人增多，丧偶而独居的老年人也在不断增加。在这种情况下，老年人如果缺乏自我调节能力，非常容易因“空巢”而产生比较严重的孤独感。

老年人告别社会重返家庭后，一旦感受到“空巢”的孤独，心理往往趋于脆弱。如果身体再不好，更易对自身的价值表示怀疑，消极悲观，甚至产生抑郁、绝望的情绪。因此，就会产生这样令人叹息的事情——

市民老张夫妇都已经70多岁了，身体虚弱，经济也十分困难。他们膝下共有4个子女，还比较孝顺，经常回家看望老人，并不时在经济上给老人们一定的资助。只有最小的女儿张丽萍，因为琐事对父母不满，两年前起就对父母不管不问，从来不回家探望老人。老张夫妇一怒之下，将小女儿诉至法院，要求小女儿每月支付赡养费，并每半月回家探望一次。

法院受理该案后，进行了多次调解，但老人和女儿没能达成一致，于是判决张丽萍每月向老人支付赡养费200元，并要求她每半个月回家探望一次。

对于这起案件，也有人说，经常看望老人是子女应尽的义务，如果这种“亲情”需要法院强制判决并督促执行的话，作为子女应该感到羞愧，即使法院判决了，但子女每次去都没一点高兴劲儿，又有什么意思呢！

所以，对子女来说，赡养父母绝不仅仅局限于给付赡养费，老年人更需要得到的是精神上的慰藉。而对老年人来说，更重要的是减少孤独感，以维护自身的健康。

社会心理学认为，不同人际反应特质造成了人们对人际交往需要的不同强度。有些人交往的需要不是很强烈，甘愿避开喧闹的人群，不希望受到别人的干扰。他们虽然孤身一人，却没有孤独的烦恼和痛苦。相反，有些人交往的需要较强，就容易感受到十分孤独。

摆脱孤独的最佳策略是从创造良好生活情境入手。子女离家建立新的生活空间后，应该继续加强与子女的联系，尽量增强两代人之间的相互了解和理解，给他们更多的体贴和帮助，注意消除误会，吸引他们经常回家来团聚。老年人还应该扩大自己的兴趣爱好范围，有助于自己从孤独感中脱离出来。即使从事这些活动时可能也只是一个人，但是当全身心投入到生活情境中的时候，孤独感就会悄然消散。

【心理学在这里】

孤独感是一种主观的心理感受，是人们认为自己被世人所拒绝所遗忘，而在心理上与世人隔绝开来的主观心理感受，是交往的需要不能满足的结果。

第八章
衣食住行的心理学

心理学是一门探索心灵奥秘，揭示人类自身心理活动规律的科学，但是它并不高深莫测。它就存在于每一个人的生活当中，它源自生活，又能很好地指导生活。在生活中，我们几乎时时处处都在与心理学打交道。衣食住行，这些生活的基本要素，都与心理学有着紧密的关联。

衣着构筑影响力

心理学证实，一个人的外貌对他在群体中的影响力有着直接的作用，但是外貌是天生的，虽然整容技术已经比较成熟，但是大多数人还是不会改变自己自然的外貌。

除了外貌，得体的穿着也会给人以良好的印象，它等于在告诉大家："这是一个重要的人物，聪明、成功、可靠。大家可以尊敬、仰慕、信赖他。他自重，我们也尊重他。"心理学认为，这是人在认知他人身份时的"刻板效应"在起作用。普通人认为，服装质量反映出一个人的经济状况，又反映出他的能力：能干的人经济状况不会太差，服装就不可能太糟。美国心理学家雷诺·毕克曼做过一个有趣的实验——

他在纽约机场和中央火车站的电话亭里，在任何人都可以看到的地方，放了一枚10美分的硬币。等到有人进入电话亭，大约2分钟后，他就敲电话亭的门说："对不起我在这里丢了一毛钱，不知道你有没有看到？"结果当他衣着整齐时，有77%的人退还了硬币，而衣着寒酸时只有38%这样做。

在随后的调查中，心理学家发现，电话亭里的人在被服装整齐的人询问时，可能会察觉此人可能跟自己说了很重要的话；而面对衣着寒酸的人，因为在不想接触的念头下，不想去理会对方的问题，所以根本没有听清楚他说的话，就开口回答"不"，企图赶走对方。

因此，有许多大公司对雇员的装扮都有"规格"，虽然这些规格自然不是指要穿得怎么好看或用何种衣料。

衣冠不整，蓬头垢面让人联想到失败者的形象，而完美无缺的修饰和宜人的体味，能使你的形象大大提高。有些人从来没有真正养成过一个良好的自我保养的习惯，这可能是由于不修边幅的学生时代留下的后遗症，或者他们对自己的重视不够造成的。你在家里当然可以随便穿着，但是外出时就要注意自己的形象。如果你随时注重自己的形象，就能很快形成良好的修饰习惯。

整洁的习惯可以反映出一个人勤奋、上进，让人喜悦的面貌。内衣一定要卫生清洁。比如衬衣、袜子是最容易脏的。尤其是衬衣，人们最注意它的领子、袖口是否干净。如果一套笔挺的西装，里边却有一个肮脏的衣领，人们一定不会感到舒服。袜子也是一样，你坐着与人谈话时，脚会不自觉地伸出去或翘上来，袜子也就会暴露在人前，如不干净不整齐就会让人反感。头发、牙齿和胡子也是应该经常清理的部分。头发一定不要过长，要按时理发，使自己的头发保持一个精神的式样。胡子要经常刮，牙齿要经常刷，口中不要有异味。认真苛求地对待自己的外表，也是你对他人的一种尊重。

【心理学在这里】

穿着得体并不是必须依靠昂贵的服装，而是“观感”的水准。外表整洁才是最重要的要求。

工作场合应当如何着装

有俗语说：人靠衣装马靠鞍。在社会交往过程中，个人的仪表与着装往往决定着他留给别人的印象，也会影响别人对你的专业能力和任职资格判断。所以，我们必须精心选择在工作场合的着装。

之所以强调穿着得体的衣着去工作，除了为工作的便利之外，还在于它表示对你所做工作的尊重，表达对你所在企业的归属感（亦即对企业文化的认同），并给同事及客户以良好印象。穿衣增值的学问一直未受重视，但所有成功人士的背后都有着必然的共同点，那就是在不同的场合都有一个成功的形象。服装是一个人无声的语言，它能表达出你的处世态度、你的生活方式，从而成为他人认识你的工具之一，构成人们对你的初步印象。

时间、地点和场合是决定着装的三个要素。有些场合必须表现亲切，就需要你的着装大方朴实；与银行家谈贷款时，需要穿得精明干练，才能博得对方信任；与艺术家聚会时，最好穿得时尚潮流，富有人文气息；工作时的衣着除了轻便外还得要有专业权威，等等。

随着社会的发展，各种新兴的职业越来越多。摄影师、商业顾问、建筑师、美术设计师及其他自由职业者，都打破了传统的“上班”的工作方式。有些新兴的行业，比如IT企业，也不要求员工着装正式。所以在微软这样的企业里面，你经常可以看见程序员传着大短裤在办公室里晃来晃去。

适用于家居办公室的衣着，最重要的是舒适，过去在周末才穿的那类服装如今也适合上班穿着。当然，便装应该分不同程度的自由度。一个全天坐在家中电脑前工作的男人，其衣着当然比一个自由职业者要随便，因为后者需要四处走动，与不同客户联络。如果你是这类人士，上班着装不妨以针织品为主，甚至可包括运动装。一般来说，注重实效的上班着装往往包括卡其裤、运动衫裤、T恤和牛仔裤。有趣的是，有些人喜欢穿正装上班，即使在家居办公室也是这样，他们认为，为了能认真工作，需要认真对待衣着“纪律”。

不过，衣着随意不等于不在意仪表。无论你在工作时如何着装，都要整洁大方。肮脏、杂乱、过于新潮和奇特都是不好的着装习惯。只有艺术家在自己的工作室里才这样穿。

所以，我们要根据自己所从事职业的实际情况，注意自己的工作形象。即便是在很平凡的岗位上，我们仍然应该注意自己的形象。

当然，也不必太为穿着烦恼，不论收入是否能够满足我们对服装的要求，干净舒适，朴实大方是最重要的，再加上亲切有礼的仪态，能够给人以落落大方的良好感觉。

【心理学在这里】

着装应在于适合自我与需要，而非刻意到讲究过度，形成自己特有的穿衣风格会赢得大家的一致好评。

吃早餐有什么益处

医学研究表明，一日三餐中早餐最重要。因为人体经过一夜睡眠后，体内的血糖已经消耗完，糖是保障大脑思维的主要养料能源，如果血糖不够，人便会没精神，大脑处于昏沉状态，思维和记忆能力也受到影响。

不吃早餐为什么能影响人的记忆力呢？医学专家指出：这是因为人脑细胞的记忆功能离不开化纤维细胞生长因子（FGF）这种特殊物质的作用。

主管记忆的人脑组织结构是大脑边缘系统中的“海马体”，无论什么信息，都需要通过“海马体”把记忆长期留在脑细胞里。“海马体”的作用是将脑脊液内的葡萄糖浓度升高，通过第三脑室的上衣细胞释放出酸性的FGF。FGF被神经细胞吸收后，记忆的闸门便被打开。另外，饮食能促进十二指肠分泌一种叫缩胆囊素的激素，经过迷走神经和丘脑下部进入“海马体”，使之活跃起来，从另一途径按下记忆的“开关”。

营养学家调查发现，目前还有很多人没有养成吃早餐的习惯，或是吃早餐过于随意。吃好早餐其实大有学问。

一次高质量的早餐，它所提供的能量及营养素应该达到推荐膳食供给量的25% ~ 30%。传统型的早餐包括馒头、稀饭、油条、包子、咸菜、酱豆腐或蔬菜，虽然有热量充足，但是蛋白质质量差，含钙量低，与合理的营养标准相差很远。西式早餐的最大缺点是油脂和糖分含量高，热量高，缺少蔬菜。另外，西式餐点常有的咖啡和红茶会影响铁的吸收，所以最好在饭后或中间休息时饮用。含糖分太多的早餐，容易使血糖很快上升，又很快下降，不到10点，你就会感到饥肠辘辘。

一些人早晨起得早，早餐也吃得早，其实这样并不好。早餐最好在早上7点后吃。人在睡眠时，绝大部分器官都得到了充分休息，而消化器官却仍在消化吸收晚餐存留在胃肠道中的食物，到早晨才渐渐进入休息状态。吃早餐太早，势必会干扰胃肠的休息，使消化系统长期处于疲劳应战的状态，扰乱肠胃的蠕动节奏。所以在7点以后吃早餐最合适，因为这时人的食欲最旺盛。另外，根据一般人的消化能力计算，早餐与午餐以间隔4 ~ 7小时为好，也就是说早餐7 ~ 8点之间为好。

吃早餐时，很多人为了节约时间，往往来不及将食物加热就匆匆填饱肚子，还有些人愿意喝一杯冷饮来开胃，这些都不利于健康。人体只有保持适度体温，微循环才会正常运转。清晨时，肌肉、神经及血管都还呈收缩状态，如果这时吃冰冷的食物，必定使体内各个系统血运不畅，而影响最大的就是神经系统。因此，按照中国人的饮食习惯，清晨起来最好先吃热的食物。

【心理学在这里】

据研究测定，人类大脑中的FGF的浓度在饭后半小时内增加一千倍，一小时后激增一万倍。所以餐后两小时左右是学习和记忆能力的最佳时间段。

那些食物可以缓解压力

很多人并不知道，在一定情况下，选择正确的食物，可以缓解心理压力和负担。营养学家和心理学家经过几十年的潜心研究，发现食物因素对人的心理状态包括情绪状态有较大的影响。

美国科学家研究发现，摄入含糖高的食物后，会使血管收缩素“5-羟色胺”在大脑中的水平不断增加，进而使人的精神状况变好。因此，含糖量高的食物对忧郁、紧张、易怒的行为或心理状态有缓解作用。德国营养学家研究发现，新鲜香蕉中含有一种类似化学“信使”的物质，也能够帮助大脑产生5-羟色胺。这种“信使”物质能将信号传送到大脑的神经末梢，使人的心情变得安宁、快活。因此，如果你遇到难题，思虑过度或紧张不安，甚至发生严重失眠的话，建议在睡觉前喝点脱脂牛奶或加蜂蜜的麦粥，并吃些香蕉。这些香甜可口的食物会帮助你安定心情、顺利入睡，并且睡眠质量更好。

当受到某些刺激或恐吓，心理压力过重、情绪欠佳之时，无论男女老幼，体内所消耗的维生素 C 会比平时多 8 倍。这时候，建议多吃些富含维生素 C 的新鲜水果和蔬菜，或者干脆服用适当的维生素 C 药片。这样有助于调理心情，消除情绪障碍。粗面粉制品、谷物颗粒、酿啤酒的酵母、动物肝脏及水果等富含 B 类维生素的食物，对调理情绪不佳、抑郁症等也有明显的效果，尤其是 B 类维生素中的烟酸，具有减轻焦虑、疲倦、失眠及头痛症状的明显作用。

当无名火攻上心头，无缘无故地想发脾气的时候，要多吃些富含钙质的食物，如牛奶、乳酪、鱼干及虾皮之类，或者直接服用肠道容易吸收的钙片。过不了多久，你便会感到自己的脾气渐渐变得好了起来。

人体内很多重要元素，如细胞、免疫系统中的抗体，大脑内的各种荷尔蒙及神经传递介质都是蛋白质，但人体受到压力时不但会抑制高质蛋白的合成，更会不断消耗蛋白质。长期如此，很多身心病变亦随之产生。因此饮食上应配合脂肪与碳水化合物的摄取，吸收充足的蛋白质。蛋白质含量丰富的食物包括鱼类、瘦肉、坚果、乳酪、豆类等。适时补充存在于鱼类中的 Omega-3 脂肪酸及在菜油、坚果中存在的饱和脂肪酸，对人体健康有促进作用的。

要想控制不良情绪、保持健康的心理状态，除了要注意自身心理修养和维持和谐、良好的人际关系之外，还要善于选择能够改善低落情绪的膳食，让食物帮助你缓解不佳情绪、消除心理障碍。运用食疗调理心理法，有助于人们从低沉忧郁的心境中解脱出来。

【心理学在这里】

很多医生都建议人们食用低脂肪的食物，但脂肪摄入不足也会有损健康，因为人脑主管情绪的边缘系统要靠脂肪才能正常运作。

奇怪的异食癖

吃还是不吃，这不是个问题。但是吃什么，这是个问题。这个世界上有的人无肉不欢，有的人则只吃素食。而且吃肉的人也有各种各样的禁忌——有的不吃猪肉，有的不吃牛肉；吃素也不简单，像葱、姜这样的食物，大多数人认为是素食，佛教徒却认为是“荤”。

不过无论吃与不吃，这些东西都是“能吃”的。还有些人专吃些不能吃的东西，比如头发——

有一名18岁的美国少女，连续5个月腹部绞痛，每次吃饭后就呕吐不止，体重急降18公斤。医生为她进行了体检，发现她的胃部聚集着一团密实而柔软的东西。经过询问，这名少女多年来一直有吃头发的习惯。医生通过腹腔镜手术取出了这一整块巨型胃石，它的长度约为37.5厘米，厚度和宽度约为17.5厘米，重约4.5公斤，仿佛一团干草垛。

这种持续性地吞咬一些非营养物质的行为，医学上称为异食癖。

异食癖多发生于儿童，而且男孩比女孩多。导致儿童异食癖的原因主要是心理因素，是一种心理失常的强迫行为，往往与失去母爱、营养失调等家庭环境的异常状态有关。孩子刚出生时，对客观世界的了解最直接、最主要的途径就是嘴，因此碰到什么东西都会用嘴吮吸、咀嚼，稍大一点后，仍喜欢拿到什么东西就往嘴里塞。此时如果无人制止，任其发展，便养成了异食癖这种不良行为习惯。或者因为孩子在很小的时候缺乏照料，擅自摄取食物，日久成为习惯，变成不易解除的“条件反射”。另外，有些儿童的异食癖也与其体内缺乏某种微量元素有关，如缺铁、缺锌等。

成人也会出现异食癖，但是对身体的危害较小。而儿童异食癖的危害也并不在于这种行为的本身，而是在于儿童吃下去后对其身体的影响。由于吞食的异物不同，造成的并发症也不同，如吞服石头、头发、布块等可造成肠梗阻；吞食大量的黏土会导致贫血及缺锌；吞食大量泥灰和金属制品会产生重金属中毒，严重者甚至会危及生命。因此，有异食癖行为的孩子一般会有食欲减退、疲乏、腹痛、呕吐、面黄肌瘦、大便秘结和营养不良等症状。

对儿童的异食癖患者，除了补充体内缺少的微量元素及辅助以药物治疗外，还应注意心理治疗。对于成人而言，一般的异食癖不会给他人和社会带来危害，对自身的伤害也不大，加之成人对异食可能造成的危害有足够的认识，具有一定的自控能力。所以通常情况下，成人异食癖不需要专门进行心理矫正。如果必须治疗，医生一般采用厌恶疗法等心理治疗方法，逐步减少患者对异食的嗜好。

【心理学在这里】

在婴幼儿活动的场所尽量不要摆放那些外形、颜色吸引儿童且又易中毒或导致机体损伤的物品，如颜料、粉笔等，因为孩子们很容易把它们当“美食”吃下去。

减肥不当染心病

俗话说：“人是铁，饭是钢，一顿不吃饿得慌。”但是，有些人就是不愿意吃饭，他们往往是神经性厌食症患者。

神经性厌食症是指缺乏进食欲望及因故意节食而致使体重显著下降的一种身心疾病。多见于青年女性。多在 10 ~ 30 岁之间发病，30 岁以后发病者少见，其中 85% 左右的患者在 13 ~ 20 岁之间发病，发病高峰年龄为 17 ~ 18 岁，发病率为 0.16% ~ 0.37%。由于饮食结构和习惯的变化以及审美意识的改变，神经性厌食症的发病率呈上升的趋势。

神经性厌食症患者最大的特点就是过分关注体形，过度节食以致体重显著降低。开始时有害怕发胖而有意节食的心理和行为，实际上只有 33% 的患者病前有轻度肥胖，更多的人没有到肥胖的程度。患者开始时多以减少热量的摄入为特点，逐渐地完全避免食用含有高糖或高蛋白的食物，除了控制饮食之外，患者大多增加运动量，如跳舞、游泳、跑步、举重、健美操甚至拳击等，即使体重已经降低很明显，患者仍然对自己的体形和体重不满意，继续盲目节食或过度锻炼，不听劝阻。

多数患者初期并不真正厌食，只不过是不敢吃，或吃完之后强迫自己呕吐、设法催吐，患者进食往往躲开他人，偷偷进行。患者还可有其他神经官能症的症状，大多因躯体问题而求医，往往到病情严重且治疗无效时才看心理医生。

神经性厌食症主要受社会和心理因素影响。神经性厌食症以女性患者为多，“怕胖”是其核心。社会发展、职业竞争的强大压力使部分妇女为追求时尚或谋职之需，通过节食使体重降低，以达到理想的形体“完美”。调查表明，女性芭蕾舞演员和模特的患病率分别为6.5%和7%，职业妇女的患病率也高于正常人群。另一些人则以饥饿、发作性暴食与呕吐等手段交替达到目的，逐渐发展为神经性厌食症。

对于神经性厌食症常采用行为治疗，其原则是改变患者认识，调整患者对自我形体及健康的观念，通过合理膳食习惯，恢复患者的体重。

任何疾病，即使预后良好，也会对患者身心带来负面影响。因此，对神经性厌食症而言，预防胜于治疗。慢性的精神刺激及过度紧张的学习负担是青少年罹患神经性厌食症的主要因素，以身材苗条为美而有意节食者仅占13%。因此解除慢性刺激和负担过重的学习是预防或减少发病的主要措施。

合理安排学习和生活，使脑力劳动与适当的体质锻炼、体力劳动相结合、适当安排娱乐活动与休息，可以防止因过分劳累引起下丘脑功能的紊乱，减少神经性厌食症的发病。

【心理学在这里】

有些人对“什么是美”抱有顽固的偏见，以致出现对变胖的强烈恐惧。因此对正确的、健康的“美”的学习，也是不可少的。

饮食习惯会影响性格

人们每天所吃的食物，有色、香、味、营养等特质，可以通过视觉、嗅觉、味觉等感觉和改变体内化学环境给人以心理刺激，会影响人的精神状态和性格。不同的饮食偏好往往也表明不同的性格类型。

比如喜欢吃甜食的人，性格往往比较温和，在气质上多属于“黏液质”型。他们为人谨慎，在处世上比较保守，不愿意冒险。而嗜辣如命的人往往性格上也比较泼辣，属于“多血质”型，待人热情大方，但脾气火爆。

喜欢吃大米的人，经常自我陶醉，孤芳自赏，对人对事处理得体，比较通融，但互助精神差。喜欢吃面食的人，能说会道，夸夸其谈，不考虑后果及影响，但意志不坚定，做事容易丧失信心。

喜欢吃油炸食品的人勇于冒险，有干一番事业的愿望，但受到挫折即灰心丧气。喜欢吃清淡食品的人则注重交际，善于接近他人，希望广交朋友，害怕孤独。

这种相关性甚至可以超越个体，泛化到民族性的领域。例如，俄罗斯最著名的面包“大列巴”，就如同俄罗斯人一样粗犷豪爽、不拘小节；而法国的面包通常做成外形精致的面包圈、面包条，相应地，法兰西人浪漫柔情，情感丰富。

改变饮食习惯可以改善人的心理，甚至能够纠正性格偏执。比如喜欢胡乱猜疑的人，可以多吃诸如蛋类、鱼类、牛肉、猪肉及牛奶制品等高蛋白的食物。而顽固不化性格的人应该注意少吃咸盐，多吃鱼类食物，还要适量吃些其他肉类食物及以绿色和黄色为主的蔬菜。

优柔寡断性格的人应建立以肉食为中心的饮食习惯，同时要特别注意多吃含维生素 A、B、C 丰富的水果和蔬菜等食物。抑郁健忘的人则要多吃一些干果和甲壳类动物，以及柠檬、生菜、土豆，带麦麸的面包和燕麦片等。

美国和苏格兰犯罪学专家的研究都显示，惯性暴力犯罪者一般存在营养缺陷，而依靠调节饮食结构可以帮助他们洗心革面，重新做人。

日本筑波大学的心理学家调查了 270 名青少年罪犯，发现其中 25% 的人喜欢吃汉堡包和可乐之类的食品，而且基本不吃早餐。研究认为，过量地进食甜食会提高人体的血糖水平，而血糖水平大起大落，使人疲劳易怒，容易做出过激反应。

有实验证据表明，在青少年的饮食中增添一杯鲜橙汁，以补充叶酸和维生素 C，他们的暴力活动会减少 50%；年轻囚犯在减少精加工的食物后，暴力程度大大降低，狱中的斗殴事件可减少 25%；通过纠正饮食不平衡，可以降低暴力事件 40% 左右。所以一些监狱开始尝试通过多提供富含维生素和矿物质的食物，以图改造犯人的暴力性格。

【心理学在这里】

养成良好的饮食习惯，不仅可以促进身体健康，也是维持心理健康的重要因素。

暴饮暴食害处多

人生不如意十常八九，面对压力各人有各人的应付方式，其中有一种人是大吃大喝。

暴饮暴食是一种进食障碍，特征为反复发作和不可抗拒的摄食欲望及暴食行为。有的患者还同时伴有担心发胖的焦虑心理，经常采取引吐、导泻等极端措施以消除暴食引起的肥胖。

压力很大时，肾上腺会分泌一种叫作皮质醇的激素，保证人们有足够的精力。如果没有皮质醇的帮忙，我们很难在巨大压力下，保持紧张的工作状态。不幸的是，皮质醇同时会刺激人体对食物的渴望，尤其是糖和脂肪。事实上，科学家已经发现，工作压力大的女性，体内皮质醇含量比普通人高，她们更喜欢吃东西，而且吃得比普通人多。

吃饭时狼吞虎咽是否就是暴饮暴食呢？其实，尽管狼吞虎咽不利于食物的消化，有碍健康，但它毕竟是个人的生活习惯问题。并且，吃饭狼吞虎咽的人虽然进食的速度快，但是绝对不会吃到难以忍受的程度。暴饮暴食是因为心理问题所致。生活中总有一些人会无法控制地、定期地（根据统计一般每周约两次）暴饮暴食，感觉好像没有办法停止“吃”这个动作，一直吃到自己难以忍受为止。这种现象通常发生在20多岁的人身上，并且主要是起源于心理困扰。

心理学家研究发现，心情抑郁者通常到了下午和晚上都特别钟情于糖类，而且精神不良状态有暴发倾向的人常在工作中遇到麻烦但又无法抱怨时，会自觉不自觉地靠暴饮暴食来减轻所遇到的各种各样的精神压力。这些人每天可能比平时多摄入500千卡的热量。绝大多数发胖者都承认自己有无法控制的精神压力，并且觉得食品是一种“精神安慰剂”。

暴食症患者通常都会伴随一些其他心理障碍，尤其是焦虑和情绪问题，大约75%的暴食症患者都伴随有社交恐怖或广泛性焦虑等情绪障碍，尤其是抑郁，也会伴随进食障碍同时出现。有心理学研究曾经指出，进食障碍只是表达抑郁的一种方式。但是，几乎所有的证据都表明抑郁是在暴食症出现之后才产生的，而且可能是对暴食症的一种反应。

在暴食症患者中存在一个普遍现象，就是为了努力弥补狂食行为和潜在的体重增加，几乎总是采用导泻技术，这种方式包括进食后马上自我导吐，服用泻药和利尿剂。有的人几种方法都会使用，也有人尝试采用过度运动等方式进行弥补。专家发现81%的患者运动过度，也有的患者在两次暴食之间持续很长一段时间不吃东西。

暴食症的治疗非常困难。用一些积极和消极的强化，比如运用活动和睡眠的渐进等级，可以使病人认识到自己不仅能够控制行为，而且还能控制行为的结果，以此增强其自信心。

【心理学在这里】

痛苦难过时暴饮暴食是一种消耗倾向的防御方式，通过吃东西象征性的释放了心理压力。

饮酒应当适度

酒是历史最久远的人造饮料。许多国家和民族把饮酒当作社交和礼仪需要，逢年过节，亲朋好友相聚，都要举杯畅饮，以增添喜庆气氛。高寒地区的人，有空腹饮酒的习惯，并以豪饮为荣，不醉不休。

适当饮酒有健身强体的功效，可是一旦陷入嗜酒如命的酗酒成瘾状态则完全变了性质。嗜酒行为则多受心理因素的影响。人类饮酒的目的之一是借酒浇愁，饮酒可缓解现实困难和心理矛盾引起的焦虑。许多人因生活枯燥、精神空虚，或感到前途悲观、渺茫，于是常常“借酒消愁”，以减轻精神上的苦恼，即所谓“一醉解千愁”。有些由于缺乏远大的抱负或遭受某些挫折打击的人，见酒思饮，每饮必醉，醉倒方休。有研究指出嗜酒者人格特征一般为：被动、依赖、自我中心、易生闷气、缺乏自尊心、对人疏远，有反社会倾向。而嗜酒者中反社会人格患者可高达50%。

酒精滥用是一种饮酒过度的现象，包括一般的酒后闹事到酒精中毒的前期。酒精依赖则是指长期饮酒者对酒精产生了一种精神上和躯体上的依赖。酒已成为酒精依赖患者生活中的必需品，只要一日无酒，就会感到若有所失，甚至焦虑不安、精神疲惫，同时躯体方面还会产生许多不适。世界卫生组织定义酗酒为一次饮酒超过 12 单位酒精。1 单位酒精约为 10g，12 单位酒精接近半斤 50 度白酒。

酒精依赖患者对酒的耐受性不断增强；饮酒的频率越来越高且酒量不断增加。一般来说，达到酒精依赖的程度，大多要经过十几年的时间。大多数酒精依赖患者清楚自己的行为，而且知道过量饮酒对身体有害，但就是不能进行自我控制。

中国人、日本人等东方人种体内缺少乙醛脱氢酶，饮酒更容易引起乙醛在体内积聚，释放出胺类物质，产生血管扩张、脸红、头痛、头晕、嗜睡、呕吐，和心动过速等不良反应。

由于酗酒对个体和社会的危害极大，因此对酒精滥用者和酒精依赖者必须进行治疗和戒酒指导。

厌恶疗法是临床通常使用的治愈酒瘾的方法。对嗜酒成瘾的患者的饮酒行为附加一个恶性刺激，使之对酒精产生厌恶反应，以消除饮酒欲望。

酗酒往往给家庭带来不幸，但对其进行制约的最好环境也是家庭。因此，家庭成员应帮助患者，让其了解酒精中毒的危害，树立起戒酒的决心和信心，定时限量给予酒喝，循序渐进地戒除酒瘾。同时创造良好的家庭气氛，用亲情温情去解除患者的心理症结，使之感受到家庭的温暖。患者也可成立各种戒酒者协会，进行自我教育及互相约束与帮助，达到戒酒目的。

【心理学在这里】

常年大量饮酒，如果突然戒断，反而会给患者带来更大的伤害，所以必要时可以服用那曲酮，该药物主要作用在于减低兴奋感，阻断成瘾的神经传导，促进戒酒。

尽量不要吸烟

世界上，许多令人敬仰的人物都是吸烟者，比如丘吉尔的雪茄、福尔摩斯的烟斗，这些伟人形象与香烟联系如此紧密，无形中便成了一种力量和自信的象征。因为吸烟具有一定的文化象征意义，许多人，尤其是青少年认为吸烟是成熟的象征，吸烟者那种潇洒自如、悠然自得的神态具有很大的诱惑力，结果从尝试慢慢染上了烟瘾。

烟瘾的形成是非常复杂的，既有生理化学因素，又有社会文化因素。尼古丁依赖是形成烟瘾的主要原因。烟草中富含的尼古丁是一种难闻、味苦、无色透明的油质液体，能迅速溶于水及酒精中，通过黏膜很容易被机体吸收。粘在皮肤表面的尼古丁也可被吸收渗入体内。

脑细胞之间的交流主要通过一种神经传递素或信息载体的化学成分在被称之为神经键的神经元细胞间空隙里传动进行的。乙酰胆碱就是神经传递素的一种，它能够激活某些脑细胞使其释放出多巴胺，而多巴胺与人类产生愉快感觉是息息相关的。一旦激活其他细胞的行为完成，乙酰胆碱就会立即被乙酰胆碱酯酶分解。

尼古丁拥有类似乙酰胆碱激活细胞释放多巴胺的特性，但是它却不会立刻被乙酰胆碱酯酶分解，而是在神经键中停留几分钟，激活后面的神经元，使兴奋持续很长时间，释放出大量多巴胺。这就是尼古丁为何让人吸食上瘾的关键所在。

尼古丁是一种剧毒物质，也是农业杀虫剂的主要成分。一支香烟所含的尼古丁可毒死一只小白鼠，20 支香烟中的尼古丁可毒死一头牛。人的致死量是 50 ~ 70 毫克，相当于 20 ~ 25 支香烟的尼古丁的含量。

一个每天吸 15 到 20 支香烟的人，其患肺癌、口腔癌或喉癌致死的几率，要比不吸烟的人大 14 倍；患食道癌致死的机会比不吸烟的人大 4 倍；死于膀胱癌的几率要大两倍；死于心脏病的几率也要大两倍。吸烟还是导致慢性支气管炎和肺气肿的主要原因，而慢性肺部疾病本身，也增加了得肺炎及心脏病的危险。

与其他成瘾物质不同，吸烟会给他人带来无辜的伤害。被动吸烟又称“强迫吸烟”或“间接吸烟”。不吸烟者每日暴露在烟雾中 15 分钟以上就可以定为被动吸烟。据计算，一个不吸烟者在一个曾经吸了 20 根香烟的房间，吸入的烟雾相当于自己直接吸一根香烟，因而可能发生与吸烟者同样的病症，承受与吸烟者相似的隐患。

人戒烟后，生理活动要调整到新的平衡，恢复正常健康的代谢机能，开始可能会不适应，便会产生一系列生理和心理反应。如果戒烟者产生情感障碍，中枢对精神压力过于敏感，容易激活其再吸烟的欲望。

【心理学在这里】

嗜烟者吸烟的数量会不断增加，由一天几支到一天几包，甚至可以一支接一支不间断地抽。调查显示，有71%的嗜烟者同时还伴有其他嗜好，如饮浓茶、喝酒、喝咖啡等。

选择家具和家装的色调

色彩本身是没有灵魂的，它只是一种物理现象，但人们却能感受到色彩的情感，这是因为人们长期生活在一个色彩的世界中，积累着许多视觉经验，一旦知觉经验与外来色彩刺激发生一定的呼应时，就会在人的心理上引出某种情绪。人类的心理与颜色之间，有着十分密切的关系。正确选择恰当的色彩搭配，能有助于身心健康的保持和正面调节，而错误的色彩选择，可能使不良情绪持续恶化——

英国伦敦有一座布莱克弗莱尔大桥，曾经是著名的“自杀之桥”，很多绝望的人在这里一跃而下。后来伦敦市政府决定将这座原本是黑色的桥漆成蓝色，结果自杀事件立刻降低了三分之一。

色彩对于人的精神和身体都有着潜在影响，尤其是在居住环境中，对于人的影响更甚。正确选择恰当的色彩搭配，能有助于身心健康的保持和正面调节，而错误的色彩选择，可能使不良情绪持续恶化。研究色彩、利用色彩的潜在语言，进行针对不良情绪的家居色彩搭配设计，能调节情绪，促进心理健康。

情绪抑郁的人，家居布置应该使用积极而镇定的兴奋色系。比如局部使用黄色块、线条可以增强思维的活跃性，装饰效果也不错。红色系列和黄色系列可以增强活力，给人以激励。红色甚至可以给人以坚强、阳刚的心理暗示。心理医生会建议性格过分柔弱、内向的男孩经常接触红色，从而激发其阳刚、积极、外向的一面。抑郁情绪不严重的人可以避免大面积刺激颜色，以免使得抑郁朝“狂躁”方向发展，选择颜色跳跃的装饰物与稳定的颜色相配，是不错的选择。情绪抑郁的人要回避黑色、白色和紫色。对心情抑郁的人来说，深紫色会显得比较压抑，长时间面对会让人心情不畅，对于某些抑郁情绪较为严重的人来说，甚至可能意味着死亡和枯萎。

化解孤独情绪则需要温和的偏暖色系。偏冷调的色彩多数时候意味着冰冷与距离，容易让人感觉自己被隔离、被拒绝，从而加重人的孤独情绪。过于强烈、浓重的暖色虽然能让人情绪饱满、兴奋，但是对于有孤独感的人来说，反而可能加重其心理负担，出现自卑、自闭或者逆反情绪。

与花、叶有关嫩色系象征着生命的和谐与健康，能制造平静、安定的氛围。由于在生活中人们经常会接触到植物，所以这样的颜色让人觉得亲切。人类对这些颜色的敏感使得它们很容易被我们发现并接受，这在很大程度上减轻了人们的紧张情绪。

颜色对儿童的心理引导作用是相当大的。如果儿童房的色调没有进行恰当的选择，则可能关系其终生的性格形成。

【心理学在这里】

色彩的直接心理效应来自色彩的物理光刺激对人的生理发生的直接影响。比如在蓝色环境中，人的脉搏会减缓，情绪也较沉静，所以蓝色是卧室、病房常用的颜色。

要保证充足的睡眠

睡眠是人类与生俱来的一项活动，正因为它的无师自通，不少人才对它采取无所谓知之、无所谓不知的态度。然而经心理学家研究发现，不科学的睡眠习惯是导致心理疾病的主要原因之一。

睡眠是每人每天都需要的，大多数人一生中的睡眠时间可超过生命的1／3。但是睡眠的确切定义，随着时代的变迁而有着不同的内涵。早期心理学研究认为，睡眠是由于身体内部的需要，使感觉活动和运动性活动暂时停止，给予适当刺激就能使其立即觉醒的状态。后来由于人们认识了脑电活动，发现睡眠是由于脑的功能活动而引起的动物生理性活动低下，给予适当刺激可使之达到完全清醒的状态。而近些年的研究认为，睡眠是一种主动过程，并有专门的中枢管理睡眠与觉醒，睡时人脑只是换了一个工作方式，使能量得到贮存，有利于精神和体力的恢复，而适当的睡眠是最好的休息，既是维护健康和体力的基础，也是取得高度生产能力的保证。

睡眠是使大脑休息的重要方法，人在睡眠时，大脑皮层大部分处于抑制状态，体内被消耗的能量物质重新合成，使经过兴奋之后变得疲劳的神经中枢，重新获得工作能力。睡眠的好坏，不全在于时间的长短，更重要的是睡眠的深度，深沉的熟睡，消除疲劳快，睡眠时间可减少。

“健康的体魄来自睡眠”这是科学家新近提出的观点。没有睡眠就没有健康，睡眠是人生生活节奏中一个重要的组成部分。睡眠不足，不但身体消耗的能量得不到补充，而且由于激素合成不足，会造成体内的内环境失调。更重要的是，睡眠左右着人体免疫功能。科学家认为，如果你希望自己健康，就必须重新估价睡眠对健康的作用。经常开夜车，或通宵达旦地打牌、看电视，对健康是非常不利的。

如果你总是感到很疲劳，无法醒来也无法入睡，很有可能你精神抑郁、易怒，生活压力过大。大部分人低估了缺乏睡眠是如何影响自己的情绪和使自己难过、想流泪的。经常缺乏睡眠会使你无法做出决定、无法很好地解决复杂的问题、合理性的思考。睡眠时间的长短也因人而异，可以分为长睡眠型（8 小时左右）和短睡眠型（6 小时左右），4 ~ 10 小时都属于正常范围，主要以第二天醒后精神饱满程度为准。

睡眠习惯也影响着睡眠质量。睡眠时使用的枕头以 8 ~ 12 厘米高为宜。枕头太低，容易因为流入头部的血液过多，造成次日头脑发胀、眼皮浮肿。以被蒙头易引起呼吸困难。同时，吸入自己呼出的二氧化碳，对身体健康极为不利。

【心理学在这里】

有一部分人因为睡眠质量不好或者长期失眠而不得不借助药物来保证睡眠，这很可能使身体产生对药物的依赖，并不能从根本上解决睡眠问题。

熬夜有什么危害

人类对宇宙日夜交替的规律很敏感，好像人体内有个钟表，使人们遵循自然界的规律。但是随着生活方式日益多元化，“日出而作，日落而息”的工作模式已经不适合现代人的工作状态。夜班司机，24小时便利店员工，自由职业者——越来越多的人群加入到“熬夜族”的行列。

熬夜给人们带来的危害不仅仅是黑眼圈或是肝火上升那么简单，它对身体所造成的危害极大，可使人体处于亚健康状态甚至使机体器官受损而出现各种疾病。专家指出，熬夜对个人的健康是一种慢性危害，尤其对那些不规律晚睡的人而言，频繁调整生物钟对健康的危害尤其严重。

正常来说，人的交感神经应该是夜间休息，白天兴奋，来支持人一天的工作。而熬夜者的交感神经却是在夜晚兴奋。这样一来，熬夜后的第二天白天，交感神经就难以充分兴奋了。这样人在白天会出现没有精神、头昏脑涨、记忆力减退、注意力不集中、反应迟钝、健忘以及头晕、头痛等问题。时间长了，还会出现神经衰弱、失眠等症状。

现代医学研究还发现，健康的生活习惯和有规律的睡眠可使体内的荷尔蒙正常分泌，并保持相对平衡，从而保证生命器官在一个稳定的内环境中工作。如果经常熬夜，正常运行规律就会被打乱，激素的分泌规律也将改变，使生命器官遭受不同程度的损害，从而危害健康，甚至缩短寿命，有人对长期熬夜的人和坚持早睡早起的人进行对照研究，发现经常熬夜的人长期处于应激状态，一昼夜体内各种激素的分泌量较早睡早起的平均高 50%，尤其是过多地分泌肾上腺素和去甲肾上腺素，使血管收缩较早睡早起的人高 50%。此外，长期熬夜的人更容易遭受癌症之害，因为癌变细胞是在细胞分裂中产生的，而细胞分裂多在睡眠中进行。熬夜使睡眠规律发生紊乱，影响细胞正常分裂，从而导致细胞突变，产生癌细胞。中国知识分子平均寿命较其他同龄人少 10 岁，究其原因，与知识分子经常熬夜不无关系。

在不得不熬夜时，事先、事后做好准备和保护是十分必要的，至少可以把熬夜对身体的损害降到最低。

比如虽然晚睡但按时进餐，而且要保证晚餐的营养丰富。鱼类豆类产品有补脑健脑功能，也应纳入晚餐食谱。熬夜过程中要注意补水，可以喝枸杞大枣茶或菊花茶。

熬夜时不要应用含咖啡因的饮料提神。这是因为咖啡因会消耗 B 族维生素，促进身体疲劳，形成恶性循环。如果一定要喝这类饮料，最好喝热的，且浓度不要太高。

【心理学在这里】

熬夜之后，最好的保护措施自然是“把失去的睡眠补回来”。如果做不到，午间的10分钟小睡也是摆脱熬夜后萎靡状态的好办法。

睡懒觉有什么危害

我们每一个人的生活都是有规律的，该睡觉时就睡觉，该起床时就起床。但有些人却有睡懒觉的习惯，该起床时不起床，尤其在双休日和节假日，喜欢睡懒觉的人更是长时间赖在床上，甚至连肚子咕咕叫也不想起来。然而，睡懒觉不仅是一种不良习惯，而且极不利于身心健康。医学人员研究发现，该起床时不起床，喜欢睡懒觉的危害是多方面的。

首先是对呼吸系统的“毒害”。卧室的空气在早晨最为混浊，即使虚掩窗户，也有23%的空气未能流通。不洁的空气中会有大量细菌、病毒、二氧化碳和尘粒，这时对呼吸道的抗病能力有影响，因而那些闭门贪睡的人经常会有感冒、咳嗽、咽炎等。高浓度的二氧化碳又可使记忆力、听力下降。

其次会造成生物钟效应紊乱。人体激素的分泌是有规律性的，赖床者体内生物钟节律受到干扰，结果白天激素上不去，夜间激素水平降不下，让人饱尝夜间睡不着，和白天心情不悦、疲惫、打哈欠等“睡不醒”的滋味。

睡懒觉还会导致身体衰弱。一夜休息后，肌肉和关节变得较为松缓。如果苏醒后立即起床活动，一方面可使肌张力增高，另一方面通过活动，肌肉的血液供应增加，使骨组织处于活动的修复状态。同时将夜间堆积在肌肉中的代谢物排出。这样有利于肌纤维增粗、变韧。睡懒觉的人，因肌组织错过了活动的良机，起床后时常会感到腰酸腿软、肢体无力。

当人活动时，心跳加快，心肌收缩力增强，血量增加当人休息时心脏也同样处于休息状态，该起床时不起床，长时间的睡眠，就会破坏心脏活动和休息的规律，使心脏一歇再歇，最终使心脏收缩乏力，稍一活动便心跳不已，疲倦不堪，全身无力，因此只好躺下继续睡，形成恶性循环。

在正常情况下，一顿适中的晚餐，到次日清晨 7 时左右基本消化殆尽，此刻胃肠按照“饥饿”信息开始活动起来，准备接纳和消化新的食物。可是赖床者因为舒适睡意湮没了食欲，宁可让肚子空着也不愿起床进餐，胃肠经常发生饥饿性蠕动，久之易得胃炎、溃疡病。

因此，我们奉劝大家不要睡懒觉，该起床时就起床，保持一个规律的生活秩序，使身体、心理都达到一个最佳状态，精力充沛地投入到学习和工作中去。

【心理学在这里】

睡懒觉会使人的睡眠中枢长期处于兴奋状态，时间久了便会疲劳。而其他中枢由于受到抑制的时间太长，恢复活动的功能就会相应变慢，因而感到昏昏沉沉，无精打采。

要保持作息的规律

人的情绪好坏不仅受睡眠时间长短的影响，而且还与是否按时作息有很大关系。

美国波士顿和英国曼彻斯特的两个研究小组对生物钟、睡眠和情绪之间的关系进行研究后发现，人体生物钟能决定人在一天内哪几个小时心情好。如果在人体生物钟仍处在睡眠阶段起床，即使已经睡了很长时间，仍然会感觉情绪不好；即使两三天没睡觉的人，如果他的生物钟处在清醒期，那么他也会感觉情绪高涨。

研究人员通过对 24 例健康的年轻志愿者长达一个月的跟踪调查后发现，当试验对象的睡眠周期从 24 小时延长到 28 小时 ~ 30 小时后，情绪波动受到每天睡眠情况和体温两个因素的综合影响。

由于人体生物钟的变化，大脑皮层的不同区域的功能也在时时发生着变化，研究结果表明——

8 ~ 11 时是组织、计划、写作和进行创造性思维活动的最佳时间，最好把一天中最艰巨的任务放在此时完成。同时，这段时间人体痛觉最不敏感，牙科医生一般在这时拔牙。

11 ~ 12 时人脑最为清醒。这段时间可以用于解决问题和进行一些复杂的决策，是开会的最佳时间。

12 ~ 14 时，快乐的情绪达到了高潮，适宜进行商业、社会活动。

14 ~ 16 时会出现所谓的“下午低沉期”。此时易出现困乏现象，最好午睡片刻，或是打一些例行公事的电话，尽量避免乏味的活动。

16～18时，人体从“低沉期”解脱出来，思维又开始活跃，并且是进行长期记忆的最好时间。

17～19时，人体的体温升至最高点，此时作些体育锻炼有助于提高睡眠质量。

19～22时是学习的最好时间。

23～24时，各脏器活动减缓，人体准备休息。

每个人都有自己的睡眠方式与习惯，你的睡眠习惯关系到第二天的精力和工作状态，所以你一定要适应自己的睡眠生物节律，也就是养成自己的睡眠习惯。人的睡眠生物节律可分为“早晨型”和“夜晚型”两种。心理学家研究发现：在普通职员中，“早晨型”的人占28%，而脑力劳动者大多数是“夜晚型”，体力劳动者中半数人是“无节律型”。

如果想找出合适的睡眠时间，你不妨进行这样的试验：第一个星期，每天晚上你按平时上床的时间睡觉；第二个星期，每天迟一小时上床；第三个星期，每天早一个小时上床。如果你在上床后半小时内入眠，醒后又觉得精力充足，那一个星期的睡眠时间，就接近你自己睡眠充足的时间了。

既然人类在长期的自然进化过程中，形成了人体与自然界同步的生物节律和生物钟，而人类要想生存就必须适应这个生物节律，且睡眠是人类生活中不可缺少的内容，因此，你一定要遵守自己的作息规律，这样才能保证优质睡眠。

【心理学在这里】

生物钟存在于大脑中某个不为人知的区域，它决定人体从睡眠、清醒到消化等多种活动的生物节律。

早睡早起好处多

每个人都有自己的睡眠方式与习惯，有的人喜欢早睡早起，即所谓“百灵鸟”；有的则习惯于晚睡晚起，即所谓“猫头鹰”。

“百灵鸟”式睡眠的人，每天很早醒来，起床活动，精神饱满地投入工作，到下午工作效率就慢慢降低，夜幕降临即呵欠不断，昏昏欲睡，急忙上床就寝，很快便进入梦乡，这类人一般很少有失眠。而“猫头鹰”式睡眠的人，早晨醒来后，慢悠悠地翻翻身，睡意盎然，恋床难舍，磨蹭很久，勉强起床后，上午的工作效率不高，到了下午精神才慢慢上来了，入夜后劲头反而最足，工作至深夜毫无倦意，好像有用不完的劲，只是迫于第二天还有工作，才勉强上床就寝。

美国斯坦福大学医学院的睡眠研究中心发现这种节律的养成与工作有一定关系。长期从事农业劳动的人多属于“百灵鸟式”，他们的主要工作都在白天，这类人常常天蒙蒙亮就起床活动，太阳落山后即准备就寝了，而从事脑力劳动的人则多是“猫头鹰式”的，他们常常利用安静的夜晚来工作。

虽然“早睡早起”和“晚睡晚起”各有利弊，但是心理学家还是提倡“早睡早起”。因为每天早上5点～8点被称为“神奇的 3 小时”，每天早上 5 点起床，这样可以比别人更早展开新的一天，可不受任何人和事干扰地做一些自己想做的事。

清晨往往是你精神最集中、思路最清晰、工作效率最高的时候。在这段时间里，绝对没有人或电话来骚扰你，你可以全心全意做一些平日可能要花上好几个小时才能完成的工作或事务，并且可以取得很好的成效。

当然早睡早起并不是苛刻地剥削我们的睡眠时间，正好相反，早睡早起只是将我们的睡眠及起床时间略微调整，而这正是高效率利用时间的要求。如果我们在晚上 10 点睡觉、早上 5 点起床的话，我们的睡眠时间仍然是 7 个小时。而一般人如果在午夜 12 点入睡，早上 7 点起床的话，他们的睡眠时间也同样是 7 个小时而已。

所以我们在这里提倡早睡早起，运用“神奇的 3 小时”，只是非常有策略性地将休息和工作的时间对调了一下，我们将晚上 10 点 ~ 12 点这段本是用来看电视、看报纸、娱乐、应酬的时间，用于睡眠；而早上 5 点 ~ 8 点这段本应用做睡眠的时间，则用来做一些更重要的事情。

每天早起 3 小时就是在与时间竞争，你必须讲求恒心，养成早起的习惯，以后会受益无穷。总而言之，我们要做时间的主人，我们应该高效率地支配时间，这样，我们就能真正地掌握自己的命运，并且提高自己的生活和工作质量。

【心理学在这里】

养成早睡早起的习惯，还可以使你一天精力充沛、更能增强你的信心，考验你的自律能力，为你建立一个正面的“自我概念”。

失眠了怎么办

导致失眠原因有很多，通常情况下是暂时的，只要去除导致失眠的原因，一般都可以恢复原先的睡眠品质。

大多数为失眠烦恼的人是确实需要睡眠，可是却无法入睡。有些人越是躺在床上，脑子里的思绪就越活跃，或者是即使好不容易睡着了也是多梦，睡着后极其容易被惊醒，而惊醒后再难以入睡。被习惯性失眠的困扰的人一般会求助于医生，或是自己购买安眠药服用。但是长期服用安眠药容易造成药物依赖性，以至于没有服药时根本无法自然入睡。

根据研究，有 25% 的人有过失眠症，那些迟迟难以痊愈的患者却往往是强烈求治者，多数不求医者反而会自愈。这其中的原因在于求治者大多有神经质的疑病倾向，过分追求完美的人格，常对自己的身体、心理、人际关系等过于敏感和关心。

事实上，失眠症仅仅是指那些因为睡眠时间不足而造成大脑过度疲倦的患者。如果没有困倦感，即使没有睡眠也不是病态。曾有许多报道说有人数年未睡觉，实际上他们只是不像常人那样入睡，但是他们总有方法使自己的大脑得到适当的休息。

不少失眠者采用数数的办法帮助入睡，殊不知其结果适得其反。原因很简单：数数会导致注意力集中，从而使大脑持续处于兴奋状态，结果更难以入睡。失眠的原因就是想睡着觉。把睡眠当成一件自然而然的事。放松心情，不要过于在意，就会很自然地入睡。

尽量养成每天同一时间上床睡觉，保持卧室环境安静、昏暗、温度适宜，床铺和被褥清洁、舒适。床是用来睡觉的地方，睡前应减少身体上和精神上的活动。体力活动虽然有助于睡眠，但是睡前过度运动可使血液循环加速，精神兴奋，不利于睡眠。不要在床上观赏紧张刺激恐怖的电视、电影，造成心理不安而影响入睡，也不要在床上思考问题，有些事应在睡觉前想好或干脆留到明天去想。

每晚睡前喝牛奶可以帮助睡眠，因为牛奶中的钙质可以安神助眠。牛奶中还含有催眠的化合物——色氨酸。不过牛奶含有丰富的蛋白质，蛋白质可以促进血液循环，有提神的作用，所以睡前喝牛奶应该搭配饼干、面包之类的甜点，或者在牛奶中加入糖或蜂蜜。高糖食物可以促使血管收缩素的分泌，使人产生睡意，同时帮助人体维持晚间的血糖水平，从而有效地避免过早苏醒。

心理学有一句名言：“如果你把自己当作病人，你就永远像病人一样的生活；你把自己当作健康者，你就会和正常人一样健康乐观的生活。”所以，不要把失眠当作病痛，要坦诚地接受它，不为失眠而担心恐惧，睡眠的发生不是以人的意志而决定的，所以切莫追求睡眠。同时还要养成良好的生活作息习惯，并注重心理的健康。

【心理学在这里】

过于关注睡眠问题，正是引起失眠的恶性循环的开始，结果越着急越睡不着。

开灯睡眠有哪些害处

有的人习惯于夜晚睡觉时必须开灯，而且在睡眠状态下也不能熄灯，否则就会影响睡眠质量甚至惊醒。这种对灯光的依赖习惯，心理学称之为“开灯睡眠癖”。

开灯睡眠癖是一种不良嗜好，其病理实质是对黑暗的恐怖。这种对黑暗的恐怖大半是从幼年期开始的。因为在此期间，儿童听到有关鬼怪的故事，将对妖魔鬼怪的恐惧与黑暗连在一起，于是形成了对灯光的依赖。其次，在某一黑暗的情境中意外遭遇到可怕的事情，或在黑夜做了过噩梦，这些恐怖的经历未能及时排遣，也可能造成对黑暗的恐惧。

有个男大学生，夜间无论何时都不敢走进屋内的地下室，后来发展到不敢关灯睡眠。原来在幼年时，一次他在听小朋友讲了一个有关鬼怪的故事，描写一位巨人。听完故事后他满怀恐惧蹒跚归家。当时天色已黑，他突然发现一个“巨人”向他走来，他顿时昏倒在地。实际上，他所遇见的是个农民，背着箩筐在黑暗中显得特别巨大。加上这位农民喝了几杯酒，步履踉跄，看起来更像一个张牙舞爪的巨人。

如果不能改变开灯睡眠的习惯，将会给身体带来很大的危害。根据神经生理学家研究显示，深夜开灯将抑制人体分泌褪黑激素，会降低人体免疫功能。人脑中有一种称为松果体的内分泌器官，在夜间睡眠时会分泌大量褪黑激素，这种激素在夜间11时至隔日凌晨2时分泌最旺盛。褪黑激素的分泌，可以抑制人体交感神经的兴奋性，使得血压下降、心跳速率减慢，心脏得以休息，具有加强免疫功能、杀灭癌细胞的效果，可是一旦眼球见到光，褪黑激素就会被抑制住，因此深夜开灯睡觉的人免疫功能会下降、也就比较容罹患癌症。

还有些幼儿的家长，因为担忧孩子怕黑，所以在幼儿睡觉时也会开一盏灯。但是他们并不知道，由于光线的影响，这些幼儿发生近视的可能性也会大大增加。所以，为避免幼儿的视觉器官发育受到不良影响，孩子夜间睡眠时，应关闭室内电灯。家长夜间照顾幼儿时，应使用光线暗淡的灯具。

纠正开灯睡眠癖一般采用认知领悟疗法。对患者进行教育，说明并不存在鬼怪的事实，对鬼怪的惧怕而产生的对黑暗的恐惧是一种幼年时期的幼稚情绪反映。从认知上、潜意识里消除患者的恐惧。

系统脱敏疗法也可以治疗开灯睡眠癖。根据患者对黑暗的恐惧程度，建立一个恐怖等级表，然后按照从轻到重的顺序，依次进行系统脱敏训练，不断强化，直到能关灯睡眠为止。例如，对上例患者，先由数人一起关灯谈话，到数人一起关灯静坐，再到二人一起关灯睡眠、再到一人关灯静坐，逐步推进，最后达到一人关灯睡眠的程度。

【心理学在这里】

在白天的小憩会影响到夜间的睡眠。比起白天的打盹，夜间的睡眠质量要高出许多。

夜晚磨牙预示疾病

不少人在正常睡眠时，牙齿咬得咯吱响，就像在咀嚼食物一样。醒后多感觉面部肌肉紧张、酸痛，同时伴有慢性头痛。他们这种情况多不自知，医学上称之为磨牙症，又称夜磨牙。磨牙症虽然不是大病，但却很是烦人，而且不雅。

磨牙症多见于儿童，但成年人也不少见。对于换牙期的孩子来说，磨牙可能是建立正常咬合所需要的一种活动，通过磨牙使上下牙形成良好的咬合接触。这类夜磨牙常会自行消退而无需治疗。

许多心理学家对磨牙症的发病机理进行了大量研究，认为成人磨牙比儿童及青少年磨牙的发病机理更为复杂，其危害也同样不可小视。

口腔疾病在磨牙症的发病原因中并不显得重要，心理因素往往占据首要位置。调查显示，性格内向、压抑，情绪不稳定、易紧张的人易发生夜间磨牙。当人们想逃避潜意识的心理压力时，很有可能在睡眠中出现磨牙。许多学者的调查和分析结果还证明，磨牙症患者较非磨牙症患者的悲观情绪更多。

心理学家戈伯认为，磨牙症是由于拒绝表示愤怒和憎恨，或无能力表示情欲所导致的一种现象。从精神角度分析，磨牙代表一种心理状况，特别是在生气、焦虑、愤恨、悲观和受虐待时，显得更为突出。这些人潜意识中所表现的心理状况，是一种受挫和不满意。许多学者的调查和分析结果还表明，磨牙症者较非磨牙症者的悲观情绪更严重。也有人认为，成人磨牙是心理疲劳的一种特征，应当注意休息和调整自己的心态。

夜磨牙的人，第二天早晨常感咀嚼肌疲乏，口张不开，牙齿有不舒服的感觉，有的病人年纪不大，但牙齿合面已磨成平板状。由于牙齿表面的牙釉质过分磨耗，使釉质下面的牙本质暴露出来，轻者对冷、热、酸、甜等化学的或物理的刺激过敏，严重者可造成牙髓炎、咬合创伤或牙周组织的损坏。咀嚼肌的疲劳和疼痛可引起面痛、头痛，并向耳部、颈部放散，疼痛为压迫性钝痛，早晨起床时尤为显著。

但成年人磨牙却不被重视，究其原因，与人们对成人磨牙症的认识误区有关。有人曾经做过调查，在 40 位具有不同程度的磨牙症患者及 60 名患者家属中，竟有 62% 的人认为磨牙症不必看医生，他们认为磨牙算不了什么，何必那么大惊小怪。

但长期磨牙，或每次入睡后磨牙的时间太长，都可能导致心理及生理上的障碍。因此，有磨牙症的成年人应积极就医，不可马虎对待。在排除生理疾病引起的磨牙后，应注意考虑是否存在心理障碍。如果存在心理障碍，则应该进行自我调适，或找心理医生治疗。实践证明，通过多种方式摆脱心理压力、稳定情绪，是治疗磨牙症的一剂“良药”。

【心理学在这里】

口腔是人体首先兴奋的源点，是与外界交流的渠道，且口腔具有表示紧张、悲观等情绪的功能。

闭目养神保身心

许多人有过这样的体验：一阵劳作之后，便会觉得头目发昏，这时如果能闭上眼睛休息几分钟，再睁眼时即有一种清爽之感。这个过程就是通常所说的“闭目养神”。

“眼不见，心不烦”是很有道理的。闭上眼睛可以养目，更可以静心。我国传统医学认为，“神”是人体生命活动和精神知觉的总称。神对健康影响重大。《内经》曰：“得神者昌，失神者亡。”可见神的盈与亏关系到人的健与衰，神的得与失又关系到人的生与亡，“心静则神安，神安则灾病不生”。有研究表明，白天有闭目养神习惯的人，晚上更容易入睡，睡眠质量也高，很少做噩梦。这说明闭目养神是解除疲劳、恢复体力、提高精力的一种休息方式。

在人体的所有感觉器官中，最容易疲劳的就是眼睛，因为在人脑接收到的所有信号里，有 84% 是通过眼睛输入的。在日常生活中，要善于利用空隙时间珍惜视力，保护眼睛。三五分钟也好，十来分钟也好，尽可能地利用空闲时间闭目养神。闭目养神时要注意做到八个字“放松、入静、顺其自然”，这样才能使全身经络疏通、气血流畅。

当杂事纷扰、头昏脑涨时，找个清静空寂的地方，随意而坐，双目闭合，排遣思绪；或半眯双眼，视若无睹，不一会儿便可感到头脑清晰，精力充沛。

当遇到不平之事或受委屈时，常常怒火中烧或愤懑难忍，但有时发火不仅于事无补，反而会使事态扩大，此时应设法控制情绪，闭目平心，同时可用双手食指轻轻揉按眼睑，使眼球感到发胀发热，就会感觉气息平稳，燥火降散，并有一种战胜自我的快感。

当遭遇挫折或不幸，感到忧郁、悲伤、失望、空虚、烦乱时，可退至静舍，独坐闭目，仰面昂首，神聚头顶，放松神经，回忆得意愉快之往事，想想“挫折是人生的苦药良方”的意味，便会觉得精神振作，信心复生，忧伤感渐消。

当事不遂意、若有所失、烦闷终日时，可闭目抬头、思接千古、意联八方，想宇宙之浩渺广阔，置己于度外，淡眼看人生，便会感到得意失意乃平常事，又何必患得患失。

晚上难以入睡时，最好的选择是“闭目养神”，以静其心，而不是选择读书、看报。在“闭目养神”的同时，如果能够再配合眼部按摩，则能够很好地改善头晕眼花、视物模糊、眼睛干涩、眼肌疲劳等症状。具体做法是：轻阖双眼，用两大拇指在眼内角向外擦 24 次，或用两手四指并拢，在两目上向外轻轻转摩 24 次，再向内转摩 24 次。

【心理学在这里】

闭目养神可在工作、学习间隙进行，也可选择安静处闭目独坐，排除一切外界干扰，放松思想感情，使大脑处于静止状态，无所思念，无所顾虑，安心养神。

开车“斗气”很危险

有些人平时温文尔雅，但是只要开车上路就脾气陡增。心理学家认为，这是现代人的一种心理问题，在心理学上，被称为“公路泄愤”。

产生“公路泄愤”现象的原因有两个方面，主要的是拥挤的城市交通给人带来的压力。美国心理学家德怀特在对 130 人进行调查后得出的结论：“承受交通压力的上班族更容易在背后中伤别人、过多地提出反对意见、故意不回电话，还做出其他许多消极怠工的事情来干扰正常工作”。大卫·罗伊则对上班里程各为 6 英里和 18 英里的两组人群，在交通顺畅和拥堵的情况下分别进行了焦虑程度测试，结果发现道路越拥挤、交通堵塞时间越长，人们就越容易被沮丧、焦虑和失望情绪困扰。可见产生开车压力的主要原因不是交通距离过远，而是与交通堵塞的严重程度有直接关系。

此外，在其他场合积累的压力也会在公路上被释放出来。比如说与同事的沟通与合作出现一些问题，就会导致负性情绪。但很多时候同事之间不能当面把事情讲出来，而是互相“留面子”。

这样，负性情绪就得不到发泄，能量积聚多了，人自然会寻求另外的发泄方式，寻找没有利害关系的对象来发泄情绪。面对陌生人时，人们没有顾虑，就会把自己的情绪全部地宣泄出来，甚至还要夸大一些。

“公路泄愤”的主要表现形式就是开车“斗气”。有的驾驶员最喜欢超车，无论是否赶时间，一定要超过前面的车。而被超车辆的行为有时还会刺激和影响这种心理的形成：前车驾驶员明知后车要超车了，故意不让，或让了也不减速。这就激起了后车驾驶员的强行超车心理，结果出现了两车并肩赛跑现象。更有驾驶员超越后突然猛拐，以“报复”被超车辆的挡道行为。

男性比女性更容易情绪失常，在美国由于开“斗气车”引发的交通事故中男性高达96%，同时这些人还经常火冒三丈地宣称：“不是我性急，而是其他人开得太慢。”

开车“斗气”容易造成交通事故，危害是不言而喻的。交通管理部门曾经以 8 个有关超速、超车、会车的问题对 120 名驾驶员进行调查，结果发现驾驶员有违法心理的比例占到 59%。如果按照 2006 年全国道路交通事故的死亡人数 89455 人计算，其中就可能有 7 万多人死于“斗气”车。

开车“斗气”恰恰是不适当的缓解压力的方式，如果把吸烟、酗酒等陋习比喻为“慢性自杀”的话，那么开车“斗气”就是“急性自杀”。所以开车上路一定要遵守交通规则，安全礼让，毕竟生命才是最宝贵的。

【心理学在这里】

如果驾驶者对路况就有比较多的质疑和担心，即使交通堵塞没有那么严重，他感受到的焦虑情绪也会比别人多，甚至还没有出门的时候就开始酝酿了。

整容一定要慎重

爱美之心人皆有之。但是容貌丑陋属于“自然灾害”，不像身体素质、学历智力或专业技能那样，只要自信主动、自强不息，都是可以提高。好在随着医学技术的发展，整容手术变得越来越容易，改变容貌也不是什么不可能的事情。

但是许多知名的整形外科医师都发现，某些人接受了成功的手术，仍会抱怨自己在手术后还是不怎么漂亮，说手术成效不大，自感面貌依旧——

有一位戏剧演员，为了追求舞台效果，到医院做了“重睑术”，也就是俗称的“割双眼皮”。因为事先并没有与医生做良好的沟通，所以医生不知道她的初衷所在，按照普通的标准做了手术，结果在医护人员及周围人看来效果极佳的眼睑，这位演员却不满意，要求重新修整，将眼睑修整得更宽一些。医生只得为其进行了修整。

可是不久她又要求将眼睑改得窄一些，因为她的丈夫和孩子对她在日常生活中夸张的戏剧眼形非常反感。但是此时医生已经无能为力了。

一个人的外貌如何，除了面部整形美容的可能之外，一般是无法改变的。但他如何看待自己，却决定了他的真正的美与丑。这种因为自我意识的偏差，自信心不足，而对自己的相貌极为不满的现象，心理学称之为“幻丑症”。幻丑症患者总是对自己的五官或其他部位不满意，总是想通过整形来改变它。幻丑症患者以30岁左右的女性居多，而“幻丑”的部位以鼻子居多。因为技术的限制，整形手术不可能完全达到整形者想像的样子，即使容貌大有改善，幻丑症患者也会因为微小的不满而反复进行手术，最后反而给自己的身体带来危害。比如美国摇滚巨星迈克尔·杰克逊，他的鼻子做了七次整形手术，最后都烂掉了，需要用耳朵上的组织来弥补。

有两种人是整容手术的主力军，也是心态失衡最严重的人。一种人过于寻求完美，不能正确地认识自己、接纳自己，没有正常的审美观。他们其实有不错的外形和容貌，却总是不能接受，想借整形美容的手段来改变或是精益求精，并不惜以多次手术为代价。但是反复的手术不仅会影响身体的健康，破坏五官的正常功能，还会造成心理上的抑郁。另一种人受他人蛊惑或影响，比如要求将某个明星的眼睛或鼻子原封不动地搬到自己的脸上，有些则是看见周围的人整形后而产生羡慕，还有些则是听信朋友、恋人之言而选择手术。这些人往往缺乏主观上的思考和充分的心理准备，术后的生活并不一定感到幸福，严重的可能会陷于深深的后悔之中。

【心理学在这里】

意大利著名影星索菲亚·罗兰说得好：“没有自信的美貌还不如有自信的丑陋那么有吸引力。”一个人如果自惭形秽，即使长相不错也不会成为一个漂亮人。

过分喜欢清洁也是病

有人说：“清洁仅次于圣洁。”在日常生活中，喜爱干净整洁，讨厌肮脏杂乱，这是一个有修养的人的正常的表现。但是我们生活的环境不是真空的，任何地方都有一定程度的“不干净”。因此，我们在喜欢清洁的同时，也要对不洁保持适度的容忍。有些人爱清洁过了头，容不得半点的污浊，这就是一种怪癖，称之为“洁癖”。

明代大画家倪云林是个爱洁成癖之人，连自己的文房四宝都有两个佣人专门经管，随时擦洗。院里的梧桐树，也要命人每日早晚挑水擦洗干净。

一次，倪云林的好友来访，夜宿家中。因为怕朋友不干净，一夜之间，他竟亲自视察三四次。听到朋友咳嗽一声就担心得整宿未眠。及至天亮，便命佣人寻找朋友吐的痰在哪里。佣人找遍每个角落也没见痰的痕迹，又怕挨骂，只好找了一片稍微有点脏的树叶送到他面前，说就在这里。他斜睨了一眼，便厌恶地闭上眼睛，捂住鼻子，叫佣人拿到三里外丢掉。

洁癖是一种心理障碍，同时也是强迫症的一种典型表现。洁癖是当事者在其生活过程中，逐渐固定下来的行为习惯。有些洁癖者由于某种原因感到很自卑，因而他们很担心自己因不整洁而被人看不起，比如，怕同学闻到自己身上有异味就反复地洗澡、洗衣服等。人在某种心理欲望得不到满足时，会通过心理代偿行为来获得替代满足。

其实，细菌是人类生活环境的必要组成部分，日常接触到的众多细菌对生活与健康是有益的。如果不加选择地灭菌，就可能给那些抵抗力、适应性、侵袭力强的有害菌开绿灯，破坏人体内及自然环境的微生物平衡。适度地接触病菌会产生抵抗力，如果过分讲求干净，反而容易生病。

洁癖导致的还不只是健康方面的问题。许多隐性的洁癖，即心理洁癖，会严重影响人的社会适应能力。比如某些城里人看不起乡下人，大城市的人看不起外地人……以为自己很“高贵”，其实是非常浅薄而可笑的。那些从小到大在父母过分的呵护下长大的孩子，以及那些在人际交往中自命清高的人，对社会的免疫能力是最差的。

治疗洁癖的过程实际上就是改正不良习惯的过程，主要使用系统脱敏法和满灌疗法。系统脱敏法一般请患者把自己害怕的东西和场景、经常做的事情，从轻度到重度写出来，然后每天从最容易的事情人手控制自己的行为，如逐渐地减少洗手的次数和时间。满灌疗法则是在短时间内将人推向焦虑的顶峰，但随着练习次数的增加，焦虑会逐渐下降，洁癖行为也会慢慢消退。

【心理学在这里】

有洁癖的人没有时间去享受生活，常常感到紧张和痛苦，觉得活得特别累，感受不到幸福。过分的洁癖还会导致人的免疫功能的减退，影响健康。

音乐能增进心理健康

音乐作为一门艺术，不仅能给人们提供一种精神上的享受，同时还可以表达我们的思想感情，鼓舞我们的意志。优美、轻松、愉快的音乐可以使我们心情舒畅、视野开阔；雄壮、激昂、奔放有力的音乐会使人意气风发、热血沸腾。音乐可以使我们的情绪由愉快变为悲伤，也可以使我们的情绪由悲伤转为愉快；它可以使精神紧张，也可以使精神放松。古人对音乐早有论述，曰“通神明”，能“人气相接”，“动荡血脉，疏通精神”。

早在4000 ~ 6000年前就有用音乐治疗疾病的记载，现在“音乐疗法”更是风行于世界。如产妇聆听音乐，有助于解除产前紧张情绪。还可以用音乐作为治疗抑郁症、躁狂症、神经症及假性痴呆等疾病的手段及促进精神康复的方法。

通过多年的研究，心理学家认为音乐对人的大脑边缘系统和脑干网状系统有直接影响，能使大脑皮层出现新的兴奋灶。此外，音乐能促进消化道的活动，影响心脏血管系统，使血脉畅通，加速排除体内废物，有助于疾病的恢复。瑞典学派的创始人波特维基仔细研究了心理共鸣理论，认为音乐通过音响的和声系统反映了某些原始形式的精神生活，和缓而平稳的音乐使人安慰，而洪亮、欢快的音乐则使人激动、振奋。研究表明正确的音乐既能消除病人的不良体验，也能扩大其能享受到的感觉和体验的领域，还能使听音乐过程中出现的思维结构得以提高。

是不是所有的音乐都有助于健康呢？这不能一概而论。因为每个人的性格、爱好、情感、处境不同，因此对音乐选择也不同。美国神经生物学家胡格与其他音乐学专家进行了仔细分析。他们设定了一个标准：计算音乐的音量10秒钟或更长的时间里的起落频率。在这项测试中，流行乐和摇滚乐得分最低，而莫扎特作品的得分要高出2 ~ 3倍。胡格认为，20 ~ 30秒的重复频率对大脑影响最为明显，因为中枢神经的许多功能也是以30秒左右的频率运行的。而在音乐分析中发现，莫扎特的音乐韵律很巧合地差不多每30秒达到高峰。日本量子力学家江本胜认为中国古典音乐要胜过莫扎特的作品，但是还没有心理学家进行正式的实验来证明这个结论。

听音乐也要注意“平衡性”，就像食物时蔬菜、鱼肉、水果、豆制品等营养成分要合理搭配一样，即音乐的“阴与阳”“静与动”、“强与弱”要协调。有利于心理健康的音乐必须符合以下两个标准：第一，低音厚实深沉，内容丰富；中、高音的音色要有透明感，像阳光透射过窗户一样，具有感染力。第二，音乐中的三要素即响度、音频、音色三个方面要有和谐感。

【心理学在这里】

心理学家研究证明，在智商测试中，刚刚听过莫扎特乐曲的受试者智商会提高，这称为“莫扎特效应”。

养成体育锻炼的习惯

常言道：生命在于运动。适当的运动，不仅可以增强体能，保持神经系统的生理功能，还能够锻炼感觉器官，提高心理适应能力。所以体育锻炼不仅可以维护身体健康，也可以增进心理健康。

体育锻炼习惯就是人们在健身实践中逐渐形成的，比较稳定的身体锻炼行为。它包括认识身体锻炼的作用和特点，懂得身体锻炼的一般规律，掌握身体锻炼的原理和方法，准确地评判自己的体质情况，具备身体锻炼的自觉性等几个方面。

身体锻炼行为一般是以具体情境为条件的，其习惯的形成、诱发，往往依赖于一定的情景和刺激物。与类似的身体锻炼情景重现或受某种特有的刺激、其习惯会自然而然地表现出来，自发地支配其言行举止，积极地进行身体锻炼。形成体育锻炼习惯的人，能够根据自身能力、运动条件和周围环境，自主地进行体育锻炼。一旦形成了体育锻炼的习惯之后，就产生相对稳定的态度定势，渗透到生活领域。

从心理学角度看，体育锻炼习惯的形成，来源于良好动机的建立，而动机来源于对身体活动的需要，需要又来源于身体锻炼的认识。人们对身体锻炼的认识是有发展过程的。因此，体育锻炼习惯的形成具有阶段性。锻炼习惯的最终形成，是在锻炼动机确定的基础上，依靠内驱力的力量来调节自己的行为，定时、定量、科学地进行身体锻炼，且经过多次重复，成为日常生活中的一个重要内容。

在选择锻炼项目的时候应该因人而异，选择有变化且能激发起新奇感的锻炼方法和手段，使自己能够在锻炼中充分表现出运动才能，体验到锻炼的愉快情感和增强体质的实效，逐渐形成体育锻炼的习惯。

任何一种体育活动都能锻炼身体和增强体质，不懂得用科学的方法锻炼身体，不仅会影响锻炼效果，还有可能损害身体健康。只有懂得和运用锻炼身体的基本原理和科学锻炼的方法，才能达到预期的锻炼效果。

坚强的意志形成体育锻炼习惯的条件之一，只有持续不断地进行锻炼，才能更好地形成“动力定型”，促进锻炼身体动机的产生，增强锻炼的内驱力，形成体育锻炼习惯。身体锻炼要能达到实效，主要在于克服自身的心理、生理上惰性，从战胜自我中获得身体锻炼的恒心。所以，在锻炼内容的安排上，应有意识地设置一定的困难和障碍，以培养顽强的意志，坚忍不拔的精神和战胜困难的勇气与决心，不断完善主体意识，通过内部的心理动力，增强自信心，正确认识、评价自己、学会自我调控，不断适应外界环境的刺激和内在的压力，勇于锻炼自我，丰富自我，战胜自我，完善自我。

【心理学在这里】

身体锻炼的特点之一是需要付出体力和心理能量，在锻炼中获得满足和愉快，在活动中寻找乐趣。